21世纪高等教育计算机规划教材

COMPUTER

XML 基础教程

（第2版）

Beginning XML

李淑娣 主编

赵培植 副主编

人 民 邮 电 出 版 社

北 京

图书在版编目（CIP）数据

XML基础教程 / 李淑娣主编. -- 2版. -- 北京 : 人民邮电出版社, 2013.8（2023.1重印）
21世纪高等教育计算机规划教材
ISBN 978-7-115-31961-6

Ⅰ. ①X… Ⅱ. ①李… Ⅲ. ①可扩充语言－程序设计－高等学校－教材 Ⅳ. ①TP312

中国版本图书馆CIP数据核字(2013)第132356号

内 容 提 要

XML 是 W3C 组织提出的一种可扩展标记语言，是独立于计算机平台的数据交换规范。本书由浅入深、循序渐进地讲述了 XML 的基本知识和基本应用，全书共分为 11 章，主要内容包括 XML 概述、XML 语法、文档类型定义（DTD）、XML 与 CSS、可扩展样式表语言转换（XSLT）、文档对象模型（DOM）、XML 与数据库、XML 与正则表达式、与 Java 和.NET 语言结合使用等，最后还给出了一个综合实例：在线成绩管理系统。书中既有对 XML 语法等基础知识的讲解，也有对 XML 操作等基本应用的讲授，书中还介绍了 XML 在数据库、Java、.NET 等领域的前沿应用。

本书可作为普通高等院校 XML 相关课程的教材，也可作为 XML 初学者和相关 XML 培训机构的参考用书。

◆ 主　　编　李淑娣
　副 主 编　赵培植
　责任编辑　刘　博
　责任印制　彭志环　杨林杰

◆ 人民邮电出版社出版发行　　北京市丰台区成寿寺路 11 号
　邮编　100164　　电子邮件　315@ptpress.com.cn
　网址　http://www.ptpress.com.cn
　北京七彩京通数码快印有限公司印刷

◆ 开本：787×1092　1/16
　印张：18　　　　　　　　2013 年 8 月第 2 版
　字数：469 千字　　　　　2023 年 1 月北京第 13 次印刷

定价：39.00 元

读者服务热线：(010)81055256　印装质量热线：(010)81055316
反盗版热线：(010)81055315

第 2 版前言

随着网络技术的飞速发展，WWW 应用已深入到千家万户。然而，在网络信息丰富的同时，网络数据量也是水涨船高，如何有效管理并完美显示网页内容就成为网络发展的一项亟待解决的重要问题，XML 技术正是针对这一问题的创新性成果。

XML 技术从最初提出到广泛应用经历了很长的时间，以 XML 技术为中心，引伸出对 XML 的处理、查询、转换、设计等技术，其应用已扩展到网络服务、数据库和电子商务等领域。由于篇幅所限，本书只就 XML 语法、XML 文档的显示和应用程序对 XML 文档的使用等方面重点进行了介绍，希望初次接触 XML 技术的读者能够抓住基本重点，而其他方面则一笔带过或不作介绍。

在开始本书的学习之前，读者应当具备 HTML 的基本知识以及任何一门高级编程语言（如 C/C++、Java、C#等）的使用经验。对于 XML 编程将涉及的其他技术，本书在相关章节将会进行基础知识的介绍。

本书首先从 XML 的发展历程开始，逐步展开介绍了 XML 的各种相关技术。全书共分 11 章，基本包含了 XML 语法、显示和应用等方面的内容。

其中：

第 1 章简单介绍了 XML 的形成、发展与前景，论述了学习 XML 的重要性；本章还概述了 XML 的相关技术和应用领域，举例说明了建立 XML 方法与过程。

第 2 章讲述了 XML 的语法知识，只有牢固掌握了 XML 的语法知识，才能写出符合规范的 XML 文档；本章还简要介绍了字符集的相关内容。

第 3 章详细讲述了文档类型定义（DTD）的相关知识，DTD 的用途就在于检验写出的 XML 文档是否跟意向中的 XML 文档结构一致；实现相同功能的还有 Schema（XML 架构）；命名空间是解决命名冲突一种方法。

第 4 章简单介绍了 CSS 的概念以及其语法结构，并通过示例说明如何使用 CSS 与 XML 相结合，实现数据与显示方式的分离。

第 5 章详细讲解了 XSL 的 3 个部分——XSLT、XPath、XSL-FO，重点介绍了 XSLT 的语法结构与使用方法，通过示例使读者对 XML 的优点有更加深入的体会。

第 6 章讲解了有关 DOM 的基本知识，主要包括 DOM 的基本组成、DOM 接口规范中的 4 个基本接口、Microsoft 公司的 MSXML 文档对象模型的实现、关于 DOM 的一些应用等，最后给出了一个现实应用中的实例程序。

第 7 章介绍了 XML 与数据库的基本知识，主要包括 XML 与数据库的发展状况、XML 的数据交换机制、XML 的数据存储机制、XML 的数据源对象和 XML 的几种重要的数据交换技术等，最后给出一个 XML 与关系数据库的简单实例程序。

第 8 章介绍了如何在 XML 中应用正则表达式，并给出了几个简单实例。

第 9 章讲解了 XML 在 Java 中的典型应用，其中涉及 JDOM、JAXB 等工具的用法。

第 10 章讲解了 XML 在 C#中的典型应用，其中涉及 XmlDocument、XmlReader、XmlWriter 等对象的使用。

第 11 章介绍了一个 XML 的综合案例——在线成绩管理系统的实现方法。

本书由李淑娣（保定职业技术学院）主编，赵培植（兰州资源环境职业技术学院）副主编，李淑娣编写了第 1 章至第 6 章，赵培植编写了第 7 章至第 11 章。

由于编者水平有限，书中难免存在不妥之处，恳请读者批评指正。

编　者

2013 年 6 月

目 录

第1章 XML概述

XML 是 W3C（万维网联盟）提出的一种可扩展标记语言，其全称是 eXtensible Markup Language，它是随着人们对信息传输要求的不断提高而产生的一种新技术。通过本章的学习，读者将会了解到 XML 技术的具体含义及其广阔的应用前景。此外，本章将会告诉读者如何创建一个基本的 XML 文档。

1.1 什么是 XML

XML 是在 SGML 的基础之上发展起来的，XML 是 SGML 系列中的一种，人们熟知的 HTML 也是 SGML 家族中的一员。

1.1.1 SGML 的诞生

SGML（Standard Generalized Markup Language）即标准通用标记语言。SGML 的思想最初是在 IBM 的一个信息管理项目中产生的，称为 GML（通用标记语言），是一种 IBM 格式化文档语言，用于对文档组织结构、各部件及其之间的关系进行描述。由于在当时的信息交换过程中，经常会发生数据格式不同的问题，随着网络技术的不断发展，这一问题日益严重，制约了人们的信息交流。1986 年，国际标准化组织（ISO）采纳了 IBM 的这一思想，并整理为 SGML。SGML 是基于文档标记语言的一种元语言，它不仅具有良好的扩展性，而且可移植性强，在任何一种环境下都可以正常使用。

1. 标记语言

标记是指一系列特殊的字符或符号，用户可以向其中插入文本来存储文档内容。标记语言（Markup Language，ML）是指通过一系列具有特定含义的符号标记，按照一定规则插入到电子文档中，以方便电子文档的使用和管理。标记语言的作用和标点符号类似，最初出现在印刷业中。它们都属于元数据的范畴，即不能单独存在，都是对文档内容及格式的说明数据。但是标记语言的结构更为复杂，功能也更为强大。

标记语言的种类很多，但是都遵循同样的原则。为了方便管理和使用文档对象，所采用的标记应该能够很容易和文档内容进行区分，易于识别。目前，在各个领域，都有专业标记语言的存在。

2. SGML 文档

SGML 通过 SGML 文档的形式来表现。SGML 文档定义独立于应用平台和所使用的文本文档的格式、索引和链接信息。它为用户提供一种类似于语法的机制，用来定义文档的结构和指示文档结构的标签。SGML 文档由 3 部分组成，即语法定义、文档类型定义和文档实例。

（1）语法定义：定义文档类型和文档实例的语法结构。

（2）文档类型定义：定义文档实例的结构和组成结构的元素类型。

（3）文档实例：是 SGML 文档的主体部分。

SGML 文档的结构相当严谨，其中文档类型定义（DTD）是它的核心所在。DTD 为组织文档的文档元素提供了一个框架，同时为文档元素之间的相互关系制定了规则。SGML 文档具有极强的完整性和稳定性，其可适用的范围也相当广。然而，提供如此完整和稳定功能的文档语言，导致其自身也相当复杂，难以让人掌握，因此，在 SGML 的基础之上，产生了一种新的语言，即 XML。

1.1.2　XML 是什么

XML 就是可扩展标记语言。标记是能够被不同计算机所理解的符号，计算机之间可通过标记处理包含各种信息的文档。XML 也诞生于出版界，由于人们看到了 SGML 的不足，因而产生了精简 SGML 的需要。简单地说，XML 就是 SGML 的一个子集，仅仅去掉了 SGML 中不经常使用的和不适应于 Web 应用的部分。无论是 XML 还是 SGML，其管理和使用方法十分简单，仅仅利用记事本程序，就可以轻松地建立一个简单的 XML 文档。例如，可以通过以下步骤创建一个 XML 文档。

（1）打开记事本（或任何纯文本编辑器，如 EditPlus、UltraEdit 等）。

（2）在记事本中输入以下内容，如图 1.1 所示。

```
<?xml version="1.0" encoding="gb2312" standalone="yes"?><!--xml声明-->
<红楼梦>                                          <!--根元素开始标签-->
  <别名>石头记</别名>                             <!--元素及其内容声明-->
  <作者>                                          <!--元素开始标签-->
   <名>沾</名>                                    <!--元素及其内容声明-->
   <字>梦阮</字>
   <号>雪芹</号>
  </作者>                                         <!--元素结束标签-->
  <写作时间>清初</写作时间>                       <!--元素及其内容声明-->
  <故事简介>                                      <!--元素开始标签-->
   <主要内容>以贾、史、王、薛四大家族为背景，以贾宝玉、林黛玉的爱情悲剧为主要线索，描写了贾家荣、
宁两府由盛而衰的过程。</主要内容>                 <!--元素及其内容声明-->
   <主要人物>贾宝玉、林黛玉、薛宝钗、史湘云、贾迎春、贾探春、贾惜春、妙玉、晴雯、王熙凤、袭人、香
菱等</主要人物>
  </故事简介>                                     <!--元素结束标签-->
</红楼梦>                                         <!--根元素结束标签-->
```

在 XML 文档中，要严格区分大小写。第 1 行代码全是小写。这一行的字符组合，称为 XML 声明（Declaration），详情请参见第 2.1 节。在书写 XML 代码的过程中，还要留意使用正确的标点，代码中的“<”、“>”、“?”、“=”、“"”、“/”和“.”分别是英文标点中的小于号、大于号、问号、等于号、引号、左斜杠和句号。输入上述符号时，建议关闭中文输入法。

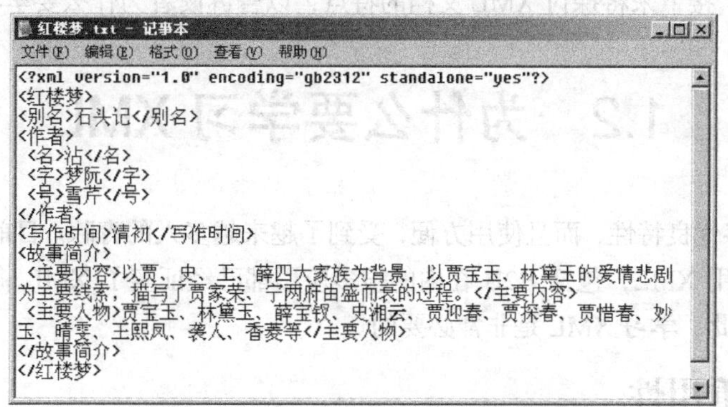

图 1.1　用记事本创建第一个 XML 文档

（3）将文档保存为带有“.xml”后缀的文件，如“红楼梦.xml”。

当使用记事本时，在“另存为”对话框中的“保存类型”下拉列表中，必须选择“所有文件”，而不是默认的“文本文件 (*.txt)”，否则只能得到后缀为“.txt”的文本文件。

（4）将文件保存后，本节的 XML 文档就创建成功了。

（5）可以使用 Internet Explorer（IE）打开并查看该文件的内容，如图 1.2 所示。

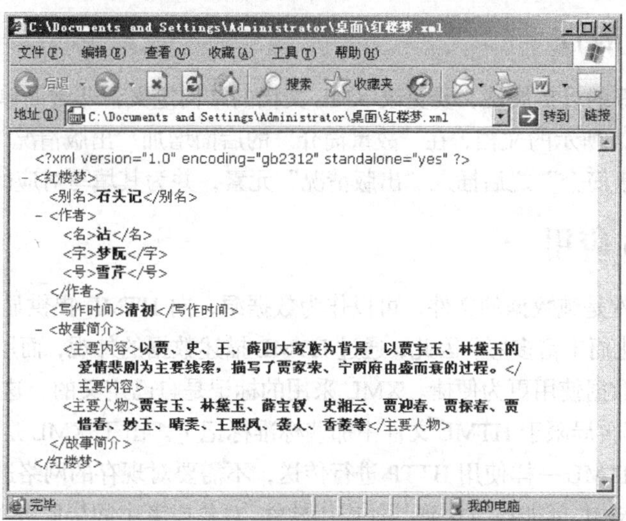

图 1.2　在 IE 上可以浏览 XML 文档

该 XML 文档用一种“尖括号标签”的标记方式，说明了有关《红楼梦》的部分信息，具体内容如下：

（1）《红楼梦》又叫《石头记》；

（2）作者曹雪芹的相关信息；

（3）《红楼梦》的写作时间；

（4）该书的主要内容和主要人物。

创建 XML 文档的过程中，除了大小写和标点符号稍微麻烦以外，不会有其他问题。在创建了 XML 文档之后，接下来将探讨 XML 文档的特点，以告诉读者为什么要学习 XML。

1.2 为什么要学习 XML

XML 具有许多优良特性，而且使用方便，受到了越来越多人的青睐。目前，许多大公司和开发人员已经开始使用 XML，包括 B2B 在内的很多应用都已经证实了 XML 将会改变今后创建应用程序的方式，因此，学习 XML 是非常必要的。

1.2.1 可重用性

从 1.1.2 小节的示例可以看到，XML 文档是一系列的数据。这与 HTML 有很大的区别，HTML 标记与表现形式捆绑在一起，如“<H1>”中的内容被显示成一号标题，“<TABLE>”中的内容被显示成表格。而 XML 的标记和表现形式并没有任何必然的关联。表现 XML 形式的职责，通常并不在 XML 文档上面。XML 文档这种内容和形式分离的设计思想，初看起来不太友好，实际应用起来，却大有好处。

由于 XML 文档本身不受表现形式的羁绊，只要对 XML 文档作适当的转换，就可以将其变成不同的形式，如网页、PDF 文档、Word 文档等，达到“一次编写，多处使用”的目的，提高了内容的可重用性。

1.2.2 可扩展性

XML 具有非常好的可扩展性，要更改 XML 文档的结构定义，非常简单。

例如，修改图 1.1 所示的文档，在“故事简介”的后面增加“出版情况”。操作方法为：打开 XML 文档，在“故事简介”之后插入“出版情况”元素，并为其填写对应的内容即可。

1.2.3 Web 应用

XML 元数据文件是纯数据的文件，可以作为数据源，向 HTML 提供显示的内容。显示样式可以随 HTML 的变化而丰富多彩，因此，通过 HTML 描述数据的外观，而用 XML 来描述数据本身，将使 Web 上的数据使用更为便捷。XML 采用的标记是自己定义的，这样数据文件的可读性就能大大提高，也不再局限于 HTML 文件中那些标准标记了。由于 XML 是一个开放的基于文本的格式，它可以和 HTML 一样使用 HTTP 进行传送，不需要对现存的网络进行改变。

数据一旦建立，XML 就能被发送到其他应用软件、对象或者中间层服务器中做进一步的处理，或者可以被发送到桌面用浏览器浏览。XML 和 HTML、脚本、公共对象模式一起为灵活的 3 层 Web 应用软件的开发提供了所需的技术。

1.2.4 数据处理

XML 是以文本形式来描述的一种文件格式。使用标记描述数据，可以具体指出开始元素和结束元素，在开始元素和结束元素之间是要表现的元素数据。这种用元素表现数据的方法可以嵌套，因而可以表现层状或树状的数据集合。XML 作为数据库，既具有关系型数据库（二维表）的特点，也具有层状数据库（分层树状）的特点，能够更好地反映现实中的数据结构。XML 还可以很方便地与数据库中的表进行相互转换。XML 是不同数据结构体的文本化描述语言，它可以描述线性表、树、图形等数据结构，也能描述文件化的外部数据结构，因此是一种通用的数据结构。

XML使计算机能够很简易地存储和读取资料，并确保数据结构精确。由于XML是以文本形式描述的，所以适合于各种平台环境的数据交换。同样，由于使用文本来描述内容，可以越过不同平台的障碍进行正常的数据交换。当然，文本形式也会因为文字代码的不同造成不能阅读的问题，但在这一点上，XML有着非常完美的解决方案，避免了一般语言设计的缺漏，可支持国际化及地区化的格式。

1.3 XML相关技术

XML涉及很多相关的技术，只有将这些技术结合起来，才能充分发挥XML的强大功能。这些技术主要包括：DTD（文档类型定义）、XSL（可扩展样式语言）、XLL（可扩展链接语言）、DOM（文档对象模型）、Namespaces（XML命名空间）、XHTML（可扩展HTML）等。下面将对其中比较关键的几种技术进行简单介绍。

1.3.1 文档类型定义

文档类型定义（DTD）是用于描述、约束XML文档结构的一种方法，规定了文档的逻辑结构。它可以定义文档的语法，而文档的语法反过来能够让XML语法分析程序确认某张页面标记使用的合法性。DTD定义页面的元素、元素的属性以及元素和属性之间的关系，如DTD能够规定某个表项只能在某个列表中使用。

理想的定义应面向描述与应用程序有关的数据结构而不是如何显示数据。换句话说，应把一个元素定义为一个标题行，然后让样式表和脚本定义如何显示标题行。

DTD不是强制性的。对于简单应用程序来说，开发人员不需要建立他们自己的DTD，可以使用预先定义的公共DTD，或者根本就不使用。即使某个文档已经有了DTD，只要文档是结构完整的，语法分析程序也可以不对照DTD来检验文档的合法性。服务器可能已经执行了检查，所以检验的时间和带宽将得以节省。

1.3.2 可扩展样式语言

可扩展样式语言（XSL）是用于规定XML文档样式的语言。XSL能使Web浏览器改变文档的表示法，如使数据的显示顺序改变，而不需要与服务器进行交互通信。通过变换样式表，同一个文档可以显示得更大，或者经过折叠只显示外面的一层，或者变为打印格式。可以设想一个适合用户学习特点的技术手册，它为初学者和更高一级的用户提供不同的样式，而且所有的样式都是根据同样的文本产生的。

XSL凭借其可扩展性能够控制无穷无尽的标记，而控制每个标记的方式也是无穷尽的。这就给Web提供了高级的布局特性，如旋转的文本、多列和独立区域等。它支持国际书写格式，可以在一页上混合使用从左至右、从右至左和从上至下的书写格式。

1.3.3 可扩展链接语言

可扩展链接语言（eXtensible Linking Language，XLL）是一种链接语言，它支持目前Web上已有的简单链接，并且将进一步扩展链接，包括结束死链接的间接链接以及可以从服务器中仅查询某个元素的相关部分的链接等。超文本标记语言（HTML）只执行与超文本系统概念相关的少数连接功能，只支持最简单的链接形式，这与 XML 相比有很大的差别。在为 XML 所设想的真正的超文本系统中，所有典型的超文本链接机制都将得到支持，包括以下几种类型：

（1）与位置无关的命名；

（2）双向链接；

（3）可以在文档外规定和管理的链接；

（4）元超链接（如环路、多个窗口）；

（5）集合链接（多来源）；

（6）Transclusion（链接目标文档是链接源文档的一部分）；

（7）链接属性（链接类型）。

这些类型都可以通过 XLL 来实现。由于 XML 以 SGML 为基础，所以 XLL 基本上是 Hytime（超媒体/基于时间的结构语言，IS010744）的一个子集。它还遵循文本编码倡议（TextEncoding Initiative）规定的链接概念。

1.4 XML 实际应用

XML 在实际使用的过程中发挥着巨大的作用。目前，越来越多的行业开始采用 XML 来实现需要的特定功能。XML 最主要的应用主要体现在以下几个方面。

1. 数据交换

对于一个应用程序来说，数据交换是最基本的任务。XML 使用自定义标记存储数据信息，而且存储了各标记之间的关系，如父子关系、兄弟关系等。这使得平面文件必须要使用额外数据来存储的信息，可以隐含地保存在 XML 文档的自身结构中。

2. 跨平台应用开发

XML 文档不依赖于任何开发语言，各种开发语言都已经实现了与 XML 的沟通。例如，通过 XML 文档的中间介质作用，可以实现 Java 开发与 C#开发的良好交互。

3. 数据库

XML 文档完全可以作为小型数据库来使用，这样就避免了少量信息必须存储到专业数据库的麻烦。当然，在数据量非常大时，使用 XML 文档来存储数据的成本是非常高的。

4. 配置文件

使用 XML 作为程序配置，具有与面向对象数据结构类似、轻便灵活、容易调试等优点。Java 平台和.NET 平台均大量地使用了 XML 作为程序的配置文件，并有很多相关的类，支持读写 XML 配置文件。在这些平台上开发应用程序，掌握 XML 方面的知识无疑是很有好处的。

1.5 XML 的发展前景

XML 是一个新兴的网络信息描述、组织和显示语言，是 Internet 的“世界语”。它的开放性、严谨性、灵活性和结构性倍受网络开发者的青睐。Web 的飞速发展给予了 XML 充分展示自我的空间，它提供给使用者更为强大的功能，带给程序员更为便利的开发环境。在以下领域，XML将一展风采。

1.5.1 网络服务领域

网络服务被称为“IT 产业下一波浪潮”。为了争夺这一领域的主导权，Sun 公司与 Microsoft 公司正在进行激烈的争夺。然而，无论是 Sun 公司还是 Microsoft 公司，在为自己的网络服务计划宣传时，都一定会把 XML 作为一项重要内容。XML 将成为未来互联网领域占主导地位的标准通信协议，今后各类手持设备、台式计算机等产品都将安装使用 XML 可扩展标记语言。

Microsoft 公司基础的网络应用平台.NET 体系完全是构架在 XML 之上的。在该体系中，所有中间传输的文件都以 XML 的形式传输，XML 成为.NET 体系的血液。同时，.NET 技术的普及也带动了 XML 技术的应用。

XML 有利于信息的表达和结构化组织，从而使数据搜索更有效。XML 可以使用 URL 别名使 Web 的维护更方便，也使 Web 的应用更稳定，XML 还可以使用数字签名，使 Web 的应用更广阔。而 XML 的广泛使用必然能推动 Web 不断发展，从而开创 Web 应用的新时代。

信息发布在企业的竞争发展中起着重要的作用。服务器只需发出一份 XML 文档，客户就可根据自己的需求选择和制作不同的应用程序以处理数据。加上 XSL（eXtensible Stylesheet Language）的帮助，使广泛的、通用的分布式计算成为可能。

1.5.2 数据库领域

关系型数据库行业的三大世家——IBM 公司、Oracle 公司和 Microsoft 公司都分别在它们的数据库产品中提供了对 XML 的支持。作为 Microsoft 公司.NET 战略重要部分的 Yukon 正是基于 XML 技术的。Oracle 公司也已经推出与 XML 有关的产品 XDB（XML 数据库支持），而 IBM 公司也已实现了 DB2 和 XML Extender 的完美结合。

XML 文档可以定义数据结构，代替数据字典，用程序输出建库脚本。应用“元数据模型”技术，对数据源中不同格式的文档数据，可按照预先定义的 XML 模板，以格式说明文档结构统一描述，并提取数据或做进一步处理，最后转换为 XML 格式输出。XML—数据库—网页或文档中的表格，这三者可以互相转换。

XML 文档从本质来看就是数据库，它是数据的集合，每个文件都含有某种类型的数据。在许多方面看起来它和其他文件没什么区别，但作为一种“数据库”格式，XML 有一些优点，如它是自描述的（所用的标记描述了数据的结构和类型，尽管缺乏语义），可交换的，能够以树状或图形结构描述数据；同样它也有缺点，如它显得有些烦琐，由于要对它进行解析和文本转换，所以数据访问速度较慢。

1.5.3 电子商务领域

电子商务是在 20 世纪 90 年代初随着 Internet 的普及出现的。Internet 的全球性扩大了交易范围，电子信息的传递降低了交易的成本，数据加密、电子认证、安全电子交易等一系列措施，提高了交易的安全性。但是，在实现跨平台跨系统的数据交换方面还不是很方便，仍需要在多种文件格式间进行转换。

XML 的出现为电子商务注入了新的活力，需要做的第一步就是将企业之间日常交流和交换的信息尽可能地电子化、统一化，来满足不同商业系统之间的数据交换需求。Microsoft 公司的电子商务框架 BizTalk 和 OASIS 组织提出的 ebXML 电子商务框架正在朝这个方向发展，它们将在未来的电子商务，尤其是 B2B 的电子商务中得到应用，B2B 电子商务将会全部是基于 XML 的应用。

XML 的丰富标签完全可以描述不同类型的单据，如信用证、保险单、索赔单、各种发票等。结构化的 XML 文档发送至 Web 的数据可以被加密，并且很容易附加上数字签名，因此，XML 有希望推动 EDI（Electronic Data Interchange）技术在电子商务领域的大规模应用。

1.6 XML Spy 开发环境

开发环境集成代码的编写和解析等功能，方便了用户应用和开发。XML 的开发应用环境包括 XML 编辑工具、验证工具、解析工具和浏览工具 4 项内容。目前，市面上单项功能的工具和多项功能的工具有很多，如 XML Spy、XMLwriter、Stylus Studio、Visual XML 等。由于目前使用 XML Spy 的用户较多，本书选择 XML Spy 作为 XML 的开发应用环境。

1.6.1 XML Spy 概述

XML Spy 是 Icon Information-Systems 公司的产品，显示界面如图 1.3 所示。XML Spy 支持 Unicode、多字符集，支持 Well-formed 和 Validated 两种类型的 XML 文档检验，并可编辑 XML 文档、DTD、Schema 以及 XSLT。其最大特点是提供了 4 种视图：XML 结构视图、增强表格视图（Grid 视图）、源代码视图及支持 CSS 和 XSL 的预览视图。

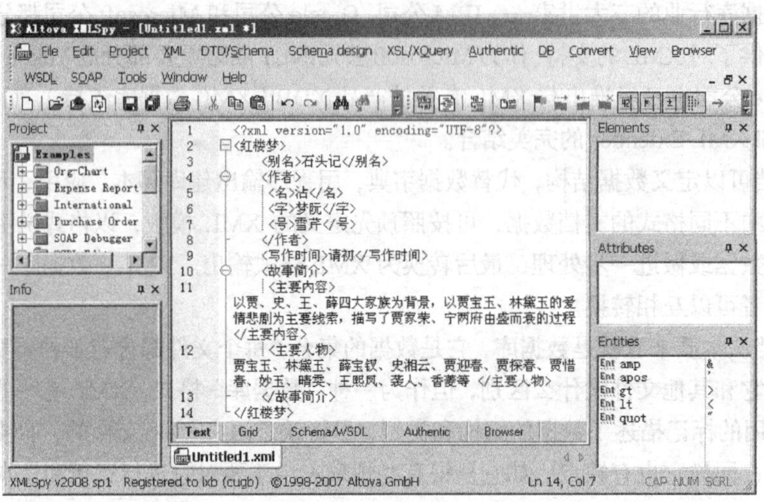

图 1.3 XML Spy 界面

（1）结构视图以树状结构编辑 XML 文档（包括 XML、XSL 文档，但对 DTD 文档的显示相对较为简单）。

（2）增强表格视图以表格的方式显示出文档中某一项元素的数据库项。

（3）源代码视图可以查看和修改文档源码，并且以不同的颜色标注不同的元素。

（4）预览视图采用内嵌 IE 6.0 的方式在软件内对 XML 文档进行浏览，支持 CSS 和 XSL。

XML Spy 可支持 DTD、DCD（Document Content Descriptions）、XDR（XML-Data Reduced）、BizTalk、XSD（XML Schema Definition）的编辑与有效性检查。XML Spy 也提供集成开发环境 IDE，

但仍不支持所见即所得。

XML Spy 目前有许多版本，本书以 XML Spy 2006 作为编辑和验证工具，并作为基本浏览工具。

1.6.2 XML Spy 的安装

目前，提供 XML Spy 开发环境下载的网站很多，也可以到 ALTOVA 的官方网站（http://www.altova.com/）获取最新的试用版本。XML Spy2006 的安装过程如下：

（1）双击 XMLSpyEnt 2006.exe，弹出 XML Spy 的安装界面，如图 1.4 所示。

（2）单击“Next”按钮两次，弹出如图 1.5 所示的对话框。

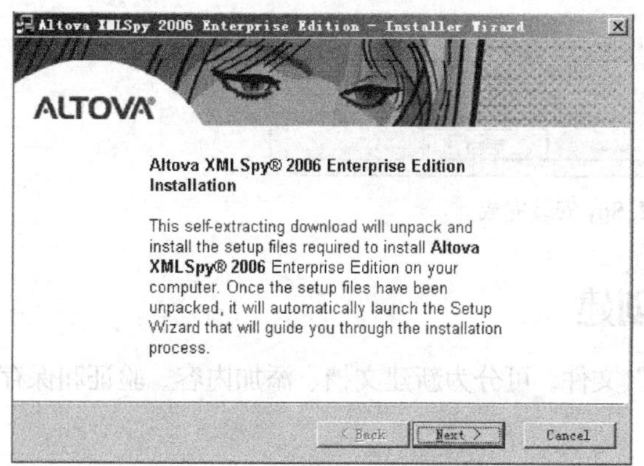

图 1.4 XML Spy 安装界面

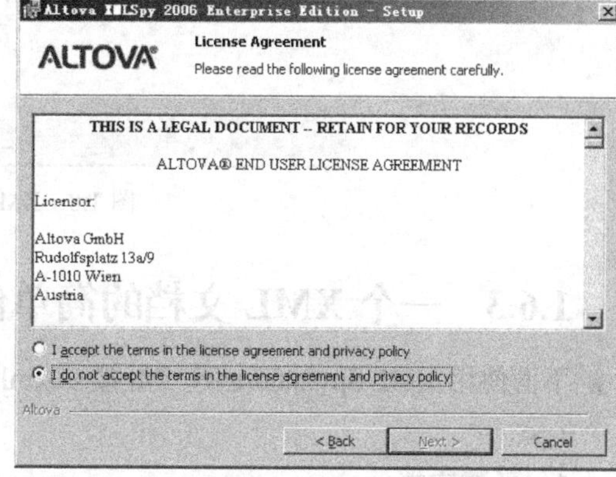

图 1.5 XML Spy 安装许可

（3）选择“I accept the terms in the license agreement and privacy policy”单选钮。单击“Next”按钮，弹出如图 1.6 所示的对话框。

（4）选择合适的选项（建议初学者选择默认选项），单击“Next”按钮，弹出如图 1.7 所示的对话框。

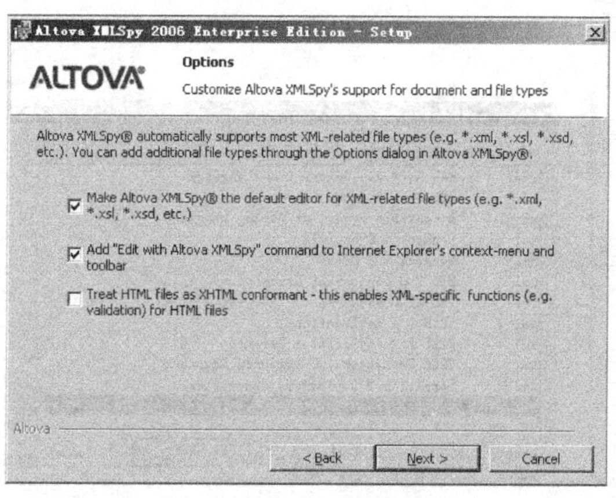

图 1.6 XML Spy 安装选项

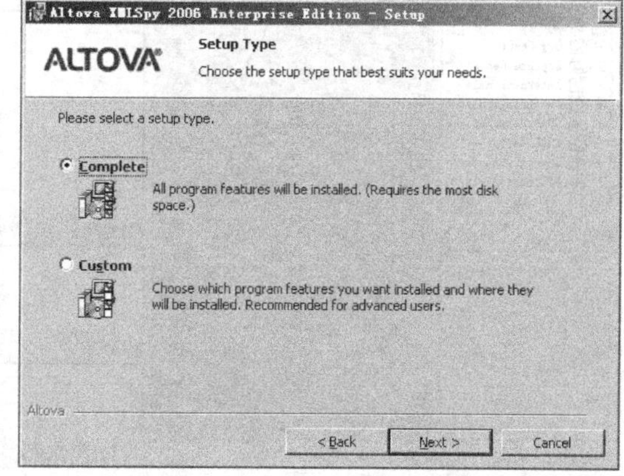

图 1.7 XML Spy 安装类型

（5）选择“Complete”单选钮，单击“Next”按钮，再单击“Install”按钮，等待安装完成，弹出如图 1.8 所示的对话框。

（6）单击“Finish”按钮，完成安装。

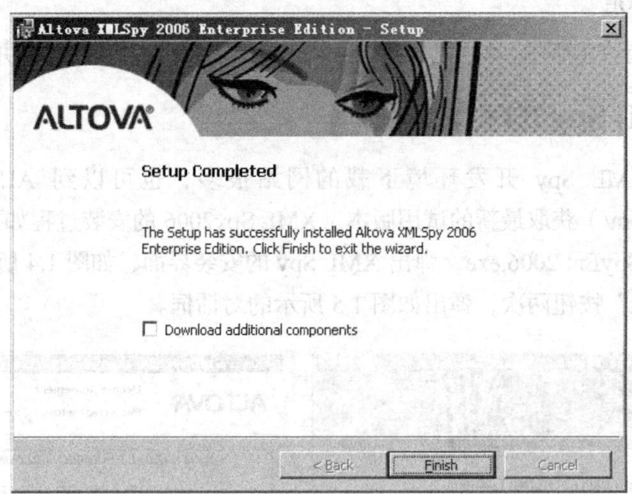

图 1.8　XML Spy 安装完成

1.6.3　一个 XML 文档的简单创建

下面使用 XML Spy2006 创建“红楼梦.xml”文件，可分为新建文档、添加内容、验证和保存 4 个步骤。

1．新建文档

新建文档的操作步骤如下：

（1）双击 Altova XMLSpy 快捷方式，启动 XML Spy2006，界面如图 1.9 所示。

（2）单击“File”|“New…”命令，弹出“Create new document”对话框，如图 1.10 所示。

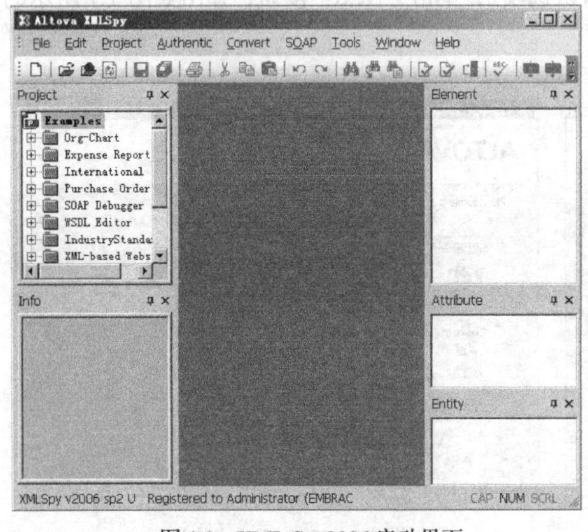

图 1.9　XML Spy2006 启动界面

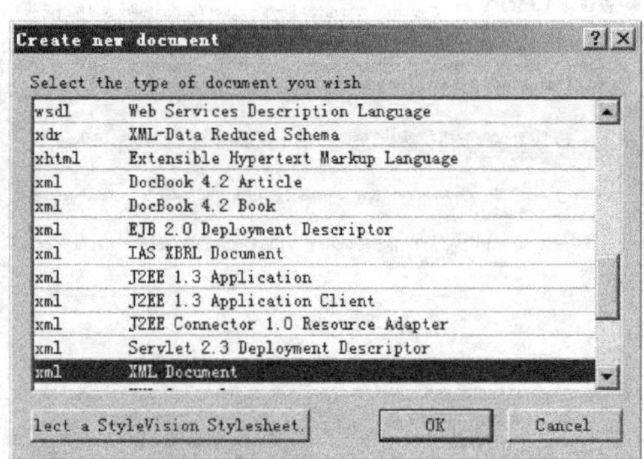

图 1.10　创建新文档

（3）选择“xml　XML Document”选项，单击“OK”按钮，弹出如图 1.11 所示的提示，询问所创建的 XML 文档是基于 DTD 的还是基于 Schema 的。

（4）单击“Cancel”按钮，创建一个无文档类型说明的 XML 文档。这样一个空白的 XML 文档就建立起来了，如图 1.12 所示。

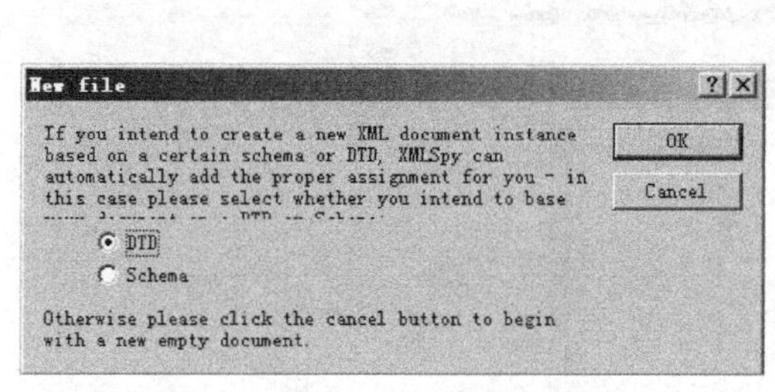

图 1.11　新建文件

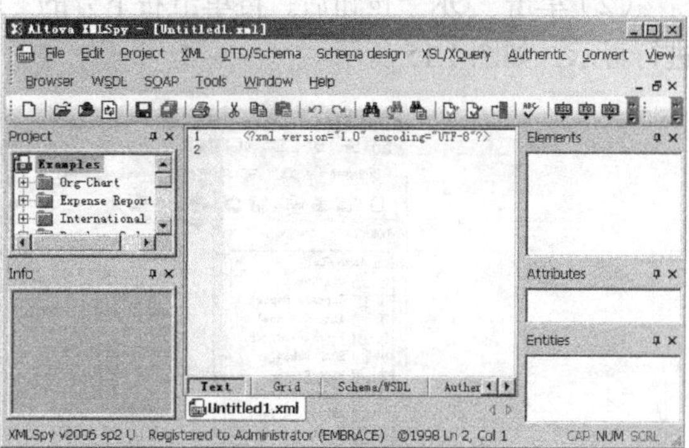

图 1.12　空白 XML 文档

2. 添加内容

新建文档完成后，读者可以在空白 XML 文档界面的文本框中添加所需的数据。例如，可以将前面“红楼梦.xml”的内容输入到文本框中。在输入的过程中，读者将会发现在 XML Spy2006 环境下编写 XML 文档非常便捷。添加内容后的界面如图 1.13 所示。

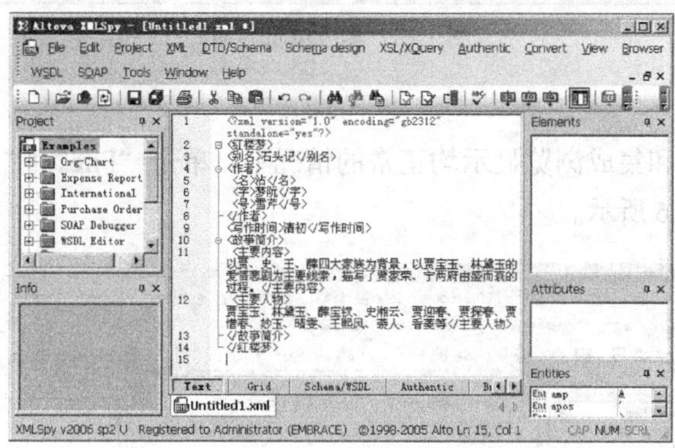

图 1.13　添加内容

3. 验证

验证用于检验 XML 文档的有效性，操作步骤如下：

（1）添加内容完成后，单击“XML”|“Check well-formedness”命令，对 XML 文档进行结构完整性检测，如图 1.14 所示。

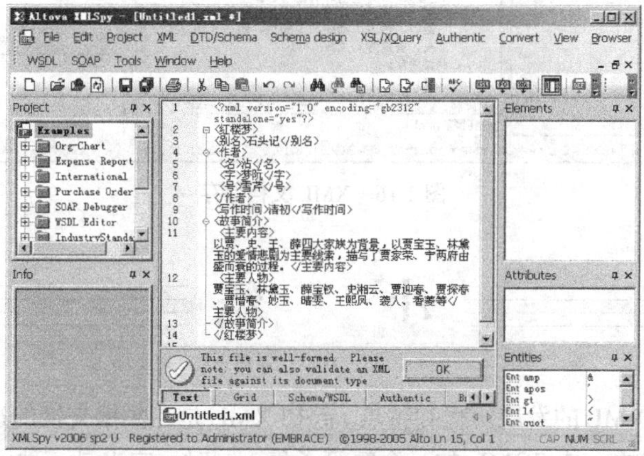

图 1.14　结构完整性检测

（2）单击“OK”按钮后，再单击右下方的“Browser”按钮，在 XML Spy 中的集成浏览界面进行显示，如图 1.15 所示。

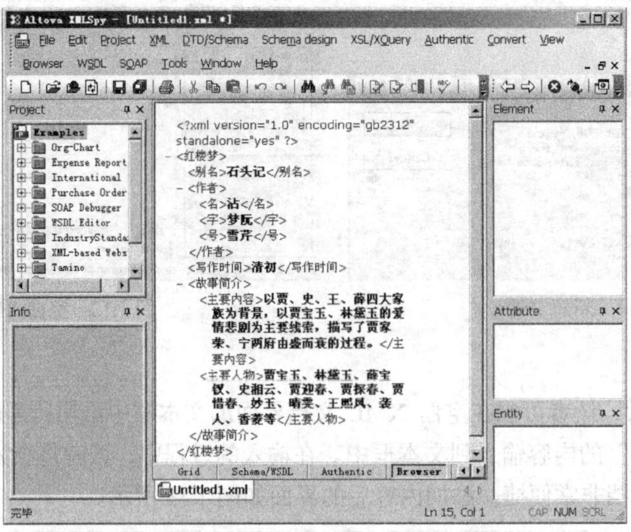

图 1.15　集成浏览界面

4. 保存

在结构完整性检测和集成浏览显示均正常的情况下，单击“File”|“Save”命令，将其存为“红楼梦.xml”，如图 1.16 所示。

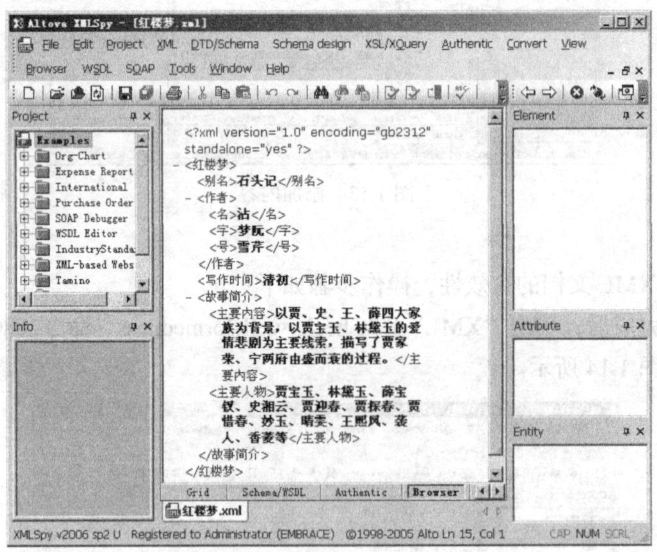

图 1.16　XML 文档保存

小　结

本章简要介绍了 XML 的发展历程和特点。起初 XML 是在数据交换的过程中产生的，它是基于 SGML 而发展起来的，是 SGML 的一个精简子集。同时，它也是一种元标记语言，具备自我解释性，可以用于编写其他新的标记语言。本章通过介绍 XML 与众不同的特性，告诉读者学习和掌握 XML 技术的意义，并对 XML 的应用现状和未来发展前景进行了简要描述。本章最后介绍了 XML Spy 开发环境，并简单描述了如何在该环境下创建一个 XML 文档。

习　　题

1．XML 的全称是________。

2．XML 的应用领域包括________、________、________等。

3．XML 文档的文件扩展名为________。

A．.xml　　　　B．.txt

C．.xsl　　　　D．.doc

4．下面选项中________不是 XML 所要解决的问题。

A．数据组织与管理

B．扩展标记语言

C．使网页的表现形式更丰富

D．扩展网络的通用性

5．试分析 XML 和 SGML 的异同点。

6．XML 有哪些方面的应用?

7．XML 的优点有哪些?

上 机 指 导

本章概述了 XML 的发展历程，介绍了什么是 XML，对其发展前景进行了展望，使读者可以对 XML 有个概括性的认识。最后还通过示例介绍了创建和编辑 XML 文档的方法。本节将通过上机操作，巩固本章所学的知识点。

实验一：创建 XML 文档

实验内容

分别使用文本文件和 XMLSpy 创建一个 XML 文档。

实验目的

巩固知识点——使用文本文件和 XMLSpy 软件创建 XML 文档。

实现思路

XML 文档具有良好的通用性，使用常用的文本文档即可创建 XML 文档。XML 技术优势相当的复杂，专门的软件已经取得了显著的成效，XMLSpy 就是其中的佼佼者。

用文本文档创建 XML 文档的过程为：新建文本文档，编辑文本文档内容并保存，将其扩展名修改为.xml 即可。XMLSpy 软件创建 XML 文档的过程为：单击“File”|“New...”命令，选择“xml 文档”，单击“OK”；出现提示添加 DTD 文档窗口，单击“Cancel”即可。

实验二：编辑 XML 文档内容

实验内容

在新建的 XML 文档中编辑内容，查看非空 XML 文档的样式。

实验目的

巩固知识点——编辑 XML 文档内容，对 XML 文档形成感性认识。

实现思路

XML 文档可以以文本形式编辑，也可以在专用的软件环境下编辑。在安装了 XMLSpy 的情况下，双击 XML 文档时，是以默认的 XMLSpy 软件环境打开的。要使用文本形式进行编辑，需用鼠标右键单击 XML 文档，在“打开方式”中选择“记事本”命令。

无论以何种方式编辑 XML 文档，输入如下内容并保存：

```
<?xml version="1.0" encoding="UTF-8"?>        <!--xml 声明-->
<示例>                                        <!--元素起始标签-->
创建 XML 文档!                                 <!--元素内容-->
</示例>                                       <!--元素结束标签-->
```

用鼠标右键单击 XML 文档，在【打开方式】中选择【Internet Explorer】命令，查看 XML 文档的 IE 显示效果。在 IE 显示效果下，XML 文档是不可编辑的。

实验三：简单的 XML 文档

实验内容

编辑具有一定嵌套关系的 XML 文档，在浏览器模式下观察 XML 文档的结构树。

实验目的

巩固知识点——编辑一个简单的 XML 文档。

实现思路

1.1.2 小节给出了一个简单的 XML 文档，下面以书本结构为参照，编辑 XML 文档内容。

书本的名字为唐诗三百首，共分 7 章，第一章为写景，第一首诗为《登鹳雀楼》。下面是 XML 文档的内容：

```
<?xml version="1.0" encoding="UTF-8"?>        <!--xml 声明-->
<唐诗三百首 页数="300">                        <!--根元素及属性声明-->
<章节>7 章</章节>                              <!--元素及内容声明-->
<第一章>                                       <!--元素起始标签-->
写景                                           <!--元素内容-->
<第一首>                                       <!--元素结束标签-->
<登鹳雀楼>
<作者>
王之涣                                         <!--元素内容-->
</作者>
<诗句>
白日依山尽,                                    <!--元素内容-->
黄河人海流。
欲穷千里目,
```

```
更上一层楼。
</诗句>                                    <!--元素结束标签-->
</第一首>
</第一章>                                  <!--元素结束标签-->
</唐诗三百首>                              <!--根元素结束标签-->
```

读者可作为练习，丰富该文档的内容，并在 IE 显示模式下打开该文档，观察与编辑模式下有什么不同。

第2章 XML语法

本章将介绍的XML基本语法及文档编码知识，对于手工编写XML文档，或用程序处理XML文档，都是非常重要的。XML语法简单精练，格式要求严格，对特殊字符的处理也很简单，所以很容易掌握。本章从一个简单的XML文档入手，然后由简到繁，逐步展开介绍XML的语法及结构，为进一步学习XML的深层知识打下坚实的基础。

2.1 什么是规范的XML文档

一个规范的XML文档包含一个或多个元素，它们相互之间正确地嵌套。其中，必须有一个元素为根元素，它包含文件中其他所有元素，所有的元素构成一个简单的树状结构。XML文档必须符合语法规范，才能被正确地解释处理。综上所述，规范的XML文档必须满足下列条件：

（1）语法符合XML规范；

（2）一个或多个元素构成一个树状结构，且只有一个根节点；

（3）没有对外部实体的引用，除非提供了DTD。

XML规范由W3C制定，目前推出了XML 1.1版本。但是，使用最多的还是XML 1.0版本，XML 1.1版本并未被广泛应用。因为XML 1.1版本不能完全向后兼容XML 1.0版本，给XML 1.1版本的推广造成了不利因素。

“实践是检验真理的唯一标准”，能够通过XML解析器正确解析的XML文档就是符合XML规范的XML文档。如果XML解析器发现在XML文档中存在不规范的结构，就会向应用程序报告一个“致命”错误。致命错误不一定导致解析器终止操作，它可以继续处理，试图找出错误所在，但它不会再以正常的方式向应用程序传递字符数据和XML结构。

XMLSpy提供了很好的规范性检测方法，它可以检测一个XML文档是否为结构完整的文档。检测方法为：选择“XML”|“Check well-formedness F7”命令，或在工具栏中单击按钮，或直接按F7键，XMLSpy就会自动检测XML文档中的结构完整性。如果有错误存在，XMLSpy还会提示可能出现错误的位置。

为了对XML文档有一个形象的认识，并对XML文档规范的大致内容有一个初步了解，下面通过一个简单的示例来说明：

```
<?xml version="1.0" encoding="UTF-8"?>          <!--xml声明-->
<我的电脑>                                        <!--根元素开始标签-->
    <CPU 厂商="AMD" />                            <!--元素及属性声明-->
```

```
    <内存 容量="512MB"/>                  <!--元素及属性声明-->
    <硬盘 容量="80GB">                    <!--元素开始标签及其属性声明-->
        <分区 盘符="C"/>                  <!--元素及属性声明-->
    </硬盘>
</我的电脑>                               <!--根元素结束标签-->
```

该示例演示了一个简单的 XML 文档。该 XML 文档存储了一个有关计算机 CPU、内存和硬盘的简单信息。文档中的“<我的电脑>”、“<CPU 厂商="AMD"/>”、“<分区 盘符="C">”为标签（Mark-up），包含子元素的标签要成对出现，从而在结构上构成一个封闭的整体，如“</硬盘>”和“</我的电脑>”。不包含子元素的元素可以以标签对的形式出现，也可以像上述示例一样，将标签对合二为一，即将“/”加到起始标签的后面，如“<内存 容量="512MB"/>”。该 XML 文档在 IE 浏览器中的效果如图 2.1 所示，图中的红色“-”标记表示该元素可以收缩或展开其子元素内容。

一个正确的 XML 文档除了文本显示和 IE 浏览器显示外，还可以在 XMLSpy 中以 Grid 模式显示，Grid 模式能够形象地描述元素间的包含关系。上例的 Grid 模式显示如图 2.2 所示。

图 2.1　简单的 XML 文档视图

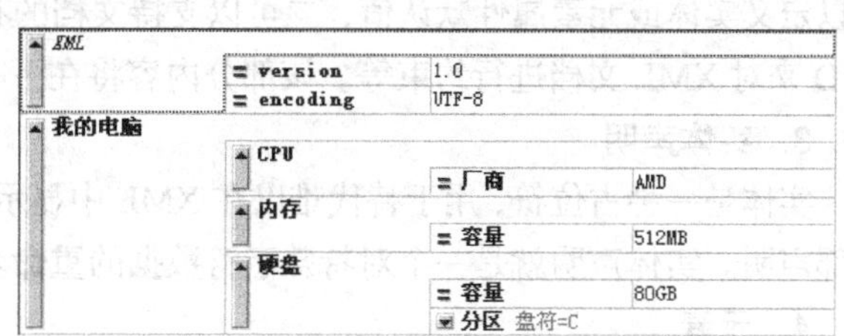

图 2.2　XML 文档视图的 Grid 模式

2.2　XML 逻辑结构

XML 的逻辑结构约束 XML 文档的内容及其组织方式。一个 XML 文档必须首先符合逻辑结构要求，才可以是一个规范的 XML 文档。如前所述，XML 文档是用来存储数据而不只是显示数据的，存储数据不是杂乱无章地存储，而是以树状结构的方式来进行数据存储。这种良好的数据结构组织方式方便数据提取。检验数据是否符合有效的组织方式，是逻辑结构要完成的主要目标。

2.2.1　XML 的整体结构

XML 文档的整体结构分析如表 2.1 所示。

表 2.1　　整体结构分析表

文档序言（prolog）	XML 声明	如<?XML version="1.0" encoding="UTF-8"?>，必备
	DOCTYPE 声明	DTD 或 Schema 文档声明等，可选
	实体声明	字符数据等的替代，可选
元素体	元素	文档所包含的元素，必须有一根元素

XML 作为一个灵活的标记语言工具，允许采用不同的字符进行编码，所以 XML 的解析器需要知道使用的是什么字符集，XML 声明就是为此而准备的。

1. XML 声明

XML 声明用于解析器传递 XML 文档的基本信息，位于 XML 文档的起始部分，包含版本信息、字符编码等几个部分，各部分之间要用空格分隔。

（1）“<?XML” 和 “?>” 是声明的开始和结束标记。

（2）“version="1.0"” 表示 XML 规范的版本号。

（3）“encoding="UTF-8"” 为编码声明，指定文档所用到的编码字符。例如，“UTF-8” 就是一种字符编码方式，也可以是 “GB2312” 中文编码等。声明时 encoding 项是可选的，默认情况下 XML 解析器将尝试使用 UTF-8、UTF-16 等 Unicode 编码规则解析文档。

（4）文档声明语句还有一项是可选的，即 “standalone” 项，其默认值为 “no”，它的值只能是 “yes” 或 “no”，表示 XML 文档的内容是否依赖于外部信息（如外部实体、DTD 等）。

XML 声明示例如下所示：

```
<?xml version="1.0" encoding="gb2312" standalone="yes"?>
```

2. DOCTYPE 声明

XML 文档的结构可以使用严格的语法约束，DOCTYPE 声明即用于外部约束信息的声明，一可以定义实体或元素属性默认值，二可以支持文档的有效性检测，如用 DOCTYPE 声明文档类型 DTD 来对 XML 文档进行约束等。该部分内容将在下一章详细介绍。

3. 实体声明

实体是一种占位符，用于替代难以在 XML 中显示的字符数据等，可以在 XML 文档的内部或外部声明。实体声明就是一个对特殊字符数据的重命名的过程。

4. 元素

元素是 XML 文档的组成单元，每个 XML 文档包含一个或多个元素，元素可以有自己的属性或多个属性构成的属性列表。每个元素都有其起始和结束标志，以便区分不同的元素对象。在元素的开始和结束标记之间可以包含其他元素，被包含的元素称为其子元素，包含所有元素的元素称为根元素，每个 XML 文档只能有一个根元素。元素属性由属性名和属性值组成，声明在元素起始标记中元素名称的后面。

下面用一个简单的示例来说明：

```
<硬盘 容量="80GB" 转速="5200 转/秒">                <!--元素开始标签及其属性列表-->
        <分区 盘符="C"/>                            <!--元素及其属性声明-->
</硬盘>                                             <!--元素结束标签-->
```

元素体除了元素及其属性的定义外，还可以定义实体、CDATA 段等。实体定义的详细内容见下一小节。所有 XML 文档内容可以概括为表 2.2 所示的标记类型。

表 2.2 XML 中的标记类型

类　型	作　用
空元素	XML 文档的一个节点，该节点不包含子元素
元素组	由子元素和字符数据组成的整体
声明语句	为 XML 解析环境添加参考因素，如实体声明、DTD 声明等
注释语句	解释文档内容，解析器跳过该部分内容

续表

类　型	作　用
处理指令	传递特殊指令给一个应用程序
CDATA 块	XML 解析器将不对其进行分析，可以包含任意字符数据
实体引用	替换实体名称为实体内容

2.2.2 XML 元素

XML 元素是存储数据的容器。本小节将从元素的构成、元素的内容、元素嵌套方式、元素及属性的命名几个方面进行介绍。

1. 元素的构成

一般的元素标记由 3 个部分组成：开始标签、元素内容和结束标签，元素内容和元素属性都在元素定义时给出。元素的定义方法如下所示：

```
<元素名称 属性 1 = "属性值 1"  属性 2 = "属性值 2" ……>
    元素内容
</元素名称>
```

元素定义由开始标签“<……>”、结束标签“</……>”和元素内容构成。开始标签包括元素名称和元素属性列表，元素名称和开始标签的“<”之间不能有空格。元素的结束标签包含结束符“/”和元素名称。元素名称必须符合命名规范。

下面用一个简单的示例来说明：

```
<班级 名称="225 班" 人数="30 人">                <!--元素开始标签及其属性列表-->
        <班主任 姓名="陶李"/>                     <!--元素及其属性声明-->
        <班长 姓名="李华"/>                       <!--元素及其属性声明-->
        <学生列表>                                <!--元素开始标签-->
            <学生 学号="一号" 姓名="张三"/>
        </学生列表>                               <!--元素结束标签-->
</班级>                                           <!--元素结束标签-->
```

2. 元素的内容

元素内容可以是子元素也可以是文本数据，还可以为空。内容为空的元素可以使用元素定义的另一种如下所示的方法：

```
<元素名称 属性 1= "属性值 1"  属性 2= "属性值 2" …… / >
```

例如：

```
<内存 容量="512MB"></内存>
```

也可以简写为

```
<内存 容量="512MB"/>
```

元素内容可以同时包含子元素和文本内容，称为混合内容。用下面这个简单的示例来说明：

```
<?xml version="1.0" encoding="UTF-8"?>        <!--xml 声明-->
<父元素>                                       <!--根元素开始标签-->
    文本内容                                   <!--元素内容-->
    <子元素 1>子元素 1 文本内容                 <!--元素开始标签及其内容-->
    </子元素 1>
    <子元素 2>子元素 2 文本内容
```

```
    </子元素 2>
</父元素>                                    <!--根元素结束标签-->
```

元素间的包含关系形成“父子关系”，如上例中，“父元素”包含“子元素”，它们即构成“父子”关系，也称为元素嵌套。该示例的 Grid 显示模式如图 2.3 所示。

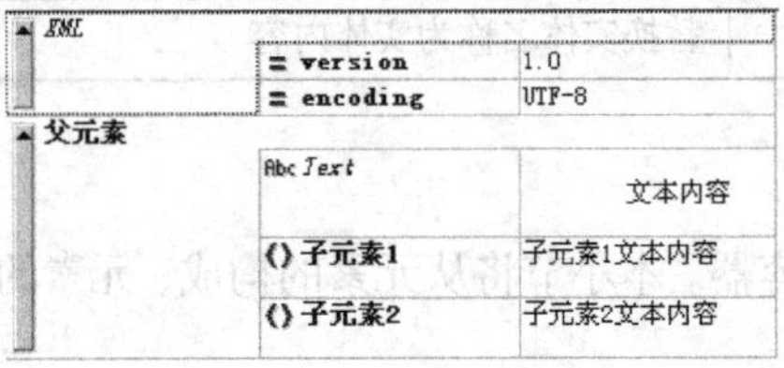

图 2.3　Grid 显示模式图

Grid 模式图显示了元素之间的包含关系，包含子元素或属性的元素可通过左边的伸缩图标▼来展开显示其具体内容，不包含子元素和属性的元素图标为“〈 〉”。元素属性图标为“=”号，后面是对应属性名和属性值。由图 2.3 的“文本内容”可以看出 XML 保留的空格位置，与 HTML 是不同的。

元素内容中的文本数据可以是除了“<”、“&”等 XML 特殊字符外的任何可用字符。但是，当文本数据需要这些符号时应该如何实现呢？XML 为常用的 5 个字符提供了“实体引用”方式，也即给这些特殊字符起了一个别名。当在文本数据中需要使用这些特殊符号时，采用它的实体引用来代替就可以了，XML 解析器会将这些别名替换为它所替代的内容。表 2.3 所示为常用的 5 种特殊字符的实体引用。

表 2.3　特殊字符的实体引用

特 殊 字 符	实 体 引 用	特 殊 字 符	实 体 引 用
>	>	“	"
<	<	‘	'
&	&		

实体引用后面的“;”不可省略。

例如，在文本数据中要表达“5<6”的内容，应该采用的写法如下所示：

```
<实体引用示例>
    5&lt;6              <!--元素内容-->
</实体引用示例>
```

该语句的浏览器显示样式如图 2.4 所示。

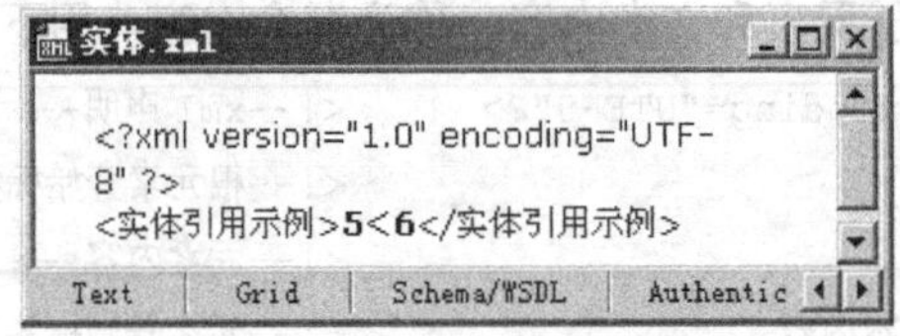

图 2.4　实体引用示例

3. 元素嵌套方式

元素的嵌套规则如下：

（1）父元素与子元素间是同心圆关系，如图 2.5 所示。父元素的起始标签必须在子元素的起始标签之前，结束标签必须在子元素的结束标签之后。元素间不可交叉嵌套；

（2）子元素与子元素间是兄弟关系，子元素声明顺序不受限制（XML 文档添加 DTD 或 Schema 约束后，子元素声明顺序将受到限制）；

（3）两元素之间不能既是父子关系又是兄弟关系。

以下是错误的元素嵌套关系：

```
<子元素 1>子元素 1 文本内容
<子元素 2>子元素 2 文本内容
</子元素 1>
</子元素 2>
```

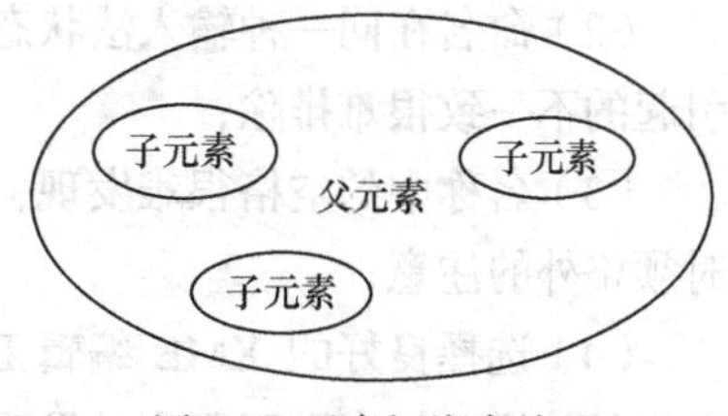

图 2.5 元素间嵌套关系

4. 元素及属性的命名

XML 元素及属性的命名规范如下：

（1）元素名和属性名以英文字母或下划线“_”开始，后面可用英文字母、数字、点号“.”、连字符“-”、冒号“:”等。中文字符和其他语言文字也可以用于命名元素，这主要取决于文档类型声明中的编码值。通常建议不要在名称中使用点号“.”和连字符“-”；

（2）XML 保留的标识符如“<”、“/”、“&”等不能出现在元素名和属性名中；

（3）元素名不能包含空格；

（4）XML 文档大小写敏感，相同字母不同大小写会被视为不同名称，所以元素的开始标签与结束标签名称必须完全一致。

例如，下面几个都是不正确的命名方法：

```
<学生列表>
        <1 号 姓名="张三"/>
</学生列表>
```

这里的“1 号”使用了数字“1”作为名称的开始字符，所以会出现错误。

```
<班级 名称/班号="225 班" 人数="30 人">
    <班主任 姓名="陶李"/>
    <班长 姓名="李华"/>
    <学生列表>
        <一号 姓名="张三"/>
    </学生列表>
</班级>
```

这里的班级属性“名称/班号”中使用了“/”，属于不正确的命名方式。

```
<?xml version="1.0" encoding="UTF-8"?>
<XML 文档>
    <标题>认识 XML 的第一步</标题>
    <作者>XMLEditor</作者>
     <正文>
        <段落>XML 很简单。</段落>
    </正文>
```

```
</xml 文档>
```

因为 XML 语法对大小写敏感，所以标签“</xml 文档>”不是标签“<XML 文档>”的结束标签，该文档找不到“<XML 文档>”的结束标签，所以出错。

鉴于以上错误，养成如下良好的命名习惯是减少错误的有效方法：

（1）元素起始标签与结束标签同时声明，然后再填充元素内容，以保证其一致性；

（2）命名在同一种输入法状态输入，不同输入法引起的不一致很难排除；

（3）名称中的空格很难发现，在编写 XML 文档时须格外的注意；

（4）选择良好的 XML 编辑工具可以事半功倍。良好的编辑工具有助于程序员发现错误并做出相应的处理。当错误的 XML 文档用 IE 浏览器打开时，浏览器会提示出现错误的位置（见图 2.6），给发现错误提供了有用的信息。

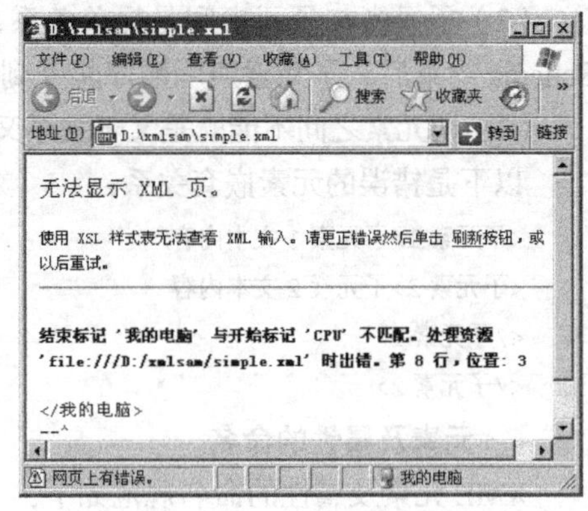

图 2.6　浏览器错误提示信息

2.2.3　元素属性

元素属性是对元素起描述作用的。元素可以只有一个属性，也可以是多个属性组成的属性列表。属性的定义方法有以下几种。

```
属性名="属性值"
```

或

```
属性名 1="属性值 1" 属性名 2="属性值 2" 属性名 n="属性值 n"
```

属性名必须符合命名规范，必须与属性值成对出现，属性值也必须位于一对引号之间。属性依附于元素存在，属性或属性列表位于元素开始标签内，元素名的后面，与元素名之间用空格隔开，任何其他位置定义的属性都是无效的。属性列表各属性间也要用空格隔开，正确的属性声明方法如下：

```
<班级 名称="225 班" 人数="30 人">              <!--元素开始标记及其属性声明-->
</班级>                        <!--元素结束标记-->
```

下面的定义方法是错误的：

```
<班级>                         <!--元素开始标记-->
    名称="225 班" 人数="30 人"                  <!--元素内容-->
</班级>                        <!--元素结束标记-->
```

该定义方法虽然不会出现逻辑错误，但是将“名称="225 班" 人数="30 人"”定义为了元素的文本内容，而不是元素的属性。

当属性值中含有双引号时，属性值应该位于单引号之间；属性值中含有单引号时，属性值应该位于双引号之间。这样，解析器才能正确解析属性值的开始和结束。示例如下：

```
<元素 属性="这是关于'属性'的例子">
</元素>
```

元素的特征可以用元素来描述，也可以使用子元素来描述。例如，关于班级的描述方法也可以使用如下方法：

```
<班级>                          <!--元素开始标记-->
    <名称>                      <!--元素开始标记-->
        225 班                  <!--元素内容-->
    </名称>                     <!--元素结束标记-->
    <人数>                      <!--元素开始标记-->
        30 人                   <!--元素内容-->
    </人数>                     <!--元素结束标记-->
</班级>                         <!--元素结束标记-->
```

但是属性相对于子元素来说有一定的局限性，具体表现在以下几方面。

（1）属性扩展性差。上例中班级的子元素声明方法很容易扩展，例如，可以继续对“人数”进一步描述为男生人数和女生人数，还可以进一步扩展下去。而属性声明方法不易进一步扩展，也不利于表达“人数”与“男生人数”和“女生人数”的关系。

（2）每个元素中同名属性只能出现一次，而同名子元素则可以出现多次。还以班级为例，班级的学生列表元素可以包含多个学号子元素，而不能将多个学号都声明为学生列表的属性，这样也没有意义。

（3）元素和属性不是纯粹的父子关系。在 W3C 的推荐标准里这样描述：“元素是其属性的母体，不过，属性不是其母体元素的子体”。这给应用程序解析造成了麻烦，因为元素无法通过父子关系来引用其属性。子元素则不存在这个问题，父元素和子元素之间的相互引用是非常容易的。

（4）属性存储的数据量过大时，就会造成 XML 文档结构上的失衡，给阅读造成很大的不便。

到底什么时候该使用属性，什么时候使用元素，并没有固定要求和明确的界限，能描述清楚元素特性即可。下面所述为推荐使用属性的几种情况：

（1）元素无再扩展的必要，如班级的名称；

（2）元素属性简单，不需要存储大量的数据，一篇报道的内容就不适合声明为属性；

（3）数据与元素关系特别密切，如身份证号码。

2.2.4 CDATA 段

CDATA 是“Character Data”的缩写，也即字符数据。如果在文件中需要反复用到很多的特殊字符，这时由于“<”、“>”、“&”等被 XML 赋予了特殊的用意，就不能像一般字符一样拿来应用，而必须使用它们的预定义字符“<”、“>”、“&”等来处理它们，这是相当麻烦的，而且使用这样的方法也不利于阅读理解。示例如下：

```
<?xml version="1.0" encoding="UTF-8"?>              <!--xml 声明-->
<CDATA 示例>                                         <!--元素开始标记-->
    在这里可以使用""&lt;"、"&gt;" 和"&amp;""          <!--元素内容-->
</CDATA 示例>                                        <!--元素结束标记-->
```

这里，读者就很难读懂“if(&x<&y)”所要表达的意思。该示例的浏览器显示样式如图 2.7 所示。

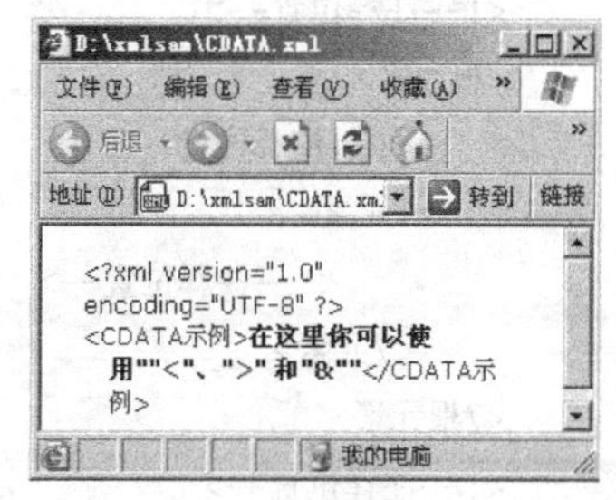

图 2.7 特殊字符显示方法

CDATA 段是一种可以将这些特殊字符像正常字符一样使用的方法。CDATA 段的声明方法为：

```
<![CDATA[可以包含<, >,和&等的 CDATA 段内容]]>
```

“<![CDATA[”是 CDATA 段的开始标记；“可以包含<,>,和&等的 CDATA 段内容”是 CDATA 段的内容，无须解析器解析；“]]>”

是 CDATA 段的结束标记。

CDATA 意味着该部分内容不是标记字符，它告诉解析器，文档的这段内容不包含标记，全部按字符本意来对待。示例如下：

```
<?xml version="1.0" encoding="UTF-8"?>               <!--xml 声明-->
<CDATA 示例>                                          <!--元素开始标记-->
    在这里可以使用"<![CDATA["<"、">"和"&"]]>"          <!--元素内容-->
</CDATA 示例>                                         <!--元素结束标记-->
```

如果直接使用像“if(&x<&y)”样的语句，解析器将会报告错误。

注意

CDATA 内容中唯一不能包含的是其结束符“]]>”，因为解析器会将其看作 CDATA 的结束标记。

CDATA 段对于包含大量特殊字符的文本特别适合。然而，每件事情有利必有弊。在 CDATA 段的内部不能定义任何元素和属性，如果遇到这样的问题，最好还是使用实体引用。

2.2.5 注释

XML 文档中可以使用注释（Comment）以对文档内容进行解释。在复杂的 XML 文档中，注释必不可少，注释对于文档以后的维护和读者的理解都具有重要作用。如果用来与文档的其他使用人员进行交流，注释的作用就显而易见了。注释对整个文档或文档的一部分内容作了介绍，这样在杂乱的文档当中找到需要的信息就十分方便了。注释的使用方法如下所示：

```
<!–文档注释内容-->
```

“<!--”为注释开始标记，“-->”为注释结束标记。“文档注释内容”是对文档的解释部分，该部分内可以使用“<”、“>”或空格等任何想用的字符，解析器对文档注释内容不加解析。

注意

注释部分不能出现“-->”，该部分会导致解析器的错误判读，误以为是注释的结束标记。

适当位置的注释和良好的注释内容会给源码阅读者以耳目清新的感觉。注释可以出现的位置包括以下约束条件：

（1）XML 声明之后；

（2）元素的文本内容中；

（3）元素起始或结束标签和属性列表中不能添加注释。

下面的例子列出了注释可以出现的位置：

```
<?xml version="1.0" encoding="UTF-8"?>               <!--xml 声明-->
<!--注释位置-->
<根元素>
    <!--注释位置-->
    <元素>
        <!--注释位置-->
    </元素>
</根元素>
<!--注释位置-->
```

也就是说文档注释可以出现在除了 XML 声明之前和标记符之间的任何位置，这时的 XML 解析器对注释内容视若无物。例如，下面的两个示例效用是一样的。

```
<注释示例>
白日依山尽，<!--日头快要落山，就要看不见了-->黄河入海流.
欲穷千里目，<!--

想看尽眼前这千里的盛景-->更上一层楼.
</注释示例>
```

下面是相同效果的无注释示例。

```
<注释示例>
白日依山尽，黄河入海流.
欲穷千里目，更上一层楼.
</注释示例>
```

注意

因为注释可以避过 XML 解析器的解析，当暂时不需要某段文档内容时，可以将其前后加上注释符，以后需要时只要去掉注释符就可以了。使用该方法时，要避免注释内容的嵌套，注释内容中不能再有注释的部分。

有了对以上内容的了解，这里举一个较完整的例子，以方便对 XML 基础知识的融会贯通，也作为对以前知识的复习。

```
<?xml version="1.0" encoding="UTF-8"?>              <!--xml 声明-->
<!--在这里可以使用外部声明-->
<班级 名称="225 班" 人数="30 人">                    <!--根元素开始标记及其属性声明-->
<!--班级包括班主任、班长和学生列表-->
    <班主任 姓名="陶李">                             <!--元素开始标记及其属性声明-->
        <联系方式>                                   <!--元素开始标记-->
            <email>tl@163.com                        <!--元素开始标记及其内容-->
            </email>                                 <!--元素结束标记-->
        </联系方式>                                  <!--元素结束标记-->
        <办公室><![CDATA[1 号楼<401>]]>
        </办公室>
    </班主任>
    <班长 姓名="李华">
        <联系方式>
            <email>lh@yahoo.com.cn
            </email>
        </联系方式>
    </班长>
    <!--学生列表包括班级所有学生的信息-->
    <学生列表>
        <一号 姓名="张三"/>
        <联系方式>
            <email>zhangsan@126.com
            </email>                                 <!--元素结束标记-->
```

```
            </联系方式>                              <!--元素结束标记-->
        </学生列表>                                  <!--元素结束标记-->
    </班级>                                          <!--根元素结束标记-->
    <!--以上是关于班级的信息-->
```

该示例的浏览器显示样式如图 2.8 所示。

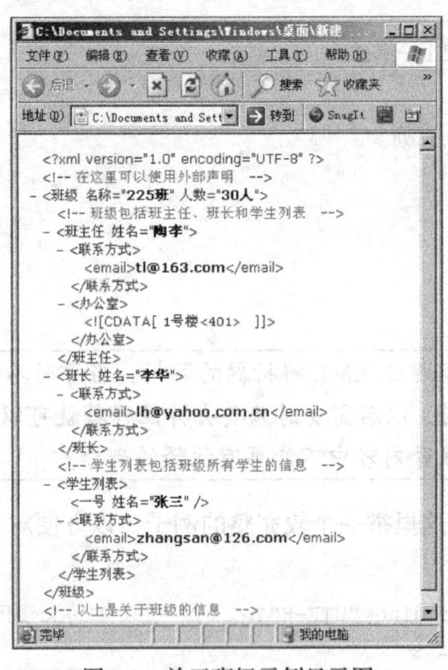

图 2.8　关于班级示例显示图

2.3　XML 物理结构

如果把 XML 的逻辑结构比作水利设施的话，则 XML 的物理结构就是在其中流动的水，水利设施有了水才能发挥其重要作用。从物理结构上讲，XML 文档归根结底是由“实体”构成的。

2.3.1　什么是实体

一个 XML 文件可能由一个或多个存储单元组成，这些存储单元称为组成 XML 文档的实体（entity）。实体是 XML 中的占位符，实体都具有内容并且都用实体名字进行标识（文件实体和外部 DTD 子集除外）。每一个 XML 文件本身就是一个文件实体，它是 XML 解析器处理的起点并可能包含了整个文件。实体可以是已析的或未析的，已析实体的内容就是它所替代的文本内容，此文本被看成是文件整体的一部分；未析实体是一种二进制资源，XML 对其内容不作任何限制，可以是文本也可以不是文本，每一个未析实体有一个相关联的用名字标识的记法。

例如，某 XML 文档中要反复使用一大段文本内容，每遇到一次这段文本都要重新输入一次是很麻烦的。实体提供了解决该问题的办法，可以给这一大段文本起一个名字，在需要这段文本的地方，只要使用其名字代替就相当于又重新输入了一次这段文本内容。解析器会自动把这个名字替换为相应的文本内容。

已析实体的声明方法如下所示：

```
<!ENTITY Entity_Name "Entity content">
```

示例如下：

```
<!ENTITY 内容简介 "本章是关于 XML 文档的基础知识，简单介绍的 XML 的语法结构。">
```

该语句定义了一个实体，实体名称为“内容简介”。当 XML 文档中需要使用引号内的文本时，直接使用实体名代替就可以了，但要在实体名称前面加上“&”符号。

示例如下：

```
<?xml version="1.0" encoding="UTF-8"?>
<!--xml 声明-->
<!DOCTYPE 简介 [
    <!ENTITY 内容简介 "本章是关于 XML 文档的基础知识，简单介绍的 XML 的语法结构。">
    <!--实体声明-->
]>  <!--DOCTYPE 声明-->
<简介>&内容简介
</简介>
```

这样，该示例在浏览器中的显示样式如图 2.9 所示。

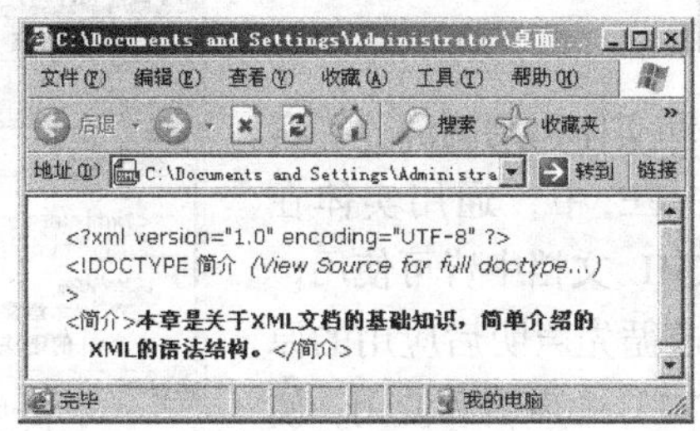

图 2.9　实体示例

该示例无法在 XMLSpy 中显示为浏览器样式，因为 XMLSpy 会对其进行有效性检测（具体内容见下章），但在 IE 浏览器中可以显示。

未析实体的声明方法如下：

```
<!ENTITY name SYSTEM value NDATA type>
```

这里“name”是未析实体的名字；“value”是实体的值，如一个外部图片的名字 greadwall.gif；“NDATA”表明是对未析实体的引用；“type”是已声明的符号，由<!NOTATION>元素声明。例如，要显示地声明图片 greadwall.gif 是一个未析实体，可以使用下面的语句：

```
<!NOTATION gif SYSTEM "image/gif">
<!ENTITY PHOTO1221 SYSTEM "greadwall.gif" NDATA gif>
```

实体是在文档序言部分的 DOCTYPE 中定义的，所以关于实体的详细内容将在下一章详细展开。本章简单介绍实体相关的一些基本概念。

2.3.2　实体的类型

实体分为通用实体和参数实体两种类型，上面的例子中“内容简介”实体就是一个通用实体。通用实体与参数实体的区别就在于：通用实体在文档类型定义（DTD）中声明，在与 DTD 对应的 XML 文档中引用，引用方法为“&实体名;”；参数实体也在文档类型定义中声明，却只能在文档类型定义中引用，引用方法为“%实体名;”。实体的内容还可以是外部文本文件或图像等。

外部文本文件示例如下：

```
<?xml version="1.0" encoding="GB2312"?>            <!--xml 声明-->
<!DOCTYPE 简介[
    <!ENTITY 内容 SYSTEM "E:\sample.txt">
]>                                                 <!--DOCTYPE 声明-->
<简介>&内容;
</简介>
```

文本文件“E:\sample.txt”的内容如下所示：

```
<?xml version="1.0" encoding="GB2312"?>
本章是关于 XML 文档的基础知识，简单介绍 XML 的语法结构。
```

注意

文本文件中的“<?xml version="1.0" encoding="GB2312"?>”部分，告诉 XML 文档该文件包括"GB2312"字符集。如果文件全是英文字符，则该部分可以省去不写。图 2.10 所示为该示例的浏览器视图。

由于参数实体的声明和应用只能出现在 DTD 中，有关参数实体的内容在下一章详细介绍。

2.3.3 实体的使用

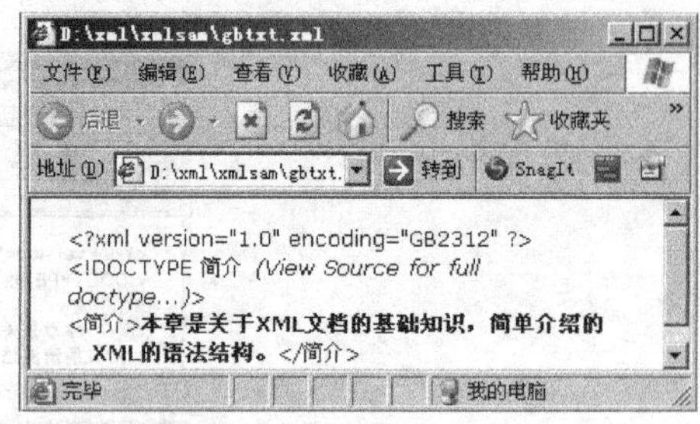

图 2.10　外部文本文件实体

实体的使用包括实体声明和实体引用两部分。实体声明放在文件类型 DOCTYPE 中，通用实体在 DOCTYPE 实体声明部分和 XML 文档中皆可使用，在 DOCTYPE 中使用不需要遵循先声明后应用的原则。参数实体则只能在 DOCTYPE 中声明和使用，使用前必须先对其声明。

关于参数实体的示例将在下章中详细介绍，通用实体使用示例如下：

```
<?xml version="1.0" encoding="GB2312"?>            <!--xml 声明-->
<!DOCTYPE 简介[
    <!ENTITY 新内容 "实体嵌套:&内容;">
    <!ENTITY 内容 SYSTEM "E:\sample.txt">
]>                                    <!--DOCTYPE 声明-->
<简介>&新内容;
</简介>
```

其效果如图 2.11 所示。

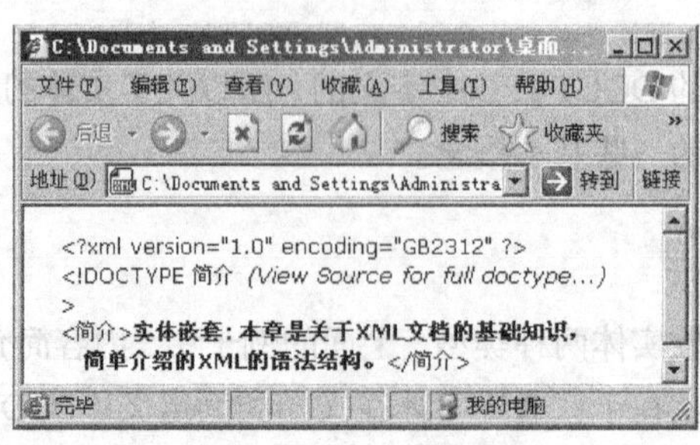

图 2.11　实体应用示例

2.4 ASCII 字符集

计算机只能识别数字，不识别字符，如何才能将字符与数字对应起来呢？为此，需要给定字符一个特定的数字，将一系列字符（字母、数字和一些特殊符号称作字符集）给定一组数字的过程即为编码。

目前，计算机文本文档的编码方式有许多种。由于各地人类语言的不同，每个国家和地区的编码方法都不一样，另外，随着计算机硬件和软件处理技术发展，计算机编码字符集也在更新换代。即使在同一个国家或地区，也可能存在多种不同的计算机编码标准。

ASCII（American Standard Code for Information Interchange）即美国标准信息交换码，现今常用的字符集都是它的超集，它是一个原始的字符集，是所有字符集都支持的最主要部分。ASCII 定义了书写英语需要的全部字符，这些字符编码将对应 0~127 的一个数字。表 2.4 所示为 ASCII 字符集。

表 2.4　　ASCII 字符集表

编　码	字　符	编　码	字　符	编　码	字　符	编　码	字　符
0	空字符(Control-@)	32	Space	64	@	96	`
1	标题开始字符(Control-A)	33	!	65	A	97	a
2	正文开始字符(Control-B)	34	“	66	B	98	b
3	正文结束字符(Control-C)	35	#	67	C	99	c
4	传输结束字符(Control-D)	36	$	68	D	100	d
5	询问字符(Control-E)	37	%	69	E	101	e
6	应答字符(Control-F)	38	&	70	F	102	f
7	响铃字符(Control-G)	39	‘	71	G	103	g
8	退回字符(Control-H)	40	(	72	H	104	h
9	制表符(Control-I)	41	)	73	I	105	i
10	回行字符(Control-J)	42	*	74	J	106	j
11	垂直制表符(Control-K)	43	+	75	K	107	k
12	进纸字符(Control-L)	44	,	76	L	108	l
13	回车字符(Control-M)	45	-	77	M	109	m
14	移出字符(Control-N)	46	.	78	N	110	n
15	移入字符(Control-O)	47	/	79	O	111	o
16	数据连接转义符(Control-P)	48	0	80	P	112	p
17	设备控制 1(Control-Q)	49	1	81	Q	113	q
18	设备控制 2(Control-R)	50	2	82	R	114	r
19	设备控制 3(Control-S)	51	3	83	S	115	s
20	设备控制 4(Control-T)	52	4	84	T	116	t
21	拒绝应答字符(Control-U)	53	5	85	U	117	u

续表

编 码	字 符	编 码	字 符	编 码	字 符	编 码	字 符
22	同步等待字符(Control-V)	54	6	86	V	118	v
23	传输块结束符(Control-W)	55	7	87	W	119	w
24	删除字符(Control-X)	56	8	88	X	120	x
25	媒体结束符(Control-Y)	57	9	89	Y	121	y
26	替换字符(Control-Z)	58	:	90	Z	122	z
27	转义字符(Control-[)	59	;	91	[	123	{
28	文件分隔符(Control-\)	60	<	92	\	124	|
29	组群分隔符(Control-])	61	=	93	]	125	}
30	记录分隔符(Control-^)	62	>	94	^	126	~
31	单元分隔符(Control-_)	63	?	95	_	127	delete

在该字符集中，数字 0 ~ 31 和 127 所对应字符是不可打印的控制字符，在这 33 个字符当中只有回车、进纸和水平制表符可以出现在 XML 文档中，其他的控制字符很少出现在 XML 文档中。

2.4.1 ISO 字符集

以前，由于受空间和处理代价的影响，人们通常用单字节的字符集。这些字符可以处理英语和一些特定语言，其他语言则无法处理。为此，国际标准化组织规范了如下十多套 ISO 字符集。在这些单字节字符集中，0 ~ 127 对应字符与 ASCII 相同，128 ~ 159 对应字符为一些新增控制字符，160 ~ 255 对应字符是新增的希腊字母、西里尔字母等。

ISO-8859-1（Latin-1）：ASCII 字符附加地方字符和西欧语言中常用的拉丁字符，包括丹麦语、荷兰语、法语等。

ISO-8859-2（Latin-2）：ASCII 字符附加地方字符和中欧东欧地区语言中常用的拉丁字符，包括捷克语、匈牙利语、德语等。

ISO-8859-3（Latin-3）：ASCII 字符附加地方字符和世界语、马耳他语和加利尼西亚语要求的字符等。

ISO-8859-4（Latin-4）：ASCII 字符附加地方字符和世界语、立陶宛语、格陵兰岛语等。现在已被 ISO 8859-10（Latin-6）或 ISO 8859-13（Latin-7）所取代。

ISO-8859-5：ASCII 字符附加西里尔字母用以包括俄罗斯等国家的字符。

ISO-8859-6：ASCII 字符附加阿拉伯语。

ISO-8859-7：ASCII 字符附加现代希腊字符，该字符集不包括古希腊常用的特殊字符。

ISO-8859-8：ASCII 码加希伯来语。

ISO-8859-9（Latin-5）：除了 6 个冰岛字符被土耳其的 6 个字符代替，其他与 Latin-1 完全一样。

ISO-8859-10（Latin-6）：ASCII 字符附加地方字符和波罗的海语系字符。

ISO-8859-11：ASCII 字符附加泰国语。

ISO-8859-13（Latin-7）：除了一些有问题的标记，其他与 Latin-6 极其相似。

ISO-8859-14（Latin-8）：ASCII 字符加盖尔语和威尔士语。

ISO-8859-15（Latin-9, Latin-0）：是对 Latin-1 的重新修改，替换掉了一些不必要的符号。

ISO-8859-16（Latin-10）：是对 Latin-2 的重新修改，更适合于罗马字符。该字符集支持的语言还包括阿尔巴尼亚语和克罗地亚语等。

各地区根据自己的需求也制定了不同的标准字符集，这些地方性的标准字符集也可以在 XML 文档中很好的应用。

2.4.2 MacRoman 字符集

苹果操作系统使用一套独立的字符标准，它的单字节字符集也是 ASCII 的扩展集。其在美国和西欧的应用版本被称作 MacRoman 字符集。

Macos 比 Latin-1 早几年出现，第一个 Mac 计算机是在 1984 年出现的，ISO 8859-1 标准在 1987 年才第一次被采用。这意味着苹果公司不得不定义自己的扩展字符集 MacRoman。其中大部分扩展符同 Latin-1 一样，只是字符对应的编码不同。MacRoman 中前 127 个字符与 ASCII 和 Latin-1 中的一样，因此，使用扩展字符的文本文件移到 Mac 时会显示混乱，反之亦然。

2.5 Unicode 字符集

Unicode 字符集是一种国际标准的字符集。有了它，就可以使用任何语言来编写文档。2002 年 5 月制定的 3.2 版字符集包括 95 156 个字符，该字符集收集了全球现存的大多数语言字符和一些过去的字符。Unicode 字符集包含了拉丁、古今希腊、中文等字符。

Unicode 字符集给每个字符分配了一个数字，这些数字可以被编制在不同的框架内，包括 UCS-2、UCS-4、UTF-8、UTF-16 等。

2.5.1 UTF–8

UTF-8 是一种变长的 Unicode 编码，字符 0 ~ 127 是 ASCII 字符集，每个字符占一个字节，跟 ASCII 相同。也就是说，在 0~127，ASCII 与 UTF-8 字符是一种一一对应关系，因此，纯 ASCII 文件完全可以被 UTF-8 文件支持。

UTF-8字符集的128 ~ 2 047的字符表示一些常用的非表意字符，以两个字节存储；2 048 ~ 65 535 的字符大都是汉字、日文、韩语等，用 3 个字符存储；65 535 以上的字符用 4 个字节来存储。

2.5.2 通用字符集

通用字符集（Universal Character Set, UCS）是所有其他字符集标准的一个扩展集，它与其他字符集是双向兼容的。也就是说，如果将任何文本字符串翻译到 UCS 格式，然后再翻译回原编码，不会丢失任何信息。UCS 使用 31 位存储，可以提供 20 亿个字符，足以提供人类有史以来的所有字符和图符。

通用字符集包含了用于表达所有已知语言的字符。不仅包括拉丁语、希腊语、南斯拉夫语、希伯来语、阿拉伯语、亚美尼亚语和乔治亚语的描述，还包括中文、日文和韩文这样的象形文字等其他语言。对于还没有加入的语言，由于正在研究怎样在计算机中最好地编码它们，因而最终它们都将被加入。

一些专业技术用于处理 UCS 中大量的空格。每行存储 256 个字符、256 行（65 634 个字符）

构成一个面板。大多数的 Unicode 都存储在第一个面板内（0x0000 到 0xFFFD）。UCS 给第一面板内每个字符分配一个代码，这个代码包括“U+”前缀和 4 位十六进制数字，例如，U+0041 代表字符“拉丁大写字母 A”。UCS 字符 U+0000 到 U+007F 与 US-ASCII（ISO 646）是一致的，U+0000 到 U+00FF 与 ISO 8859-1（Latin-1）也是一致的。

2.5.3 如何使用 Unicode 编写 XML

Web 页面应当指明使用的编码，在没有被预先告知的情况下，XML 解析器默认文本实体字符使用 UTF-8 编码，因为 ASCII 字符集是包含在 UTF-8 中的一个子集，所以 XML 解析器同样可以分析 ASCII 字符文本。

除了 UTF-8，XML 解析器必须能读懂的唯一字符集是原始 Unicode。当不能把文本转换成 UTF-8 或原始 Unicode 时，可以使文本保持原样并告诉 XML 解析器文本所使用的字符集。这是最后一种手段，因为这样做并不能保证一个尚未成熟的 XML 解析器能够处理其他编码。除此之外，Netscape Navigator 和 Internet Explorer 都能很好地解释常见的字符集。

在文件开始的 XML 声明中包含一个 encoding 属性，该属性告诉 XML 解析器正在使用的是什么编码。例如，声明整个文档使用默认的 GB2312，可使用下面的 XML 声明：

```
<?xml version="1.0" encoding=" GB2312" ??>
```

小 结

本章主要学习了如何编写规范的 XML 文档，包括文档的逻辑结构、物理结构等，是学习 XML 的基础。具体内容如下。

（1）XML 的逻辑结构：从 XML 的整体结构展开，按照文档序言和元素体的顺序，具体解释了 XML 文档声明、XML 元素和元素属性、命名规范、CDATA 段、文档注释等基础知识。

（2）XML 的物理结构：初步解释了什么是实体、实体的类型、实体引用的简单知识等，为下一章学习实体打下基础。

本章还简单地讲述了字符集的相关知识，希望通过介绍几种常用的字符集加深对 XML 文档编码的了解。

习 题

1. XML 文档的整体结构包括________、________、________和________ 4 部分。
2. 实体类型包括________和________两种类型。
3. 下面命名正确的是________。

   A. month/day/year　　B. _4line　　C. 我的电脑

   D. full name　　E. Jim's　　F. <内存>
4. 元素内容的文本数据包括“>”时应该使用的实体引用方式为________。

   A. >　　B. <　　C. &　　D. "
5. 使用不同的方法编写内容为“电脑是一种工具，它是人的得力助手”的“我的电脑”

元素。

6. 下面的文档错在哪里？请改正过来。

```
<?xml version="1.0" encoding="UTF-8"?>              <!--xml 声明-->
<班级 名称="225 班" 人数="30 人">                    <!--根元素开始标记及其属性声明-->
    <班主任 姓名="陶李">                             <!--元素开始标记及其属性声明-->
        <联系方式>                                   <!--根元素开始标记-->
            <email>tl@163.com                       <!--元素开始标记及其内容-->
            </email>                                <!--元素结束标记-->
        </联系方式>                                  <!--元素结束标记-->
        <办公室><![CDATA[1 号楼<401>]]></办公室>
    </班主任>
    <班长 姓名="李华">
        <联系方式>
            <email>lh@yahoo.com.cn
            </email>
        </联系方式>
    <学生列表>
        <一号 姓名="张三"/>
        <联系方式>
            <email>zhangsan@126.com
            </email>
            </联系方式>                              <!--元素结束标记-->
     </班长>                                         <!--元素结束标记-->
   </学生列表>                                       <!--元素结束标记-->
</班级>                                              <!--根元素结束标记-->
```

7. 使用 XML Spy 2005 编辑 XML 文档使其浏览器视图如图 2.12 所示。

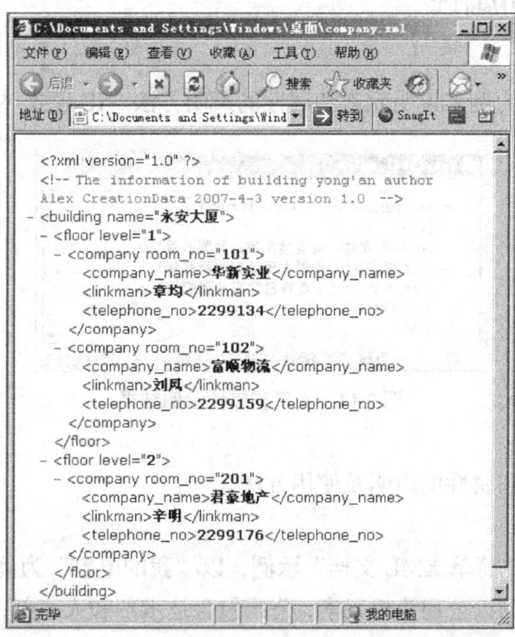

图 2.12 练习视图

8．使用 XML Spy 2006 编辑 XML 文档使其结构如图 2.13 所示。

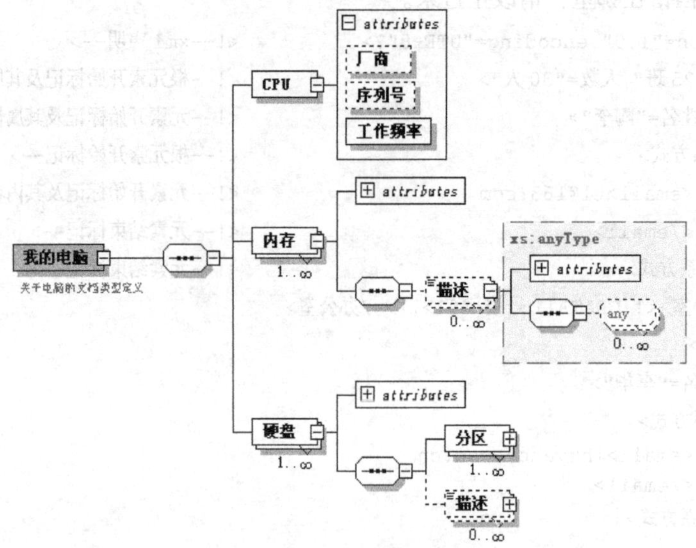

图 2.13　结构视图

上 机 指 导

掌握 XML 语法是学习 XML 技术的基石。本章讲述了编写 XML 文档的常用语法和基本规则，主要包括 XML 的基本语法和基本组成等，是进一步学习 XML 技术的重要前提。下面将通过上机操作，巩固本章所学的知识点。

实验一：元素和属性

实验内容

以公司各部门的职务为例来说明元素和属性的声明方法。IE 模式显示效果如图 2.14 所示。

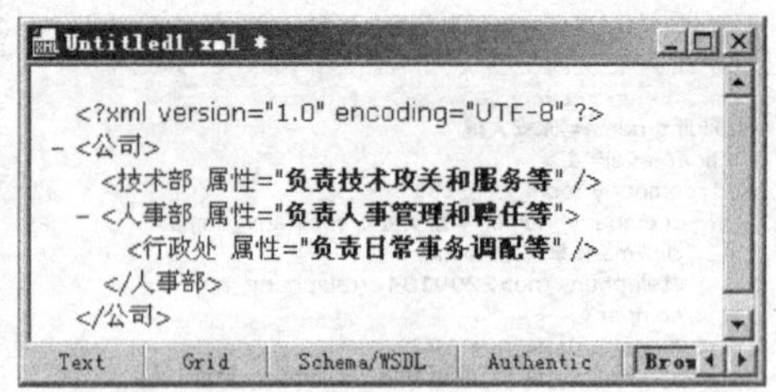

图 2.14　元素和属性示例结果

实验目的

巩固知识点——元素和属性的声明及使用方法。

实现思路

在 2.1 节中我们举了“简单 XML 文档”示例，以“我的电脑”为例实现 XML 文档。我们也可将该例用于其他地方，如以公司为根元素，公司包含技术部和人事部，人事部包含行政管理处，以此为结构来形成 XML 文档。

少量改动 2.1 节中的示例，可以编写公司的 XML 文档，改动后 IE 显示结果如图 2.14 所示。

实验二：CDATA 段和注释

实验内容

在 XML 文档中适当的位置添加 CDATA 字符段和注释，其效果如图 2.15 所示。

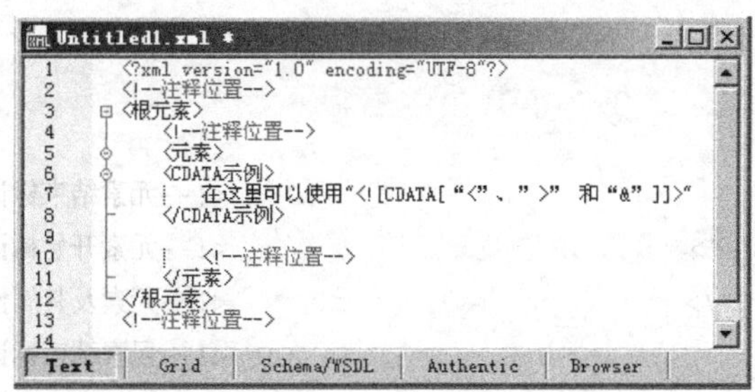

图 2.15　CDATA 段和注释示例结果

实验目的

巩固知识点——CDATA 段和注释的使用方法。

实现思路

在 2.2.4 小节中我们列举了 2 个示例，描述了 CDATA 段和注释的使用方法。CDATA 段和注释都很有用，会在 XML 文档中大量出现。掌握它们的使用方法会给读写 XML 文档带来很大的方便。

结合 2.2.4 小节的示例，将其合并成一个 XML 文档。修改后 IE 显示结果如图 2.15 所示。

实验三：语法综合

实验内容

建立一个包含元素及其属性、CDATA 段、注释和实体引用的综合 XML 文档。其 IE 模式显示效果如图 2.16 所示。

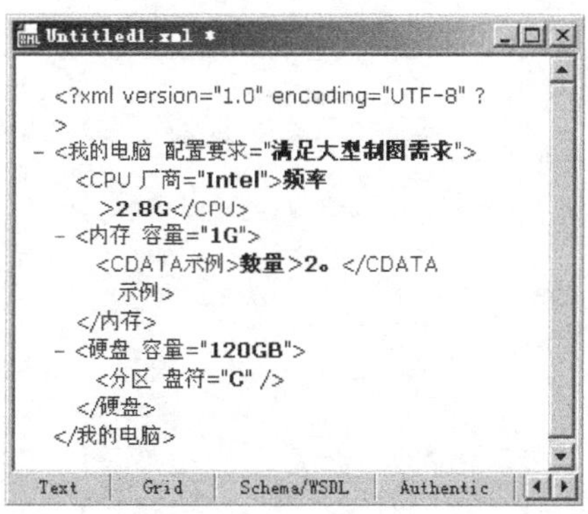

图 2.16　语法综合示例结果

实验目的

巩固知识点——XML 语法常用知识点的综合复习。

实现思路

这里以计算机配置为例，建立所要配置计算机各硬件要求的 XML 文档。实现过程如下。

（1）根元素为“我的电脑”，属性为“配置要求”。“我的电脑”包括内存、硬盘和 CPU 3 个要求配置的子元素。XML 文档代码如下所示：

```
<?xml version="1.0" encoding="UTF-8"?>                    <!--xml 声明-->
<我的电脑 配置要求="满足大型制图需求">                      <!--根元素开始标记及其属性声明-->
    <CPU 厂商="Intel">频率&gt;2.8G</CPU>
                          <!--元素开始标记、元素属性、元素内容及元素结束标记同在一行-->
    <内存 容量="1G">
    <CDATA 示例>
        数量>2
    </CDATA 示例>
    </内存>                                               <!--元素结束标记-->
    <硬盘 容量="120GB">                                   <!--元素开始标记及其属性声明-->
        <分区 盘符="C"/>                                  <!--元素及其属性声明-->
    </硬盘>                                               <!--元素结束标记-->
</我的电脑>                                               <!--根元素结束标记-->
```

（2）在文本文件中建立该文档的方法：新建文本文档，输入以上文档内容，保存，修改文档扩展名为.xml 即可。

（3）在 XMLSpy 软件中建立该文档的方法：单击“File”|“New…”命令，选择 xml 文档，单击“OK”按钮；出现提示添加 DTD 文档窗口，单击“Cancel”按钮；输入以上内容即可。

上面 XML 文档的 IE 显示效果如图 2.16 所示。

第 3 章 文档类型定义（DTD）

XML 文档的结构“可以用严格的语法约束”。本章将针对文档类型定义（DTD）和架构（Schema）进行介绍。这两种方法就是用于描述和约束 XML 文档结构的。

3.1 什么是 DTD

文档类型定义（Document Type Definition，DTD）是关于文档中所用到标记符的语法规则，它指定标记符名称、标记符的出现次序、标记符的嵌套规则、标记符属性等。

3.1.1 DTD 概述

DTD 是用于描述、约束 XML 文档结构的一种方法，它定义了 XML 文档中的合法元素。在 XML 中可以创建一个或多个元素（也就是 HTML 中所谓的标记），这些元素集（也叫标记集）可以通过 DTD 来定义。DTD 是可有可无的，用它来描述、约束 XML 文档的结构，其目的主要是在 XML 文档的开头对文档内容和大体结构进行描述，以便提供对文档内容进行严格检验的依据。

1．描述文档内容和结构

DTD 用于描述并规定 XML 文档中可用的词汇，即文档中元素和属性的名称。DTD 在指定 XML 文档所用词汇的同时，还定义了文档的大体结构。例如，可以进行如下各种情况的定义：

（1）XML 根元素或其他元素的名称。

（2）元素的属性列表，包括这些属性的数据类型和取值方式（是否可选、固定取值、默认取值等）。

（3）元素的子元素列表，包括子元素的名称、出现顺序，以及出现频率（出现一次或多次，可选出现等）。

（4）元素是否能拥有任意名字的子元素或属性。

（5）元素是否能拥有文本内容。

除了声明元素和属性之外，用 DTD 还可以声明实体，以便在 XML 文档中引用。实体的用途一般有以下几种：

（1）代替不能在文档中直接出现的字符（如在 XML 文本内容中用“<”代替标记字符“<”）。

（2）代替不方便在文档中出现的内容（如若干不能被 XML 处理程序识别的文字）。

（3）代替在 XML 文档中重复出现的内容（如著作权声明文字、公司名称等）。

（4）代替外部文件（如一份在 XML 文档以外的文档）。

（5）代替外部二进制资源（如图片、多媒体文件）。

2. 验证文档的合法性

在 DTD 中规定了 XML 文档可用的词汇及文档结构后，就可使用该 DTD 来验证 XML 文档的结构是否有效。许多 XML 解析器在读取文档的同时，可以使用 DTD 验证文档。下面是使用 DTD 检查 XML 文档的一些场合：

（1）发现文档标签的拼写错误。例如，使用 DTD 验证可以轻易发现在几万个“编号”元素当中的某个被误拼为“变好”，而使用拼写检查软件是很难发现此类问题的。

（2）检查文档的结构顺序是否符合规定的标准。例如，检查某外部程序传入的 XML 文档中，“硬盘”元素是否有“容量”属性、是否具有“日志”子元素等。

（3）检查是否使用了规定的词汇编写文档。例如，某份关于计算机硬件配置的大型文档中，是否会意外地混入诸如“外卖电话”之类的无关内容。

使用 DTD 可以轻松完成这些工作，而且不用编写一行代码。

3. 提高 XML 应用的开发效率和规范程度

在具有错误检测的环境下方便排除 XML 文档中的错误，从而提高了开发效率。

DTD 在 XML 文档中不是必需的内容，就如本书的示例，很多都没有对应的 DTD 文档。这有以下几个原因：本书的 XML 示例文档不是大范围应用的行业标准，不要求同行按照统一的模板执行，每个文档结构都可以简单灵活，能描述清楚问题即可；在大多数情况下，本书的示例不必经过验证，这些示例很多都非常短小，仅靠肉眼和大脑就足以分析出其结构，出现问题也很容易被发现，不必借用 DTD 来验证，所以，在下面几种情况下，可以考虑不使用 DTD 验证 XML 文档：

（1）XML 文档使用范围很小，使用者不多；

（2）XML 文档非常简单，数量也不多；

（3）所使用的 XML 解析器不支持 DTD 验证，或没有严格验证文档结构的需要；

（4）为提高对 XML 文档的处理效率，禁用 DTD 验证；

（5）基于安全理由，禁用外部 DTD 验证功能。

这里建议尽量写出合法的 XML 文档，一来结构严谨，二来便于以后使用程序处理该文档。下面从一个简单的示例入手，初步了解 DTD 在 XML 文档中的应用。

3.1.2 第一个 DTD 示例

新建一个 XML 文档，其内容如示例 3.1 所示。

示例 3.1

```
<?xml version="1.0" encoding="GB2312"?>           <!--xml 声明-->
<!DOCTYPE 我的电脑 [                                <!--DOCTYPE 声明开始标记-->
    <!ELEMENT 我的电脑 (CPU, 内存, 硬盘)>           <!--元素名称及其所包含子元素组-->
    <!ELEMENT CPU EMPTY>                           <!--元素声明，“EMPTY”表示元素不包含子元素-->
    <!ATTLIST CPU
    厂商 (AMD | Intel | Other) "Other"
    工作频率 CDATA #REQUIRED
>                                                  <!--元素属性列表-->
```

```
    <!ELEMENT 内存 EMPTY>                         <!--元素声明-->
    <!ATTLIST 内存
    容量 CDATA #REQUIRED
>                                                 <!--元素属性列表-->
    <!ELEMENT 分区 (名称)>                        <!--元素声明，元素包含子元素“名称”-->
    <!ATTLIST 分区
    盘符 NMTOKEN #REQUIRED
>                                                 <!--元素属性列表-->
    <!ELEMENT 名称 (#PCDATA)>                     <!--元素声明，元素必须包含内容-->
    <!ELEMENT 硬盘 (分区，描述)>                  <!--元素名称及其所包含子元素组-->
    <!ATTLIST 硬盘
    容量 CDATA #REQUIRED
>                                                 <!--元素属性列表-->
    <!ELEMENT 描述 ANY>                       <!--元素声明，“ANY”表示不限制其子元素和内容-->
]>
<!-- 以上部分为嵌入到 XML 文档中的 DTD -->
<我的电脑>                                        <!--根元素开始标记-->
    <CPU 厂商="AMD" 工作频率="1.5GHz"/>           <!--元素及其属性声明-->
    <内存 容量="512MB"/>                          <!--元素及其属性声明-->
    <硬盘 容量="80GB">                            <!--元素开始标记及其属性声明-->
        <分区 盘符="C">
            <名称>系统盘</名称>                   <!--元素及其内容声明-->
        </分区>                                   <!--元素结束标记-->
        <描述>关于系统盘的任何描述信息</描述>     <!--元素及其内容声明-->
    </硬盘>                                       <!--元素及其内容声明-->
</我的电脑>                                       <!--根元素及其内容声明-->
```

<!DOCTYPE DTD_Name[……]>的作用就是为 XML 文档声明其所遵循的 DTD 结构，其他的 DOCTYPE 声明方式将在后面小节详细介绍。DOCTYPE 必须出现在 XML 声明之后、根元素之前的位置。其他语句的解释如表 3.1 所示。

利用 XMLSpy 编辑该文件时，可以利用该软件的结构完整性检测和有效性检测功能来快速发现错误并将错误纠正。结构完整性检测与前述相同；有效性检测方法为，选择“XML”|“Validata F8”命令，或在工具栏中选择图标，或直接按 F8 键，XMLSpy 就会自动根据 DTD 结构监测 XML 文档中的有效性错误并做出提示。

当文档中存在错误时，XMLSpy 会根据不同的错误提示不同的信息，并提示用户重新检测“Recheck”。

修改文档内容，重新对其检测，当顺利通过检测时，XMLSpy 就会提示“This file is valid”（该文件是有效的）。

上述示例在 IE 浏览器中打开的样式如图 3.1 所示，将该示例以“Grid”模式打开，其样式如图 3.2 所示。

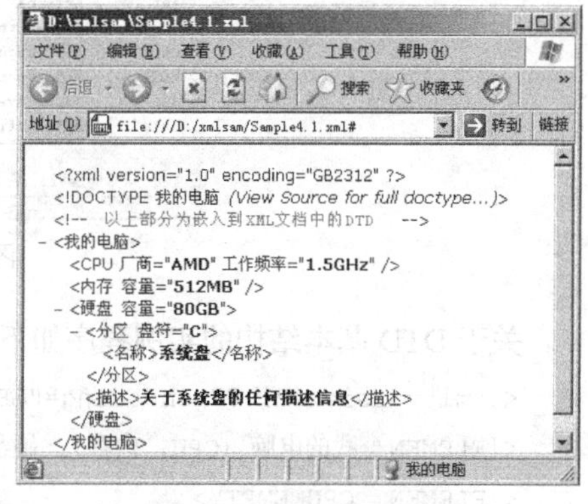

图 3.1 浏览器显示样式

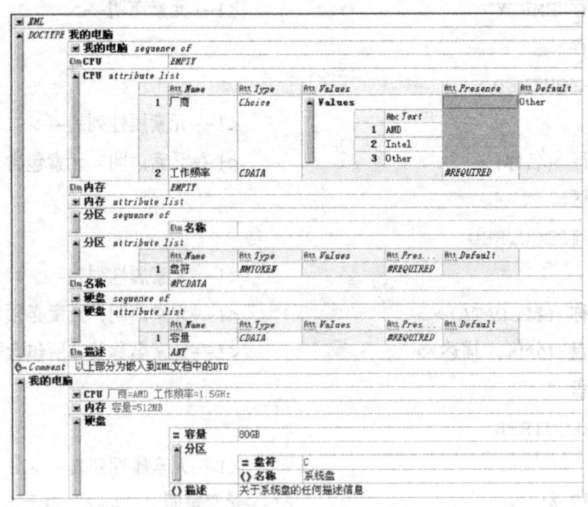

图 3.2 “Grid”显示模式

注意 对比 Grid 模式图，了解源程序中各语句的功能。改变 XML 中的标记名称，检验 XMLSpy 的有效性检验功能。

3.1.3 DTD 的基本结构

DTD 的基本结构包括 XML 声明、元素（ELEMENT）声明、属性列表（ATTLIST）声明等。文档中所使用的元素、实体、元素的属性、元素与实体之间的关系等都是在 DTD 中定义的。

在 XMLSpy 中新建 DTD 文档的方法是：选择“File”|“New…”命令；弹出“Create new document”对话框，如图 3.3 所示，选择“dtd Document Type Definition”列表项，单击“OK”按钮，即可创建新的 DTD 文档。

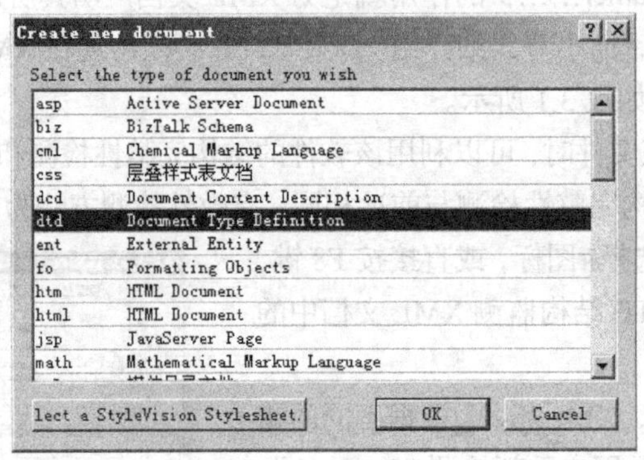

图 3.3 新建文档窗口

关于 DTD 基本结构的实例程序如下：

```
<?xml version="1.0" encoding="GB2312"?>                <!--xml 声明-->
<!ELEMENT 我的电脑 (CPU, 内存+, 硬盘+)>                 <!--元素及其子元素组声明-->
<!ELEMENT CPU EMPTY>                                    <!--元素声明，该元素不包含子元素-->
<!ATTLIST CPU
  厂商 (AMD | Intel | Other) "Other"
```

```
  序列号 CDATA #IMPLIED
  工作频率 CDATA #REQUIRED
>                                         <!--元素属性列表-->
<!ELEMENT 内存 （描述*）>                   <!--元素及其子元素声明-->
<!ATTLIST 内存
  容量 CDATA #REQUIRED
>
<!ELEMENT 分区 （名称，操作系统）>            <!--元素及其子元素组声明-->
<!ATTLIST 分区
  盘符 NMTOKEN #REQUIRED
>
<!ELEMENT 名称 （#PCDATA）>                 <!--元素声明，元素必须包含字段内容-->
<!ELEMENT 操作系统 （#PCDATA）>
<!ELEMENT 硬盘 （分区+，描述*）>              <!--元素及其子元素组声明-->
<!ATTLIST 硬盘
  容量 CDATA #REQUIRED
>
<!ELEMENT 描述 ANY>                 <!--元素声明，“ANY”表示不限制其子元素和内容-->
```

该示例各部分的含义如表 3.1 所示，具体语法规则将在后续小节中展开。

表 3.1　各部分的含义

<?xml version="1.0" encoding="GB2312"?>	XML 声明
<!ELEMENT-------- >	用于声明 XML 文档中可用的元素，以及该元素的使用方式
<!ATTLIST-------- >	指定元素拥有列表中的属性

正确的 DTD 文件可以以“Text”或“Grid”两种模式打开，“Text”模式图如上面源码所示，其“Grid”模式如图 3.4 所示。

```
XML
我的电脑 sequence of
    Elm CPU
    Elm 内存      1 or more
    Elm 硬盘      1 or more
Elm CPU        EMPTY
CPU attribute list
内存 sequence of
    Elm 描述      0 or more
内存 attribute list
      Att Name   Att Type   Att Values   Att Presence   Att Default
    1 容量        CDATA                    #REQUIRED
分区 sequence of
分区 attribute list
      Att Name   Att Type   Att Values   Att Presence   Att Default
    1 盘符        NMTOKEN                  #REQUIRED
Elm 名称        #PCDATA
Elm 操作系统     #PCDATA
硬盘 sequence of
硬盘 attribute list
      Att Name   Att Type   Att Values   Att Presence   Att Default
    1 容量        CDATA                    #REQUIRED
Elm 描述        ANY
```

图 3.4　DTD 的 Grid 模式

3.1.4　定义元素及其后代

定义元素即对 XML 文档中所使用元素及其使用方法的定义。定义包括元素名称和构成元素的基本类型两部分，构成元素的基本类型包括简单类型和复合类型两种。包含子元素的元素称为父元素，子元素称为父元素的后代。

（1）简单类型是文本类型，即可析字符数据（Pasted Character Data），它能够被解析器直接解读。可析字符数据是针对标记文本而言的，如果出现“<”、“>”或“&”等 XML 保留字符时，须将其转化为“<”、“>”和“&”的形式，否则，解析器就会在该处报错。简单类型在 DTD 中用“#PCDATA”表示。“#PCDATA”是 XML 中预定义的标记，在 DTD 中须用在小括号中间。示例如下：

```
<!ELEMENT 名称 (#PCDATA)>
```

声明为简单类型的元素不能包含其他元素。而复合类型既可以包含文字内容又可以包含其他元素。但为了 DTD 的逻辑严密性，通常复合类型只包含元素内容。示例如下：

```
<!ELEMENT 我的电脑 (CPU, 内存+, 硬盘+)>
```

（2）复合类型构成了元素间的嵌套关系，上例中元素“我的电脑”包含了“CPU”、“内存”、“硬盘”等元素，该语句定义“我的电脑”为父元素，“CPU”、“内存”和“硬盘”为其子元素。包含所有元素的元素称为根元素，一个 DTD 只能有一个根元素。根元素定义在紧跟 XML 声明的后面。例如 3.1.3 小节中“我的电脑”即为根元素。

1. 元素定义的方法

元素定义的语法规则如下所示：

```
<! ELEMENT Element_Name Element_Defination >
```

其中，Element_Name 为声明的元素名称，Element_Defination 为元素内容格式的定义。合法的元素声明语句如下所示：

```
<! ELEMENT 分区 (名称, 操作系统)>
<! ELEMENT 姓名 (#PCDATA)>
```

也可将元素定义为空，空元素的内容为空，但是可以包含属性。其定义方法如下所示：

```
<! ELEMENT Element_Name EMPTY >
```

示例如下：

```
<!ELEMENT CPU EMPTY>
```

XML 是非常灵活的，元素还可定义为任意类型，定义为任意类型元素的元素内容可以包含任何数据、任何声明的子元素或者数据和子元素的组合。在很难准确地确定一个元素是否具有子元素的情况下，一般将元素定义为任意类型。合法的元素声明语句如下所示：

```
<!ELEMENT 描述 ANY>
```

2. 子元素声明约束

为严格检验 XML 文档的有效性，在 DTD 中声明元素是可以约束其子元素内容，如子元素名称列表、同名子元素出现次数等，从而按照约束条件检验 XML 文档的内容。

（1）子元素列表的声明。多个子元素构成子元素列表，子元素列表的声明格式如下所示：

```
<! ELEMENT Element_Name (Child_Element1, Child_Element2, ……)>
```

（Child_Element1，Child_Element2，……）即为 Element_Name 的子元素列表。这种声明方式严格限定了元素所包含子元素的名称、子元素出现次序和次数等，具体的 XML 文档应用当中必须严格遵守该结构。

（2）可选择的子元素声明。当子元素为有限类型组合当中的一种时，可以使用可选择的子元素声明方法。它的定义方法如下所示：

```
<! ELEMENT Element_Name (Child_Element1|Child_Element2|......)>
```

其中，(Child_Element1|Child_Element2|......) 为可选类型组合，具体使用时必须任选其一。

例如，某电脑的 CPU 可能是 Intel 和 AMD 中的一种，这时，元素 CPU 及其可选子元素值的声明方法如下所示：

```
<! ELEMENT CPU (Intel|AMD)>
```

（3）元素出现次数的控制。DTD 中的元素可以重复出现，当相同元素出现次数较少时，可以连续声明几次。示例如下：

```
<?xml version="1.0" encoding="GB2312"?>
<!ELEMENT 我的电脑 (CPU,内存,内存,硬盘)>
<!ELEMENT CPU EMPTY>
<!ELEMENT 内存 (#PCDATA)>
<!ELEMENT 硬盘 (分区, 描述)>
```

其中，电脑包括两个内存元素。但是，当相同子元素出现次数较多时就非常不方便了，例如，硬盘可能包括 8 个分区，依次将分区列出的话可能非常烦琐。为此，DTD 中可以在元素名后添加控制字符，从而对其出现次数进行限定。这些限定符包括“？”、“*”、“+”。

“？”表示一个元素可以出现一次，也可以不出现。示例如下：

```
<!ELEMENT 我的电脑 (CPU,内存,音响?)>
```

即表示电脑可以有音响，也可以没有。

“*”表示一个元素可以出现多次，也可以一次也不出现。示例如下：

```
<!ELEMENT 硬盘 (大小, 描述*)>
```

即表示硬盘可以对其描述多次，也可以不对其描述。

“+”表示一个元素至少要出现一次，也可以出现多次。示例如下：

```
<!ELEMENT 硬盘 (分区+, 描述*)>
```

即表示硬盘可以只有一个分区，也可以有多个分区。

3.1.5 定义元素属性

元素属性就是该元素区别于其他元素的特有本质。为详细描述某一元素，在定义元素时可同时定义该元素的属性。元素可以定义属性也可以不定义属性。元素属性定义包括属性名称、变量类型、预定义属性等，属性可以有一个，也可以有多个；多个属性时，各属性排列次序对 XML 文档不构成限制。元素属性定义语句如下所示：

```
<!ATTLIST Element_Name
    Attribute_Name1 Attribute_Type Dafault_Value
    Attribute_Name2 Attribute_Type Dafault_Value
    ......
>
```

该语句位于一对尖括号中间，其中，“!ATTLIST”为属性定义关键字；“Element_Name”为对应元素名称；“Attribute_Name1”为属性名称，要求符合命名规则，“Attribute_Type”为属性类型，是 XML 保留字；“Dafault_Value”为属性默认值。

元素属性定义示例语句如下所示：

```
<!ATTLIST CPU
        厂商 (AMD | Intel | Other) "Other"
        序列号 CDATA #IMPLIED
```

```
  工作频率 CDATA #REQUIRED
>
```

该语句定义了元素“CPU”所具有的属性——“厂商”、“序列号”和“工作频率”。关于属性类型和预定义属性值的内容后面将详细介绍。

3.1.6 DTD 中的注释

DTD 中也可以添加注释，注释方式与 XML 文档相同。像所有注释一样，注释内容是为了方便人们理解源代码结构的，XML 解析器在解析源代码时会忽略注释部分。DTD 中的注释不能出现在声明语句当中，只能出现在声明语句的前面或后面。读者可以根据不同编码习惯，选择前面或后面进行注释。具体示例如下：

```
<?xml version="1.0" encoding="GB2312"?>
<!ELEMENT 我的电脑 (CPU, 内存, 硬盘)>
<!--我的电脑包括“CPU，内存和硬盘”子元素-->
<!ELEMENT CPU EMPTY>
<!--CPU 元素，可以是空内容-->
<!ATTLIST CPU
  工作频率 CDATA #REQUIRED
>
<!--CPU 属性“工作频率”，须指定属性值-->
<!ELEMENT 内存 EMPTY >
<!ATTLIST 内存
  容量 CDATA #REQUIRED
>
<!--内存属性“容量”，须指定属性值-->
<!ELEMENT 分区 (名称)>
<!--硬盘的“分区子元素” -->
<!ATTLIST 分区
  盘符 NMTOKEN #REQUIRED
>
<!--分区属性“盘符” -->
<!ELEMENT 名称 (#PCDATA)>
<!--分区子属性“名称” -->
<!ELEMENT 硬盘 (分区+)>
<!ATTLIST 硬盘
  容量 CDATA #REQUIRED
>
<!--硬盘属性“容量”，须指定属性值-->
```

3.1.7 在文档间共享通用的 DTD

3.1.2 小节中的示例 DTD 的声明是在 XML 文档中完成的。为方便多个文档共享同一个 DTD，可以将 DTD 单独定义在一个文件中。XML 文档只要添加对 DTD 文件的引用就可以起到文档内 DTD 的作用，这样，多个 XML 文档即可共享同一个 DTD 文件。该示例也可通过外部 DTD 声明的方法实现。先定义 DTD 文件，文件内容如下所示：

```
<?xml version="1.0" encoding="GB2312"?>
```

```
<!ELEMENT 我的电脑 (CPU, 内存, 硬盘)>
                                    <!--根元素“我的电脑”包括“CPU，内存和硬盘”子元素-->
<!ELEMENT CPU EMPTY>                <!--CPU 元素，内容为空-->
<!ATTLIST CPU
    厂商 (AMD | Intel | Other) "Other"
    工作频率 CDATA #REQUIRED
>                                   <!--CPU 元素属性列表-->
<!ELEMENT 内存 EMPTY>               <!--内存元素，内容为空-->
<!ATTLIST 内存
    容量 CDATA #REQUIRED
>                                   <!--内存元素属性-->
<!ELEMENT 分区 (名称)>              <!--“分区”元素，包含名称子元素-->
<!ATTLIST 分区
    盘符 NMTOKEN #REQUIRED
>                                   <!--分区元素属性-->
<!ELEMENT 名称 (#PCDATA)>           <!--“名称”元素，元素必须包含字段内容-->
<!ELEMENT 硬盘 (分区, 描述)>        <!--“硬盘”元素，包含“分区”和“描述”子元素-->
<!ATTLIST 硬盘
    容量 CDATA #REQUIRED
>                                   <!--硬盘元素属性-->
<!ELEMENT 描述 ANY>                 <!--“描述”元素，可以包含子元素或内容-->
```

保存该文件到“D:\XMLsam\DTD.dtd”。再新建 XML 文档，在 XML 声明语句的后面添加外部 DTD 声明语句：

```
<!DOCTYPE 我的电脑 SYSTEM "D:\XMLsam\DTD.dtd">
```

在 XML 文档中再录入下列内容，一样可通过结构完整性检测和有效性检测：

```
<我的电脑>                                  <!--根元素开始标记-->
    <CPU 厂商="AMD" 工作频率="1.5GHz"/>     <!--元素及其属性声明-->
    <内存 容量="512MB"/>                    <!--元素及其属性声明-->
    <硬盘 容量="80GB">                      <!--元素开始标记及其属性声明-->
        <分区 盘符="C">                     <!--元素开始标记及其属性声明-->
            <名称>系统盘</名称>             <!--元素及其内容-->
        </分区>                             <!--元素结束标记-->
        <描述>关于系统盘的任何描述信息</描述> <!--元素及其内容-->
    </硬盘>                                 <!--元素结束标记-->
</我的电脑>                                 <!--元素结束标记-->
```

在 XMLSpy 中新建 XML 时会提示用户是否添加已有的 DTD 文件，选中 DTD 复选按钮，单击“OK”按钮，选择文件路径窗口就会弹出，单击“Browse”按钮，找到对应文件，XMLSpy 会自动将 DTD 文件添加到新建的 XML 文档中去。

3.2　DTD 中的属性声明

在 DTD 声明元素的同时，还可以指定元素具有的属性。DTD 中的属性声明不仅约束了 XML

文档中元素的属性名，还约束了元素的取值类型。

3.2.1 在 DTD 中声明属性

在 DTD 声明属性的标记是<!ATTLIST>，其声明语法如下所示：

```
<!ATTLIST Element_Name Attribute_Name Attribute_Type Default_Value>
```

其中，“Element_Name”为元素名称，“Attribute_Name”为属性名称，“Attribute_Type”为属性类型，“Default_Value”为属性默认值也称默认值。属性声明要紧跟在元素声明的后面，也方便对程序的理解。元素名称必须跟元素声明中的元素名一致，属性名称须符合命名规则，属性类型和属性默认值下面将会详细介绍。

在 DTD 声明属性目的是为了限制 XML 文档中元素的属性。应该充分考虑元素所具有的属性，抽取出元素属性的限制条件，再在 DTD 中进行属性声明，从而方便有效性检测。盲目声明属性反而会造成不必要的麻烦。

3.2.2 声明多个属性

元素可以有多个属性，这时就需要使用属性列表。属性列表声明语法如下所示：

```
<!ATTLIST Element_Name
Attribute_Name1 Attribute_Type Default_Value
Attribute_Name2 Attribute_Type Default_Value
……
>
```

元素属性的声明顺序不对 XML 文档构成限制，但为了便于理解和后期维护，这里建议在 XML 文档中的属性顺序应按照其引用的 DTD 中的声明顺序来排列。

3.2.3 指定属性的默认值

元素某属性可能是某一个不变常量，这时可指定该属性为这个常量。例如，假设电脑内存的主流配置是 512MB，在定义 DTD 时指定该属性值为“512MB”，则 XML 文档中在不对该属性赋值的情况下就是该默认值。示例语句如下：

```
<?xml version="1.0" encoding="GB2312"?>
<!DOCTYPE 我的电脑 [                          <!--DOCTYPE 声明开始标记-->
    <!ELEMENT 我的电脑 (内存)>                <!--元素及其子元素声明-->
    <!ELEMENT 内存 EMPTY>                     <!--空元素声明，-->
    <!ATTLIST 内存
    容量 CDATA "512MB"
    >                                         <!--元素属性列表-->
]>
<!-- 以上部分为嵌入到 XML 文档中的 DTD -->
<我的电脑>                                    <!--根元素开始标记-->
    <内存/>                                   <!--空元素声明-->
</我的电脑>                                   <!--根元素结束标记-->
```

虽然在 XML 文档中内存属性容量没有赋值，在浏览模式下，却可以显示“<内存容量="512MB"/>”。也可以在 XML 文档中给容量属性赋予另外一个值如“256MB”，用语句<内存 容量="256"/>代替示例中的语句<内存/>，赋值后的显示为<内存容量="256"/>。

属性还有更灵活的限制符，具体内容将在 3.2.5 小节中详细介绍。

3.2.4　属性类型

属性类型是对属性取值内容的限定，属性类型如表 3.2 所示。

表 3.2　属性类型列表

类　型	含　义
CDATA	字符串数据
Enumerated	备选列表，从中选择合适的一个
ID	不能重复出现的属性，具有唯一性
IDREF	对文档中 ID 属性值的引用
IDREFS	ID 属性引用的列表
ENTITY	对 DTD 中声明的非解析外部实体的引用
ENTITIES	ENTITY 引用列表，各引用名称以空格隔开
NOTATION	在 DTD 中声明的注释名
NMTOKEN	属性值是一个有效的 XML 名称
NMTOKENS	属性值是 NMTOKEN 值列表，各 NMTOKEN 值以空格隔开

1. CDATA 类型

CDATA 即是文本数据。它可以是任意字符串，当字符串中出现“<”或“&”等保留字符时，需用转意字符将其代替。

2. Enumerated 类型

Enumerated 即是枚举类型（注意：Enumerated 不是 XML 的关键字）。它可以是包含多个备选项的枚举变量。声明形式为位于“(”和“)”之间的多个备选项，备选项间用“|”隔开。例如，下列语句：

```
<!ATTLIST CPU
    厂商 (AMD | Intel | Other) "Other"
>
```

其中，CPU 的厂商可能是“AMD”、“Intel”或“Other”，默认值为“Other”。

3. ID 类型

ID 即是元素的唯一标识，ID 类型属性值名称的定义必须符合命名规则。同一个名字不能用作多个标记的 ID 属性。若在一个文档中两次使用同一 ID，语法分析器将返回一个错误信息；另外，一个元素不能具有超过一个的 ID 类型的属性，即元素与 ID 属性值是 1∶1 对应的。

例如，每个 CPU 的“序列号”是唯一的，对该属性进行定义时就可以选择 ID 类型：

```
<!ATTLIST CPU
    序列号 ID #REQUIRED
>
```

4. IDREF 类型

IDREF 类型即是 ID 类型的引用类型，其属性值是对文档中另一个元素 ID 的引用。IDREF 类型和 ID 类型属性间的关系为父元素与子元素的关系，具有 IDREF 类型属性值的元素包含具有 ID

类型属性值的元素。例如，计算机硬盘有两个分区，分区 1 为系统盘，在系统盘中添加对数据盘编号的引用，其声明语句如下所示：

```
<!ELEMENT 硬盘 (数据盘,系统盘)>
    <!ELEMENT 数据盘 EMPTY>
    <!ATTLIST 数据盘
    编号 ID #REQUIRED
    >
    <!ELEMENT 系统盘 EMPTY>
    <!ATTLIST 系统盘
    数据盘编号 IDREF #REQUIRED
>
```

IDREF 用于在原本不相干的元素间建立链接，原本存在父子关系的元素间无法简单地通过这种方法建立链接。

5. IDREFS 类型

IDREFS 类型即是多个 ID 类型的引用。其属性值就是多个 ID 类型属性值的集合。其他方面与 IDREF 类型相似。例如，系统盘对多个数据盘添加引用即可用这种方式声明。声明时数据盘之间用空格符隔开。

6. ENTITY 类型

ENTITY 类型即是实体类型，它把外部二进制数据或外部不可析实体链接到文档中。在 DTD 中必须声明该实体。例如，希望在文档中添加图像时，就要把图像所在位置和图像名称事先声明到文档当中。

7. ENTITIES 类型

ENTITIES 类型即是多个实体对象，在文档中多个由空格分开的实体名组成 ENTITIES 类型的属性值。在 DTD 中，各实体名分别声明，与 ENTITIY 类型相似，在文档当中使用时则将其组合构成 ENTITIES 类型属性值。

8. NOTATION 类型

NOTATION 类型即是注释名，该类型属性值必须是 DTD 中声明的注释名。NOTATION 类型声明语法如下：

```
<!NOTATION Notation_Name PUBLIC|SYSTEM "String" >
```

在属性声明中的方法如下：

```
<!ATTLIST Element_Name Attribute_Name NOTATION (notation_name) Default_Value>
```

多个 NOTATION 类型值可以提供选择，各 NOTATION 类型值之间用“|”分开，共同位于一对圆括号之间。

9. NMTOKEN 类型

NMTOKEN 类型即是有效名称类型，它的属性值限定为符合命名规则的名称。命名规则请参见前面章节所述。

NMTOKEN 类型的属性严格符合命名规则，这为其他编程语言对 XML 文档数据的操作提供了良好的条件。

10. NMTOKENS 类型

NMTOKENS 类型即是多个 NMTOKEN 类型的组合类型。该属性类型适合于属性值由若干

XML 名称组成的情形，使用时名称彼此间由空格分隔。

3.2.5 预定义属性值

元素某属性可能是在 XML 文档定义时必须单独填写的，也可以是可有可无的，还可能要求必须使用某一个指定的值。这些要求决定了 DTD 必须分别对待不同情况。#REQUIRED、#IMPLIED、#FIXED 3 个关键词与上述 3 种情况分别对应，它们的含义如表 3.3 所示。

表 3.3 属性默认值声明的取值

类　型	含　义
#REQUIRED	属性不能忽略，必须在元素的属性列表中出现
#IMPLIED	可选属性，可以不在元素的属性列表中出现
#FIXED "	可选属性，如出现此属性，则其取值必须是固定的属性值。如忽略此属性，在验证文档后，元素将隐含此属性，其取值为固定的属性值

1. #REQUIRED 类型

#REQUIRED 即"要求"必须给属性赋值。有时给某属性指定默认值是没有意义的，例如人的姓名，都将姓名默认为"张三"是没有意义的；这就要求必须给姓名这一属性赋值。示例语句如下：

```
<!ATTLIST 内存
  容量 CDATA #REQUIRED
>
```

#REQUIRED 紧跟在属性类型之后中间用空格隔开。该语句要求必须对内存的容量赋属性值。

2. #IMPLIED 类型

#IMPLIED 即已提供"暗示"值的属性。由#IMPLIED 限定的属性在 XML 文档中可有可无。它的好处在于，XML 文档中可以给属性赋值，也可以不给该属性赋值。当需要显示该属性时，将该属性赋一属性值就可以了。这样就相当于为某元素预留了一个属性，可以根据需要来决定是否显示该属性。

示例语句如下：

```
<!ATTLIST 分区
    盘符 NMTOKEN #IMLIED
>
```

3. #FIXED 类型

#FIXED 即属性值"固定不变"的属性。由#FIXED 限定的属性在 XML 文档中必须是一指定的值。例如，限制电脑的所属单位必须是"电脑公司"，这是"我的电脑"元素的所属单位属性，可以使用以下语句声明：

```
<!ATTLIST 我的电脑
    所属单位 CDATA #FIXED "电脑公司"
>
```

3.3 实体和外部 DTD 子集

实体（ENTITY）是一种替代物，用于内容转义，在 XML 文档中可以直接用实体名来代替实体值使用。实体可以定义在文档的前序部分，也可以定义在 DTD 中。

无法通过键盘输入的字符、与 XML 规范保留字相同的字符、一些重复出现的长串字符、一个文档或一幅图片等需定义为实体才能经解析器解释，正确地显示出来。实体按照不同的分类方法可分为通用实体（General entity）和参数实体（Parameter entity），内部实体（Internal general entity）和外部实体（External entity）；已解析实体（Parsed entity）或非解析实体（Unparsed entity）。

通用实体可以在 XML 文档中引用，也可以在 DTD 文档中引用；参数实体与通用实体不同，仅能在 DTD 文档中引用，不能在 XML 文档中引用。通用实体引用以"&"开始，参数实体引用以"%"开始；实体名称后都要加";"。

内部实体完全在文档有效空间内部定义，内部实体的值在 DTD 文档内部或 DOCTYPE 声明中声明；外部实体是在 XML 文档外部定义的实体，实体的值在外部资源中声明。

已解析实体的值经过 XML 解析器解析，成为 XML 或 DTD 的一部分，如字符、数字、文本对象等；未解析实体的值未经 XML 解析器解析，可以是二进制数据，如图片、声音等。

3.3.1 内部通用实体

内部通用实体一般用于声明文字替代，实体对象将替代其声明的文字内容。其定义的语法格式如下所示：

```
<!ENTITY Entity_Name"Entity_value">
```

以下示例中"nbsp"表示 HTML 和 XHTML 中常见的不间断空格（Non-breaking space），"iexcl"表示反转的感叹号"¡"，"yen"表示人民币的符号"¥"，语法如下所示：

```
<!ENTITY nbsp  " ">
<!ENTITY iexcl  "&#161;">
<!ENTITY yen   "&#165;">
```

实体除可替代字符之外，还可替代字符串，以下代码声明了"bookinf"实体，用于替代"作者姓名：刘鹏，2007"这段文本。代码如下所示：

```
<!ENTITY bookinf "作者姓名：刘鹏，2007">
```

XML 文档中引用此实体的方法为：在执行 DTD 验证后，XML 解析器就能将"&bookinf;"替换成"作者姓名：刘鹏，2007"。代码如下所示：

```
<文档页脚>&bookinf;</文档页脚>
```

下面示例声明并引用了"信息"实体，代码及浏览器显示样式如下：

```
<?xml version="1.0" encoding="GB2312"?>
<!DOCTYPE 我的电脑 [                          <!--DOCTYPE 声明开始标记-->
<!ELEMENT 我的电脑 (CPU, 内存, 硬盘)>          <!--元素及其子元素组声明-->
<!ELEMENT CPU EMPTY>                          <!--声明元素 "CPU" 的内容为空-->
<!ATTLIST CPU
    厂商 (AMD | Intel | Other) "Other"
    工作频率 CDATA #REQUIRED
>                                             <!--元素属性列表-->
<!ELEMENT 内存 EMPTY>                          <!--元素声明，其内容为空-->
<!ATTLIST 内存
    容量 CDATA #REQUIRED
>                                             <!--元素属性声明-->
<!ELEMENT 分区 (名称)>                         <!--元素及其子元素声明-->
```

```
<!ATTLIST 分区
    盘符 NMTOKEN #REQUIRED
>                                           <!--元素属性声明-->
<!ELEMENT 名称 (#PCDATA)>                   <!--声明包含字段内容元素-->
<!ELEMENT 硬盘 (分区, 描述)>                <!--元素及其子元素组声明-->
<!ATTLIST 硬盘
    容量 CDATA #REQUIRED
>                                           <!--元素属性声明-->
<!ELEMENT 描述 ANY>                         <!--元素声明，可以包含内容或子元素-->
<!ENTITY 信息 "关于系统盘的任何描述信息">   <!--实体声明-->
]>
<!-- 以上部分为嵌入到XML文档中的DTD -->
<我的电脑>                                  <!--根元素开始标记-->
    <CPU 厂商="AMD" 工作频率="1.5GHz"/>     <!--元素及其属性声明-->
    <内存 容量="512MB"/>                    <!--元素及其属性声明-->
    <硬盘 容量="80GB">                      <!--元素及其属性声明-->
        <分区 盘符="C">                     <!--元素开始标记及其属性声明-->
            <名称>系统盘</名称>             <!--元素及其内容声明-->
        </分区>                             <!--元素结束标记-->
        <描述>&信息;</描述>                 <!--元素及其内容声明-->
    </硬盘>                                 <!--元素结束标记-->
</我的电脑>                                 <!--根元素结束标记-->
```

其中语句<!ENTITY 信息"关于系统盘的任何描述信息">定义“信息”实体，在文档中使用对它的引用：

```
<描述>&信息;</描述>
```

即可显示实体的内部信息，该示例在浏览器中打开的样式如图 3.5 所示。

可见“&信息;”的内容变成了其对应的实体值。

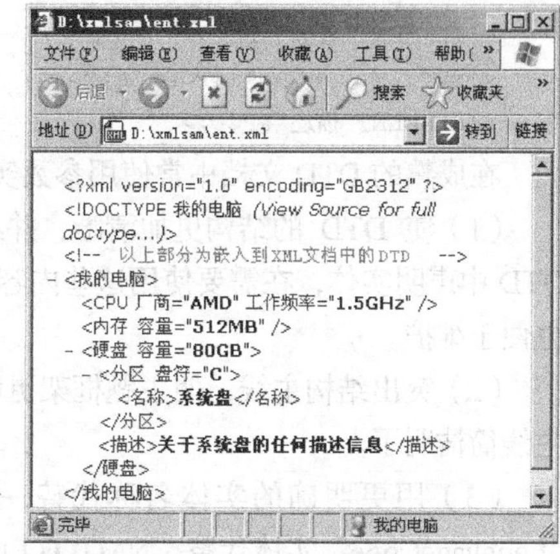

图 3.5 浏览器显示样式

3.3.2 外部通用实体

外部通用实体是在文档实体以外定义的实体对象，要通过一个统一资源定位器（URL）才能引用到该实体。外部通用实体是一个独立的文件，可被多个文档所引用。因为一个完整的 XML 文档就是一个有效的实体，所以 XML 通过对外部通用实体的引用，可以在一个 XML 文档中嵌入另一个 XML 文档，这样多个文档就可以组合成一个文档。其定义的语法格式如下：

```
<!ENTITY Entity_Name "URL ">
```

例如，将硬盘的描述属性单独定义为一个 XML 文档“info.xml”，存档路径为“D:\XMLsam\info.xml”：

```
<?xml version="1.0" encoding="GB2312"?>
<描述>
关于系统盘的任何描述信息
</描述>
```

将 3.3.1 小节的语句：<!ENTITY 信息 "关于系统盘的任何描述信息">改为<!ENTITY 信息 SYSTEM "D:\XMLsam\info.xml">，可以达到同样的显示效果。

注意事项：

（1）文档中需引用某些外部文件时，该文档声明中的 standalone 属性应该为 no。

（2）外部通用实体的文档若使用的是 XML 的默认字符集即 UTF-8 或 UNICODE，则可以在文档头部不进行 XML 声明，否则，必须有 XML 声明，且一定要说明 ecoding 属性。

3.3.3 内部参数实体

参数实体是仅能在 DTD 中使用的实体，它使得能够在 DTD 中实现实体引用。参数实体在 DTD 中声明，只能在 DTD 文档中以“%实体名称;”的方式引用，在 XML 文档中不能引用 DTD 中定义的参数实体。参数实体的语法格式如下所示：

```
<!ENTITY %Entity_Name "Entity_value">
```

实体名称前必须有“%”，“%”与“Entity_Name”之间用空格分开。

当使用参数实体引用替换通用实体引用后，DTD 中无法实现的缩写如（#PCDATA）变为有效。语法如下所示：

```
<!ENTITY % PCD "(#PCDATA)">
<!ELEMENT 名称 %PCD;>
<!ELEMENT 描述 %PCD;>
```

上面示例先声明了实体 PCD，在接下来声明包含字段内容的元素时，便可以使用实体引用的“%PCD”的方式代替使用前面使用“(#PCDATA)”的方式。

参数实体引用在使用前必须先声明，否则无法引用。如下示例是不正确的：

```
<!ELEMENT 名称 %PCD;>
<!ENTITY % PCD "(#PCDATA)">
<!ELEMENT 描述 %PCD;>
```

在成熟的 DTD 文档中常使用参数实体，一般有下面几个目的。

（1）使 DTD 的结构更加清晰，并易于编写和管理。例如，用实体代替多次出现的内容，在 DTD 中声明实体，在需要使用这些内容时，全部用实体引用代替，这样，有利于提高编码效率，也便于维护。

（2）突出结构主线，使主题框架更明晰。例如，将大段的声明内容放置到外部实体，使结构主线简洁明了。

（3）用更明确的实体名称代替一般 DTD 类型名称，细化含义、便于理解。例如，用“LanguageCode”实体代替“NMTOKEN”，用“Charset”实体代替“CDATA”，虽然语法上没有任何区别，但方便了文档的阅读者了解其意义。

3.3.4 外部参数实体

外部参数实体即是在外部 DTD 文档中声明的参数实体，它用于将多个独立的 DTD 文档组合成一个大的 DTD 文档。与外部通用实体相同，外部参数实体的引用方式如下所示：

```
<!ENTITY %Entity_Name "URI">
```

例如，先声明 DTD1.dtd，保存为“D:\XMLsam\DTD1.dtd”。代码如下所示：

```
<?xml version="1.0" encoding="GB2312"?>
<!ELEMENT 硬盘 (分区, 描述)>                    <!--元素及其子元素组声明-->
```

```
<!ATTLIST 硬盘
    容量 CDATA #REQUIRED
>                                                    <!--元素属性声明-->
<!ELEMENT 分区 (名称)>                               <!--元素及其子元素声明-->
<!ATTLIST 分区
    盘符 NMTOKEN #REQUIRED
>                                                    <!--元素属性声明-->
<!ELEMENT 名称 (#PCDATA)>                            <!--声明包含字段内容元素-->
<!ELEMENT 描述 ANY>                                  <!--元素声明，可以包含内容或子元素-->
```

再声明 DTD2.dtd，文档内容如下：

```
<?xml version="1.0" encoding="GB2312"?>
    <!ELEMENT 我的电脑 (CPU, 内存, 硬盘)>             <!--元素及其子元素组声明-->
    <!ELEMENT CPU EMPTY>                             <!--元素声明，其内容为空-->
    <!ATTLIST CPU
    厂商 (AMD | Intel | Other) "Other"
    工作频率 CDATA #REQUIRED
>                                                    <!--元素属性列表-->
    <!ELEMENT 内存 EMPTY>                            <!--元素声明，其内容为空-->
    <!ATTLIST 内存
    容量 CDATA #REQUIRED
>                                                    <!--元素属性声明-->
    <!ENTITY % harddisk SYSTEM "D:\XMLsam\DTD1.dtd">     <!--实体声明-->
    %harddisk;                                       <!--实体引用-->
```

这样 DTD2.dtd 就包含了 DTD1.dtd 的内容，组成了新的 DTD。一个 DTD 文档还可以包含多个 DTD 文档。

3.3.5 根据片段创建文档

如前所述，一个 XML 文档可以根据需要分为多个文档片断。为方便说明，这里将 3.1.2 小节的示例分为多个片断，以达到相同的目的。XML 文档关联 DTD 的方法有两种，一种是 3.1.2 小节示例的方式，代码如下所示：

```
<!DOCTYPE [
…    <!--DTD 内容-->
]>
```

这种方式称为内部声明。

XML 文档也可以与外部独立保存的 DTD 文件相关联，这种方式称为外部声明。其声明方式如下所示：

```
<!DOCTYPE DTD_Name SYSTEM "DTD 文件路径">
```

以下是通过片断来创建 XML 文档的过程。

新建“CPU.dtd”文档片断，保存路径“D:\XMLsam\CPU.dtd”。文档内容如下所示：

```
<?xml version="1.0" encoding="UTF-8"?>
<!ELEMENT CPU EMPTY>
<!ATTLIST CPU
    厂商 (AMD | Intel | Other) "Other"
```

```
    工作频率 CDATA #REQUIRED
>
```

新建“内存.dtd”文档片断，保存路径“D:\XMLsam\内存.dtd”。文档内容如下所示：

```
<?xml version="1.0" encoding="UTF-8"?>
<!ELEMENT 内存 EMPTY>
<!ATTLIST 内存
    容量 CDATA #REQUIRED
>
```

新建“硬盘.dtd”文档片断，保存路径“D:\XMLsam\硬盘.dtd”。文档内容如下所示。

```
<?xml version="1.0" encoding="UTF-8"?>
<!ELEMENT 硬盘 (分区, 描述)>                        <!--元素及其子元素组声明-->
<!ATTLIST 硬盘
    容量 CDATA #REQUIRED
>                                                   <!--元素属性声明-->
<!ELEMENT 分区 (名称)>                              <!--元素及其子元素声明-->
<!ATTLIST 分区
    盘符 NMTOKEN #REQUIRED
>                                                   <!--元素属性声明-->
<!ELEMENT 名称 (#PCDATA)>                           <!--声明包含字段内容的元素-->
<!ELEMENT 描述 ANY>                                 <!--元素声明，可以包含内容或子元素-->
<!ENTITY 信息 SYSTEM "D:\XMLsam\info.xml">          <!--实体声明-->
```

实体“信息”文档片断路径为“D:\XMLsam\info.xml”，文档内容如下所示：

```
<?xml version="1.0" encoding="GB2312"?>
<描述>
关于系统盘的任何描述信息
</描述>
```

新建“我的电脑.dtd”文档片断，保存路径“D:\XMLsam\我的电脑.dtd”。文档内容如下所示：

```
<?xml version="1.0" encoding="UTF-8" ?>
<!ELEMENT 我的电脑 (CPU, 内存, 硬盘)>
<!ENTITY % CPU SYSTEM "D:\XMLsam\CPU.dtd">          <!--实体声明-->
    %CPU;                                           <!--实体引用-->
<!ENTITY % 内存 SYSTEM "D:\XMLsam\内存.dtd">        <!--实体声明-->
    %内存;                                          <!--实体引用-->
<!ENTITY % 硬盘 SYSTEM "D:\XMLsam\硬盘.dtd">        <!--实体声明-->
    %硬盘;                                          <!--实体引用-->
```

新建“我的电脑.xml”文档，保存路径“D:\XMLsam\我的电脑.xml”。文档内容如下所示：

```
<?xml version="1.0" encoding="UTF-8"?>
<!DOCTYPE 我的电脑 SYSTEM "D:\XMLsam\我的电脑.dtd">  <!--外部 DTD 声明-->
<我的电脑>                                          <!--根元素开始标记-->
    <CPU 厂商="AMD" 工作频率="1.5GHz"/>             <!--元素及其属性声明-->
    <内存 容量="512MB"/>                            <!--元素及其属性声明-->
    <硬盘 容量="80GB">                              <!--元素开始标记及其属性-->
        <分区 盘符="C">                             <!--元素开始标记及其属性-->
            <名称>系统盘</名称>                     <!--元素及其内容声明-->
```

```
        </分区>                                          <!--元素结束标记-->
        &信息;                                           <!--实体引用-->
    </硬盘>                                              <!--元素结束标记-->
</我的电脑>                                              <!--根元素结束标记-->
```

以这种方法实现的“我的电脑.xml”与 3.1.2 小节中的示例在浏览器中的现实效果相同。

除了以上 DTD 声明方法以外，还可以使用混合 DTD 声明方法，即内部声明和外部声明同时使用的方法。这种方法可以充分利用原来已定义的标准 DTD 文档，并丰富原 DTD 文档的内容，方便不同制作小组间的协作。

例如，上面已定义了硬盘.DTD 文档，下面的 XML 文档应用并丰富了它的内容：

```
<?xml version="1.0" encoding="GB2312"?>
<!DOCTYPE 我的电脑 SYSTEM "D:\XMLsam\硬盘.dtd"[    <!--外部 DTD 声明-->
<!ELEMENT 我的电脑 (CPU, 内存, 硬盘)>              <!--以下为内部 DTD 声明-->
<!ELEMENT CPU EMPTY>
<!ATTLIST CPU
    厂商 (AMD | Intel | Other) "Other"
    工作频率 CDATA #REQUIRED
>
<!ELEMENT 内存 EMPTY>
<!ATTLIST 内存
    容量 CDATA #REQUIRED
>
]>
<我的电脑>
    <CPU 厂商="AMD" 工作频率="1.5GHz"/>
    <内存 容量="512MB"/>
    <硬盘 容量="80GB">
        <分区 盘符="C">
            <名称>系统盘</名称>
        </分区>
        <描述>关于系统盘的任何描述信息</描述>
    </硬盘>
</我的电脑>
```

该示例的显示效果与 3.1.2 小节的示例也完全相同。

3.3.6　结构完整的文档中的实体和 DTD

有时候 XML 文档仅需要结构完整就满足要求了，不必要满足有效性要求。这时的 XML 文档也可以获得其包含的 DTD 中的信息。

结构完整的文档包括无 DTD 的结构完整的 XML 文档，如前两章的示例；包含 DTD 中的约束条件的有效的 XML 文档，如本章前面的示例；包含但不符合 DTD 中约束条件的完整的 XML 文档。第 3 种情况的 DTD 形式与第 2 种相同，所不同的是解析器只处理 DTD 中的 ENTITY 声明。前两种文档形式已在前面都介绍过了，这里只介绍第 3 种文档的情况。

在结构完整但非有效的 XML 文档中使用 DTD 可以按以前的方法声明所需实体，然后在文档中使用它们。示例程序如下：

```
<?xml version="1.0" encoding="GB2312" standalone="yes"?>
<!DOCTYPE 我的电脑 [
    <!ENTITY 信息 "关于系统盘的任何描述信息">                <!--实体声明-->
]>
<我的电脑>
    <CPU 厂商="AMD" 工作频率="1.5GHz"/>
    <内存 容量="512MB"/>
    <硬盘 容量="80GB">
        <分区 盘符="C">
            <名称>系统盘</名称>
        </分区>
        <描述>&信息;</描述>                          <!--实体引用-->
    </硬盘>
</我的电脑>
```

该程序在 XMLSpy 中无法通过有效性检验，但是可以在浏览器中打开，其样式如图 3.6 所示。

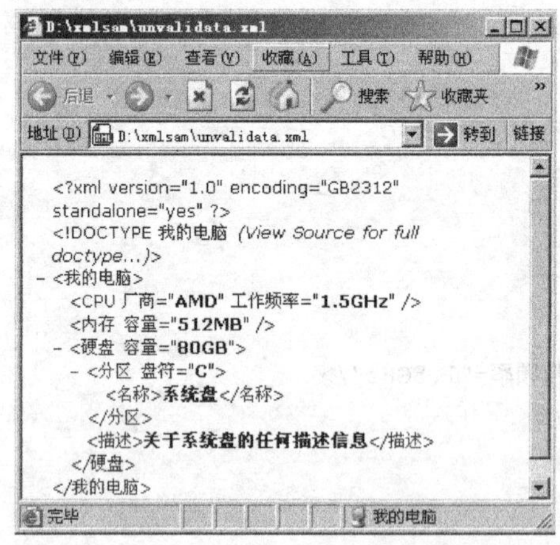

图 3.6　非有效的 XML 文档视图

如果将 DTD 定义到文档外部，这时“信息”实体就是外部实体了。

3.4　Schema 简介

在 XML 技术成为 W3C 推荐标准之后，DTD 体现出的不少局限性，万维网协会又推出了用于描述、约束、检验 XML 文档的新方法：Schema（XML 架构）。Schema 也是用来定义 XML 文档，并利用该定义验证 XML 文档是否符合要求的一种技术。Schema 对 XML 文档结构的定义和描述主要作用是用来约束 XML 文档，并验证 XML 文档有效性。

3.4.1　Schema 概述

如上所述，Schema 是针对 DTD 在 XML 应用过程的局限性而推出的，Schema 除了可以与 DTD 一样，描述、约束 XML 文档的结构和内容外，还克服了 DTD 的缺陷。Schema 与 DTD 优劣对比有如下几点。

1. 语法结构问题

Schema是XML文档，遵循XML语法；可用DOM、XPath、XSLT等XML技术处理（后续章节将陆续介绍）。而DTD语法与XML语法不一致，使用DOM、XPath、XSLT等技术无法处理DTD，这为自动化文档处理带来困难。

2. 数据类型问题

Schema已定义了非常丰富的数据类型，可以将XML数据描述成应用程序数据，如整型（Integer）、日期型（Date）、布尔型（Boolean）等。如果内置的数据类型不能满足使用要求，还可通过扩展派生（Derive by extension）或约束派生（Derive by restriction）来创建新的数据类型，数据模型还可以重复使用。另外，XML架构支持在约束（Facet）中，通过正则表达式（Regular expression）检验数值格式（如邮政编码必须是6位十进制数字，用正则表达式可以写作“\d{6}”）。DTD数据类型有限，没有布尔、日期时间等数据类型，也不能自由扩充，不利于在XML数据交换场合验证数据类型。DTD只能通过有限的几种途径（ID、IDREF等）约束属性取值，无法满足行业数据的规范化需求。

3. 文档结构问题

Schema中，既可以声明全局元素和属性，也可以声明与上下文位置相关的元素和属性。而DTD中所有元素、属性都是全局的，无法声明仅与上下文位置相关的元素或属性（如要求“联系人”的“地址”元素包含“城市”和“街道”属性，而“计算机”的“地址”元素包含“IP”属性，这种结构定义是无法用DTD实现的）。

4. 名称空间问题

Schema充分支持名称空间。DTD中没有名称空间的概念，不能直接支持名称空间。

Schema也有其不足之处，具体表现在如下几点：

（1）DTD可以内嵌在XML文档。与其不同，Schema一般只能处于XML文档之外，也就是说Schema和XML文档一般是两个独立的文件，有时候不便处理。

（2）与DTD简洁的标记不一样，XML架构的语法显得冗长。

（3）Schema不能像DTD那样声明一般实体。

（4）不能定义基于元素或属性取值的结构约束条件，这是Schema比较大的缺陷。例如，以下几种基于取值的约束条件，是无法使用W3C架构定义的：“文件”元素的“压缩”属性等于“1”时，必须使用“压缩算法”属性；“最小值”属性值不能大于“最大值”属性值；当使用了“地址”属性，就不能使用“详细地址”子元素……

在XMLSpy中新建Schema的方法与创建DTD的方法相同，只是在“Create new document”窗口中应选择“xsd W3C XML Schema”列表项，即可创建新的Schema文档。

下面通过一个简单的Schema文档示例来对Schema有一个基本的认识。文档内容如下：

```
<?xml version="1.0" encoding="UTF-8"?>
<xs:schema xmlns:xs="http://www.w3.org/2001/XMLSchema" elementFormDefault=
"qualified" attributeFormDefault="unqualified">
    <xs:element name="我的电脑">
        <xs:annotation>
            <xs:documentation>关于电脑的文档类型定义</xs:documentation>
        </xs:annotation>
        <xs:complexType>
            <xs:sequence>
                <xs:element name="CPU"/>
```

```
            <xs:element name="内存"/>
            <xs:element name="硬盘"/>
          </xs:sequence>
        </xs:complexType>
      </xs:element>
</xs:schema>
```

将该文件保存为“Schema.xsd”，新建一个 XML 文档，选择“Schema”复选按钮，按照保存路径添加对“Schema.xsd”的声明。文档内容如下所示：

```
<?xml version="1.0" encoding="UTF-8"?>
<我的电脑 xmlns:xsi="http://www.w3.org/2001/XMLSchema-instance" xsi:noNamespace
SchemaLocation="D:\XMLsam\simpschema.xsd">
      <CPU/>
      <内存/>
      <硬盘/>
</我的电脑>
```

该文档可通过有效性检测。若没有“<硬盘/>”行，则有效性检测就会提示错误。

3.4.2 定义元素及其后代

Schema 文档中的元素通过使用 element 关键字来声明。元素声明定义了元素名称、内容和数据类型等属性。按照元素在 Schema 中的位置来分，在架构中处于“schema”根元素下的元素，称为“顶层元素”（Top-level elements），如上例中的“我的电脑”元素。在顶层元素下，包含更多的元素，这些元素和顶层元素一起使用。顶层元素包含以下几项内容：

（1）声明元素和属性（element、attribute 和 attributeGroup）；

（2）定义数据类型、元素组（complexType、simpleType 和 group）；

（3）声明表示法（notation）；

（4）注释文档（annotation）。

顶层元素下的元素包括粒子（Particle）元素、定义数据类型的元素、定义属性元素等，它们丰富了元素类型和元素间关系，与顶层元素共同定义和描述 XML 文档。粒子元素如表 3.4 所示。

表 3.4 粒子元素

名　称	说　明
All	表示全体关系。在默认情况下，全体关系中的所有元素，都要出现于实例文档的上下文中，但这些元素的出现顺序不限
Any	表示允许任何元素出现
choice	表示选择关系。在默认情况下，选择关系中的元素必须有一个且只有一个出现。对应 DTD 中的“（元素 1| 元素 2）”选择关系形式
element	声明单个元素，或引用已有的全局元素声明
Group	引用顶层的具名元素组（named model group）定义
sequence	表示序列关系。在默认情况下，序列关系中的元素必须按照指定顺序一一出现。对应 DTD 中的“（元素 1，元素 2）”序列关系形式

Schema 中的数据类型和类型模型，可以通过表 3.5 中列出的元素具体定义。

表 3.5 定义数据类型的元素

名　称	说　明
simpleType	定义匿名简单类型（Anonymous simple type），用于“element”、“attribute”声明，或“list”、“restriction”、“union”派生，描述元素文本或属性值的内容
complexType	定义匿名复杂类型（Anonymous complex type），用于“element”声明，描述元素的结构，声明元素的属性，定义子元素序列关系、选择关系、全体关系等结构
simpleContent	表示复杂类型中的简单内容
complexContent	表示复杂类型中的复杂内容
List	定义列表派生（List derivation）。表示 simpleType 的值列表。列表中的值之间以空白分隔
Union	定义联合派生（Union derivation）。定义多个 simpleType 的联合体，表示符合这些简单类型定义的值的并集（效果：扩展简单类型的取值空间）
restriction	定义约束派生。为 simpleType、simpleContent 和 complexContent 提供约束条件（效果：收缩取值空间）
extension	定义扩展派生。为 simpleContent 和 complexContent 添加扩展内容

XML 文档中采用的属性，可以通过以下 Schema 元素指定，如表 3.6 所示。

表 3.6 定义属性

名　称	说　明
attribute	声明属性，或通过“ref”属性引用全局属性
anyAttribute	定义任意属性，表示可以使用任何属性
attributeGroup	表示具名属性组，即一组属性，类似于 DTD 中的“ATTLIST”。此外，可通过“ref”属性引用其他全局属性组

表 3.7 的元素用于定义 XML 文档中的键引用约束或唯一约束。键引用约束，指键所引用的值必须在文档其他位置出现；唯一约束，指被约束的值在上下文范围内必须唯一。

表 3.7 定义文档的标识符约束

名　称	说　明
Key	定义文档中的键，被键引用约束所引用
keyref	定义文档中的键引用约束
unique	定义文档中的唯一约束
selector	定义用于 key、keyref 或 unique 约束的 XPath 选择子（selector），在上下文元素的基础上，选出约束关系的基准元素
Field	定义用于 key、keyref 或 unique 约束的 XPath 选择子，在基准元素的基础上，选出被约束的值

在架构中，除了使用 XML 注释，还可以使用注文（annotation）元素标注文档，如表 3.8 所示。注文有两种，一种是为应用程序提供信息而设的（appinfo），另一种则为阅读架构的人而标注（documentation）。

表 3.8　为架构添加注释

名　称	说　明
常规的 XML 注释“<!--注释内容-->”	按照 XML 语法撰写的常规注释，可被 XML 解析器忽略
annotation	表示 XML 架构的注文。可以出现在架构文档的根元素之内的任何地方。由于是元素，所以 XML 解析器不能将其忽略。包含两种注释类型“appinfo”（应用程序信息）和“documentation”（文档）
appinfo	表示应用程序信息，出现在“annotation”元素下。为应用程序在处理架构时提供额外的信息
documentation	表示文档注释，出现在“annotation”元素下。为人们在阅读 XML 架构文档时提供说明信息

3.4.3　Schema 的应用

此处还以 3.1.2 小节的示例为参照，将其中 DTD 实现的功能用 Schema 来代替，从而验证 Schema 的功能，也便于 Schema 与 DTD 的比较。

```
<?xml version="1.0" encoding="GB2312"?>
<xs:schema xmlns:xs="http://www.w3.org/2001/XMLSchema" elementFormDefault="qualified" attributeFormDefault="unqualified">
 <xs:element name="我的电脑">
  <xs:annotation>
   <xs:documentation>关于电脑的文档类型定义</xs:documentation>
  </xs:annotation>
  <xs:complexType>
   <xs:sequence>
    <xs:element name="CPU">
     <xs:complexType>
      <xs:attribute name="厂商" default="Other">
       <xs:simpleType>
        <xs:restriction base="xs:string">
         <xs:enumeration value="AMD"/>
         <xs:enumeration value="Intel"/>
         <xs:enumeration value="Other"/>
        </xs:restriction>
       </xs:simpleType>
      </xs:attribute>
      <xs:attribute name="序列号"/>
      <xs:attribute name="工作频率" use="required"/>
     </xs:complexType>
    </xs:element>
    <xs:element name="内存" maxOccurs="unbounded">
     <xs:complexType>
      <xs:sequence>
       <xs:element name="描述" type="xs:anyType"
        minOccurs="0" maxOccurs="unbounded"/>
      </xs:sequence>
      <xs:attribute name="容量" type="xs:string" use="required"/>
     </xs:complexType>
    </xs:element>
```

```
        <xs:element name="硬盘" maxOccurs="unbounded">
          <xs:complexType>
            <xs:sequence>
              <xs:element name="分区" maxOccurs="unbounded">
                <xs:complexType>
                  <xs:sequence>
                    <xs:element name="名称" type="xs:string"/>
                    <xs:element name="操作系统" type="xs:string"/>
                  </xs:sequence>
                  <xs:attribute name="盘符" type="xs:NMTOKEN"
                    use="required"/>
                </xs:complexType>
              </xs:element>
              <xs:element name="描述" type="xs:anyType"
                minOccurs="0" maxOccurs="unbounded"/>
            </xs:sequence>
            <xs:attribute name="容量" use="required"/>
          </xs:complexType>
        </xs:element>
      </xs:sequence>
    </xs:complexType>
  </xs:element>
</xs:schema>
```

该示例实现与3.1.3小节中DTD示例相同的功能，比较这两个示例就可以发现Schema与DTD有很多不同之处，如语法结构、约束条件等方面。同时也可以看出Schema较DTD显得烦琐。该示例各部分的含义如表3.9所示。

表3.9　各部分的含义

<?xml version="1.0" encoding="GB2312"?>	XML声明
<xs:schema …>…</xs:schema>	Schema文档根元素，指定文档约束条件和取名空间
<xs:element …>…</xs:element>	可用元素的声明
<xs:annotation>…</xs:annotation>	文档标注内容声明
<xs:sequence>…</xs:sequence>	子元素列表声明
<xs:attribute …>…</xs:attribute …>	元素属性声明
<xs:restriction …> …</xs:restriction>	为属性类型设置约束
minOccurs="0" maxOccurs="unbounded"/>	属性最大最小约束

<xs:complexType>、<xs:simpleType>、<xs:simpleType>等标签对都是数据类型声明。

可见，一个Schema文档由元素、属性、命名空间等构成，并且至少要包含一个schema根元素、XML模式命名空间（如“http://www.w3.org/2001/XMLSchema”）的声明和元素声明。

Schema可以以“Text”、“Grid”、“Schema/WSDL”或“Browser”模式打开，其“Text”和“Browser”模式示例代码相似；其他模式如图3.7和图3.8所示。

比较图3.7和图3.2中的“DOCTYPE”部分可以看出，Schema文件的Grid图结构较DTD文件添加了更多约束，结构也更加细化了。图3.7则以图像实体形式描述元素间的关系，显得更加简单明了。在这两个视图中也可以对比源程序各语句的作用。

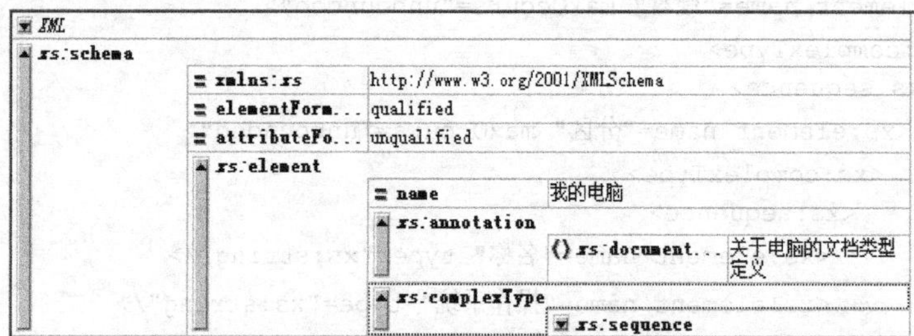

图 3.7　Schema 文件的 Grid 模式图

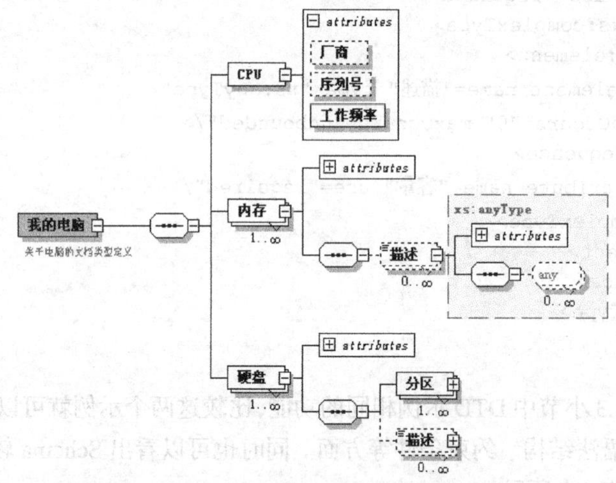

图 3.8　Schema 文件的 Schema/WSDL 模式图

新建 XML 文档，添加对以上内容的声明，XML 文档的内容如下：

```
<?xml version="1.0" encoding="UTF-8" ?>
- <我的电脑 xmlns:xsi="http://www.w3.org/2001/XMLSchema-instance"
xsi:noNamespace SchemaLocation="D:\XMLsam\Schema.xsd">
  <CPU 厂商="AMD" 工作频率="1.5GHz" />
  <内存 容量="512MB" />
- <硬盘 容量="80GB">
- <分区 盘符="C">
  <名称>系统盘</名称>
  <操作系统>Windows</操作系统>
  </分区>
  <描述>关于系统盘的任何描述信息</描述>
  </硬盘>
  </我的电脑>
```

因为在 Schema 文档中对分区添加了操作系统元素，所以较 3.1.2 小节示例的 XML 文档部分需添加“<操作系统>Windows</操作系统>”语句，该文档才能通过有效性检验，其浏览器视图样式如图 3.9 所示。

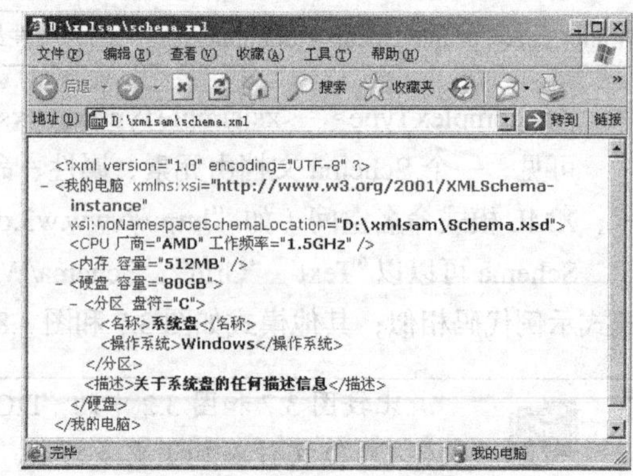

图 3.9　添加 Schema 声明的 XML

3.5 XML 命名空间

XML 作为一种允许用户定义自己标记的标记语言，很可能出现名称重复的情况，命名空间是一种避免名称冲突的方式。W3C 颁布的命名空间（NameSpace）标准中对命名空间的定义是：XML 命名空间提供了一套简单的方法，将 XML 文档和 URI 引用标记的名称相结合，来限定其中的元素和属性名。也即命名空间给 XML 名称添加前缀，使其能够区分所属的领域，从而为元素和属性提供唯一的名称，其最重要的用途是用于融合不同词汇集的 XML 文档。

命名空间包装 XML 元素在一起供以后重用。为了使用 XML 文档的命名空间中定义的元素，必须通过 xmlns 属性声明希望采用的名称空间。还必须为该名称空间定义快捷方式的前缀（例如 xs:）作为文档中的根元素，从而使得命名空间在文档中都可用。

3.5.1 什么是命名冲突

在相同的作用域当中，如果有两个元素或属性的名字完全相同，就会出现冲突。例如，我的电脑包括内存和硬盘两个元素，这两个元素都包括容量这个属性。当这两个元素统称为存储设备时，内存设备要用到两容量属性，这时容量属性就会出现冲突，不知道具体是哪一个容量属性。示例程序如下：

```
<?xml version="1.0" encoding="UTF-8"?>
<我的电脑>
    <存储设备/>
        <容量>512MB</容量>
        <容量>80GB</容量>
</我的电脑>
```

此处只是举例说明命名冲突的问题，当然可以通过给某个容量改为另一名称来解决这一冲突。

在使用多个 DTD 或 Schema 时，命名冲突就显得更为严重了。

3.5.2 解决命名冲突途径

为解决命名冲突的问题，引入命名空间的概念。命名空间的声明方法如下：

```
xmlns="namespaceURI"
```

或者

```
xmlns:某前缀="namespaceURI"
```

“xmlns=”和“xmlns:某前缀=”为命名空间声明，等号后面以引号括起的值，必须是一个统一格式资源标识符（URL），用来代表名称空间所属的领域。第 1 种是默认命名空间声明，第 2 种是显式命名空间声明。下面语句即为显式命名空间声明：

```
xmlns:xsi=http://www.w3.org/2001/XMLSchema-instance
```

名称空间的一般写为 URI（Uniform Resource Identifier，通用资源标志符）的形式。可以用来作为唯一网络资源的标识符。它并不会到网络上搜索该 URI，即使不定义成 URI，也是可以的，只要区分开同名的元素，就达到目的了。

上一小节示例的命名冲突可以用下述方式来解决：

```
<?xml version="1.0" encoding="UTF-8"?>
<我的电脑 xmlns="harddisk" xmlns:mem="memery">
    <存储设备/>
        <mem:容量>512MB</mem:容量>
        <容量>80GB</容量>
</我的电脑>
```

3.5.3 命名空间的使用

声明了命名空间，有了命名空间下的合法名称，就可以使用命名空间来区别具有相同名称的元素和属性了。命名空间的使用方法是在属于该名称空间的元素或属性名称前添加前缀和冒号“:”，表示其所属的名称空间。示例如下：

```
<mem:容量>512MB</mem:容量>
```

属于默认命名空间的元素或属性不需要添加前缀。

如果在同一个 XML 文档中，将同一前缀绑定到不同的名称空间，后绑定的名称空间会覆盖先绑定的名称空间。默认命名空间也会被后绑定的默认命名空间所覆盖。示例如下：

```
<?xml version="1.0" encoding="UTF-8"?>
<我的电脑 xmlns="harddisk" xmlns:mem="memery">
    <存储设备 xmlns="device">
        <mem:容量>512MB</mem:容量>
        <容量>80GB</容量>
    </存储设备>
</我的电脑>
```

先声明的默认命名空间"harddisk"作用域包括“我的电脑”及其未带前缀的子元素，而后声明的默认命名空间"device"的作用域是“存储设备”及其未带前缀的子元素，在该范围内"harddisk"命名空间失效。

3.5.4 DTD 与命名空间

在命名空间声明中，命名空间名其目的在于标识特定的命名空间。XML 解析器遇到一个命名空间声明后，就把等号左边的命名空间前缀和右边的命名空间名绑定在一起，对于后面使用了该前缀的合法名称，都可以归属于同一个命名空间中。根据 DTD 进行有效性检测时，也并不是把这个命名空间映射到 URI 所指的 DTD 文件，而是去找所有在 DOCTYPE 中声明的内部和外部的 DTD，看其所定义的哪一个元素或属性名与文档中用到的元素或属性名相同。

示例如下：

```
<?xml version="1.0" encoding="UTF-8"?>
<!DOCTYPE 存储设备 [
    <!ELEMENT 存储设备 (外存:容量, 内存:容量)>
    <!ATTLIST 存储设备
    xmlns::外存 CDATA #FIXED "http://外存.dtd"
    xmlns::内存 CDATA #FIXED "http://内存.dtd"
    >
```

```
    <!ELEMENT 外存:容量 (#PCDATA)>
    <!ELEMENT 内存:容量 (#PCDATA)>
]>
<存储设备 xmlns:外存= "http://外存.dtd"
        xmlns:内存= "http://内存.dtd">
    <外存:容量>80GB</外存:容量>
    <内存:容量>512MB</内存:容量>
</存储设备>
```

小　　结

本章主要学习了 DTD 的基本概念和语法，包括在 XML 中声明 DTD 的方式，使用 DTD 声明元素、属性列表、实体等的方式。如何使用 DTD 来描述和约束文档结构是本章的主旨。另外，本章还简述了 XML Schema 开发和 XML 命名空间的基础知识。

习　　题

1．DTD 的声明方法包括________、________和________ 3 种方法。

2．DTD 中元素预定义属性值包括________、________和________ 3 种类型。

3．参考下面的 DTD 文档结构

```
<!ELEMENT 我的电脑 (主板?,硬盘*)>
<!ELEMENT 主板 (#PCDATA)>
<!ELEMENT 硬盘 (分区+)>
<!ELEMENT 分区 (系统盘+)>
<!ELEMENT 系统盘 (#PCDATA)>
```

符合其结构约束的 XML 文档为________。

A.

```
<我的电脑>
<主板>主板型号:845E</主板>
<硬盘><系统盘>C 盘</系统盘></硬盘>
</我的电脑>
```

B.

```
<我的电脑>
<分区><系统盘>C 盘</系统盘></分区>
</我的电脑>
```

C.

```
<我的电脑>
<主板>主板型号:845E</主板>
</我的电脑>
```

D.

```
<我的电脑>
<硬盘><系统盘>C 盘</系统盘></硬盘>
</我的电脑>
```

4．与下面 DTD 结构相符合的 XML 文档是________。

```
<!ELEMENT 我的电脑 (主板?,硬盘*)>
<!ATTLIST 我的电脑
        品牌 (Dell | IBM | Other) "Other"
        产地 CDATA #IMPLIED
>
<!ELEMENT 主板 (#PCDATA)>
<!ELEMENT 硬盘 (#PCDATA)>
```

A.

```
<我的电脑 产地="美国" 品牌="Dell">
<硬盘>清华紫光</硬盘>
<主板>联想</主板>
</我的电脑>
```

B.

```
<我的电脑 产地="美国" 品牌="Dell">
<主板>联想</主板>
<硬盘>清华紫光</硬盘>
</我的电脑>
```

C.

```
<我的电脑 产地="美国" 品牌="Dell">
<主板>联想
<硬盘>清华紫光</硬盘>
</主板>
</我的电脑>
```

D.

```
<我的电脑 品牌="lenovo">
<主板>联想</主板>
<硬盘>清华紫光</硬盘>
</我的电脑>
```

5．为第 2 章中的示例添加 DTD 文档。

6．比较 DTD 与 Schema 的异同。

7．建立如图 3.10 所示结构的 Schema 文档。

8．下面的 XML 文档错误在哪里？请在 DTD 部分进行改正，使 XML 文档有效。

```
<?xml version="1.0" encoding="GB2312"?>
<!DOCTYPE 我的电脑 [                                    <!--DOCTYPE 声明开始标记-->
    <!ELEMENT 我的电脑 (CPU, 内存, 硬盘)>              <!--元素及其子元素组声明-->
    <!ELEMENT 内存 EMPTY>                              <!--声明元素“CPU”的内容为空-->
    <!ATTLIST 内存
```

```
    容量 CDATA #REQUIRED
```

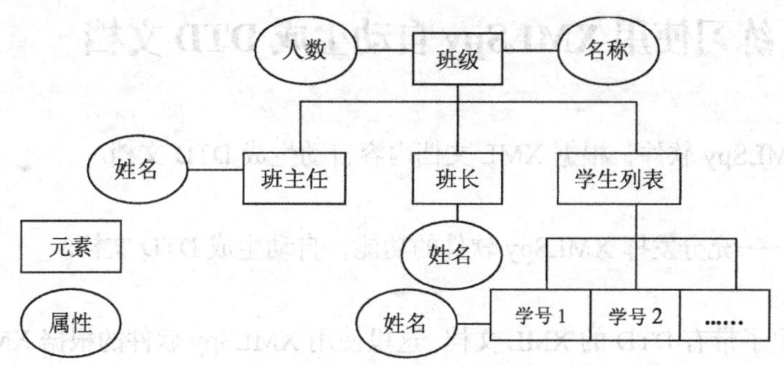

图 3.10　Schema 练习视图

```
>                                           <!--元素属性声明-->
    <!ELEMENT CPU EMPTY>                    <!--元素声明，其内容为空-->
    <!ATTLIST CPU
    厂商 (AMD | Intel | Other) "Other"
    工作频率 CDATA #REQUIRED
>                                           <!--元素属性列表-->
    <!ELEMENT 硬盘 (分区, 描述)>              <!--元素及其子元素组声明-->
    <!ATTLIST 硬盘
    容量 CDATA #REQUIRED
>                                           <!--元素属性声明-->
]>
<!-- 以上部分为嵌入到 XML 文档中的 DTD -->
<我的电脑>                                   <!--根元素开始标记-->
    <CPU 厂商="AMD" 工作频率="1.5GHz"/>       <!--元素及其属性声明-->
    <内存 容量="512MB"/>                     <!--元素及其属性声明-->
    <硬盘 容量="80GB">                       <!--元素开始标记及其属性-->
        <分区 盘符="C">                      <!--元素开始标记及其属性-->
            <名称>系统盘</名称>               <!--元素及其内容声明-->
        </分区>                              <!--元素结束标记-->
        <分区 盘符="D">                      <!--元素开始标记及其属性-->
            <名称>数据盘</名称>               <!--元素及其内容声明-->
        </分区>                              <!--元素结束标记-->
        <描述>关于系统盘的任何描述信息</描述>   <!--元素及其内容声明-->
    </硬盘>                                  <!--元素结束标记-->
</我的电脑>                                  <!--根元素结束标记-->
```

上 机 指 导

DTD 可以检测 XML 文档是否符合原定规定和要求，从而保证 XML 文档数据的正确性和有效性。本章介绍了 DTD 的常用语法，结合示例给出了 DTD 的实用方法。本节将通过上机操作，巩固本章所学的知识点。

实验一：练习使用 XMLSpy 自动生成 DTD 文档

实验内容

熟练使用 XMLSpy 软件，根据 XML 文档内容自动生成 DTD 文档。

实验目的

巩固知识点——充分发挥 XMLSpy 软件的功能，自动生成 DTD 文档。

实现思路

示例 3.1 给出了带有 DTD 的 XML 文档，这里使用 XMLSpy 软件的根据 XML 文档生成 DTD 功能，建立符合 XML 文档结构的 DTD 文档。

新建 XML 文档，选择“File”|“New...”命令，选择 xml 文档，单击“OK”按钮；出现提示添加 DTD 文档窗口，单击“Cancel”按钮；输入以下内容：

```
<我的电脑>
<CPU 厂商="AMD" 工作频率="1.5GHz"/>
<内存 容量="512MB"/>
<硬盘 容量="80GB">
   <分区 盘符="C">
        <名称>系统盘</名称>
   </分区>
   <描述>关于系统盘的任何描述信息</描述>
</硬盘>
</我的电脑>
```

在菜单栏中选择“DTD/Schema”|“Generate DTD/Schema...”命令，在文件格式框中选择 DTD，单击“OK”按钮；输入保存路径，单击“保存”按钮，即可完成自动生成 DTD 的过程。比较生成的 DTD 与原 DTD 的异同。

实验二：练习使用 XMLSpy 的 Grid 模式编辑 DTD 文档

实验内容

熟练使用 XMLSpy 软件，在 Grid 模式下，可视化地编辑 DTD 文档，减化手动输入的麻烦。编辑后的效果如图 3.11 所示。

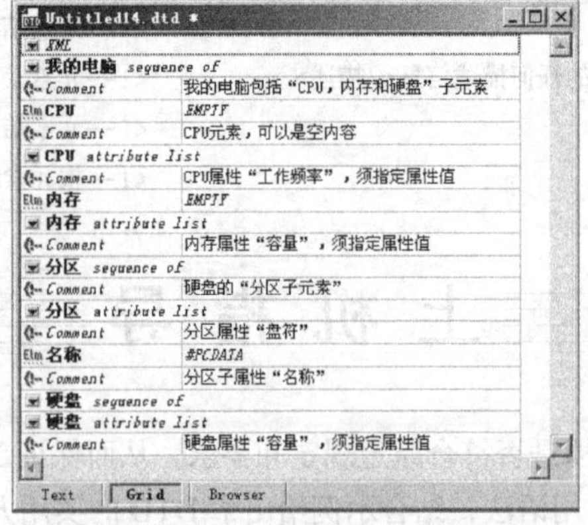

图 3.11　DTD 的 Grid 模式示例结果

实验目的

巩固知识点——练习 XMLSpy 软件的功能，方便快捷可是化地编辑 DTD 文档。

实现思路

3.3.1 小节中的示例是作者自己编写的 DTD 文档，借助 XMLSpy 软件的辅助功能，这些都可以可视化地编辑给出，大大地解决了输入的麻烦。这里通过这种方式建立与 3.3.1 小节中示例相同的 DTD 文档。

新建 DTD 文档，选择“File” | “New...”命令，选择 DTD 文档，单击“OK”按钮；将新建的 DTD 文档以 Grid 模式显示，双击根元素名称，修改为“我的电脑”。选择 XML 项，单击鼠标右键，在弹出的快捷菜单中选择“Append” | “Commend”命令，即可出现注释项，添加注释内容即可。选中“我的电脑”项，单击鼠标右键，在弹出的快捷菜单中选择“Add Child” | “Element”命令，即可出现新添加的子元素，输入元素名称，参看元素类型窗口（Elements）和属性类型窗口（Attributes），双击想要选择的类型即可。依次建立与 3.3.1 小节中示例相同的 DTD 文档。该文档的 Grid 模式显示效果如图 3.11 所示。

实验三：DTD 综合

实验内容

以“我的电脑”为例，根据需要编辑元素类型，如一个电脑可以有两个内存条，可以有音响也可以没有音响等，使得 XML 文档有广泛的适用性。

实验目的

巩固知识点——DTD 相关知识的综合应用。

实现思路

建立一个包含多项约束条件的 XML 文档，这些约束条件综合了 DTD 的常用语法，起到很好的练习效果。

这里以我的电脑为例，建立包含复杂 DTD 约束条件的 XML 文档。实现过程如下。

（1）根元素为我的电脑，子元素为 CPU、内存、硬盘和摄像头，其中 CPU、内存和硬盘要求一个以上，摄像头可以有一个，也可以没有。在 DTD 中声明了一个实体，以便在 XML 文档中应用。XML 文档代码如下所示：

```
<?xml version="1.0" encoding="GB2312"?>
<!DOCTYPE 我的电脑 [                                <!--DOCTYPE 声明开始标记-->
<!ELEMENT 我的电脑 (CPU+, 内存+, 硬盘+, 摄像头?)>   <!--元素及其子元素组声明-->
<!ELEMENT CPU ANY>                                  <!--元素声明，可以包含内容或子元素-->
<!ATTLIST CPU
    厂商 (AMD | Intel | Other) "Other"
    工作频率 CDATA #REQUIRED
>                                                   <!--元素属性列表-->
<!ELEMENT 内存 EMPTY>                               <!--元素声明，其内容为空-->
<!ATTLIST 内存
    容量 CDATA #REQUIRED
>                                                   <!--元素属性声明-->
<!ELEMENT 分区 (名称)>                              <!--元素及其子元素声明-->
<!ATTLIST 分区
```

```
    盘符 NMTOKEN #REQUIRED
>                                                      <!--元素属性声明-->
<!ELEMENT 名称 (#PCDATA)>                               <!--元素声明，元素须包含字段内容-->
<!ELEMENT 硬盘 (分区+, 描述)>                            <!--元素及其子元素组声明-->
<!ATTLIST 硬盘
    容量 CDATA #REQUIRED
>                                                      <!--元素属性声明-->
<!ELEMENT 描述 ANY>                                     <!--元素声明，可以包含内容或子元素-->
<!ENTITY 信息 "关于系统盘的任何描述信息">
]>
<!-- 以上部分为嵌入到 XML 文档中的 DTD -->
<我的电脑>                                              <!--根元素开始标记-->
    <CPU 厂商="Intel" 工作频率="2.8GHz">                 <!--元素及其属性声明-->
    </CPU>
    <内存 容量="512MB"/>                                 <!--元素及其属性声明-->
    <内存 容量="1G"/>                                    <!--元素及其属性声明-->
    <硬盘 容量="80GB">                                   <!--元素开始标记及其属性声明-->
        <分区 盘符="C">                                  <!--元素开始标记及其属性声明-->
            <名称>系统盘</名称>                           <!--元素及其内容声明-->
        </分区>                                          <!--元素结束标记-->
        <分区 盘符="D">                                  <!--元素开始标记及其属性声明-->
            <名称>数据盘</名称>                           <!--元素及其内容声明-->
        </分区>                                          <!--元素结束标记-->
        <描述>&信息;</描述>                               <!--元素及其内容声明-->
    </硬盘>                                              <!--元素结束标记-->
</我的电脑>                                             <!--元素结束标记-->
```

（2）在 XMLSpy 中新建 XML 文档，输入以上内容，检验文档的结构和有效性。在 Grid 模式下编辑文档的 XML 部分。在 Text 模式下查看编辑后的效果，再进行文档的结构和有效性检验。

第 4 章 XML 与 CSS

XML 最大的特点在于数据的结构与数据的表示完全无关。在进行数据结构化存储之后，如何很好地在浏览器中显示这些数据呢？CSS 提供了一种简单而实用的方法。CSS 一般用于控制 HTML 和 XHTML 的排版格式，也可以用于控制 XML 文档在浏览器上的显示效果。

通常有两种方式控制 XML 文档在浏览器上的呈现方式：第 1 种方式是直接使用 CSS 控制 XML 文档各个元素的表现样式；第 2 种方式是使用可扩展样式表语言转换（eXtensible Stylesheet Language Transformation，XSLT）将 XML 文档转换为 HTML 文档，再在浏览器上显示 HTML 文档。使用第 2 种方式，还可以结合 CSS，控制转换后所得 HTML 文档的表现样式。简单地说，将 CSS 与 XML 结合有以下 3 点：

（1）实现数据与显示方式分离，发挥 XML 的优势；

（2）将显示样式统一于 CSS 中，便于对显示样式进行统一管理；

（3）CSS 语法结构简单，兼容性强，适用平台广泛。

4.1 什么是 CSS

CSS（Cascading Style Sheet）一般称为层叠样式表，也称级联样式表。层叠的意思是：多重样式定义被层叠为一。其用于控制 HTML 和 XHTML 的排版格式。使用 CSS 可以轻松控制页面的布局、颜色、样式，也可以用于控制 XML 文档在浏览器上的显示效果等。CSS 是在 1996 年作为“把有关样式属性信息（如字体和边框）加到 HTML 文档中的标准方法”而提出来的。一个 CSS 样式单就是一组规则（Rules），每个规则给出此规则所适用的元素的名称，以及此规则要应用于哪些元素的样式。

4.1.1 CSS 的历史

CSS 是由 W3C 的 CSS 工作组产生和维护的。1996 年 W3C 正式推出了 CSS 1，1998 年 W3C 正式推出了 CSS 2，CSS 3 现在还处于开发中。

CSS 最初的开发目的是用来指定 HTML 的显示样式。从 20 世纪 90 年代初 HTML 被发明开始，样式表就出现了多种形式，不同的浏览器都结合以各自的样式语言，读者使用这些样式语言来调节网页的显示方式。由于初期的 HTML 版本只含有很少的显示属性，样式表最初是设计给读者用的，读者可以决定网页应该怎样来显示。后来，为了满足设计师的要求，HTML 需要获得了很多显示功能。

1994 年哈坤·利和伯特·波斯决定合作设计 CSS。在 CSS 中，一个文件的显示样式可以从其他的样式表中继承下来，也可以加入自己的样式。读者在有些地方可以使用自己更喜欢的样式，在其他地方则继承或"层叠"作者的样式。这种层叠的方式使网页的设计者和读者都可以灵活地加入自己的设计，符合各人的喜好。1996 年 12 月 CSS 要求的第一版本被出版。1997 年初，W3C 内组织了专门负责 CSS 的工作组。1998 年，W3C 公布了一个修订的、详述的 CSS 规范，称为 CSS 2。CSS 2 可以说是 CSS 1 的超集，除了很少部分的不同外，其他都是对 CSS 1 的扩充。具体来说，CSS 2 在 CSS 1 的基础上增添了音频样式单、媒体类型、特性选择符和其他新的功能，因此，本章涉及的几乎每个例子既适用于 CSS 1，也适用于 CSS 2。

4.1.2 CSS 的编写环境以及功能简要说明

CSS 可以用任何写文本的工具进行开发，如文本工具、Dreamweaver 等。CSS 也是一种语言，这种语言要和 HTML 或者 XHTML 语言相结合才起作用。简单来说，CSS 就是用来美化网页用的，可以用于控制网页的外观。以下示例用于简单说明 CSS 的使用方法。

示例的 XHTML 部分如下：

```
<ul>
<li><a href="#">主页</a></li>
<li><a href="#">留言</a></li>
<li><a href="#">论坛</a></li>
</ul>
```

效果如图 4.1 所示。

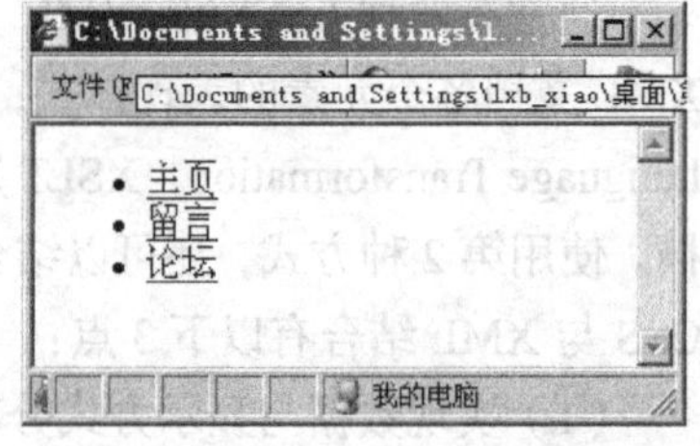

图 4.1 导航条示例（未加 CSS）

此时在页面上的表达形式是一个竖向列表，这样不够美观。通过 CSS 可以将这个列表变为一个横向导航条和超链接。直接使用文本工具添加 CSS 语句如下：

```
/* 以下规则匹配"ul"元素*/
ul{
list-style:none;
margin:0px;                    /* 在元素（边框）外四周留空：0 像素*/
padding:0px;                   /* 在元素（边框）内四周留白：0 像素 */
}
/* 以下规则匹配"ul li"元素*/
ul li{
margin:0px;                    /* 在元素（边框）外四周留空：0 像素*/
padding:0px;                   /* 在元素（边框）内四周留白：0 像素 */
float:left;                    /*左浮动*/
display:block;                 /* 这些元素显示为文本块，前后均换行 */
width:100px;                   /*宽度：100 像素*/
height:30px;                   /*高度：30 像素*/
background: #efefef;           /* 设置背景颜色：灰色 */
color:blue;                    /* 设置字体颜色：蓝色 */
text-decoration:none;          /*文本装饰：无 */
text-align:center              /* 文本中心对齐 */
}
/* 以下规则匹配"ul li"元素*/
```

```
ul li a:hover
{background:#333;                    /* 设置背景颜色：黑色 */
color:white;                         /* 设置字体颜色：白色*/
}
```

添加上 CSS 后，这个列表变成横向的导航条了，超级链接是灰色背景，蓝色字体，宽度是 100 像素，高度是 30 像素。当鼠标经过这个超级链接的时候，文字部分就变成黑色背景，白色字体。效果如图 4.2 所示。

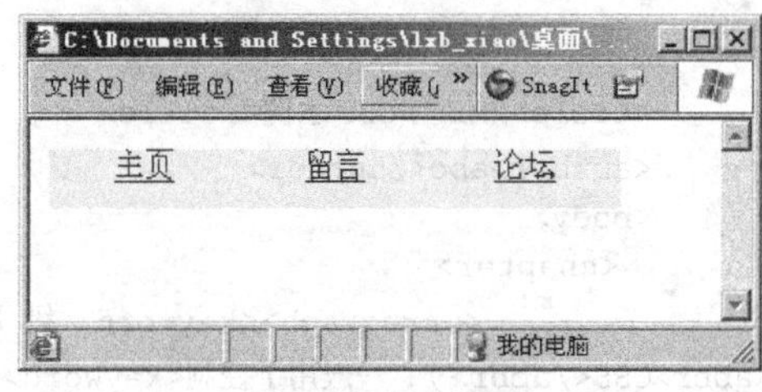

图 4.2 导航条示例（加入 CSS）

在主页制作时采用 CSS 技术，可以有效地对页面的布局、字体、颜色、背景和其他效果实现更加精确的控制。只要对相应的代码做一些简单的修改，就可以改变同一页面的不同部分，或者不同页面的外观和格式。它的特点如下：

（1）在几乎所有的浏览器上都可以使用；

（2）以前一些必须通过图片转换实现的功能，现在只要用 CSS 就可以轻松实现，从而更快地下载页面；

（3）使页面的字体变得更漂亮，更容易编排，使页面真正赏心悦目；

（4）可以轻松地控制页面的布局；

（5）可以将许多网页的样式同时更新，不用再一页一页地更新了。

在没有使用 CSS 之前，程序员一般使用 HTML 标签来实现控制字体的颜色和大小以及所使用的字体，代码非常烦琐。如果在一个页面里需要频繁地更替字体的颜色大小，最终生成的 HTML 代码的长度一定臃肿不堪。CSS 诞生之后，程序员可以将站点上所有的网页风格都使用一个 CSS 文件进行控制，只要修改这个 CSS 文件中相应的行，那么整个站点的所有页面都会随之发生变动。

CSS 是通过对页面结构的风格控制的思想，控制整个页面风格的。样式单放在页面中，通过浏览器的解释执行，是完全的文本，任何懂得 HTML 的人都可以掌握，非常容易。甚至对一些非常老的浏览器，也不会产生页面混乱的现象。

使用 CSS 显示 XML 数据有以下特点：

（1）可以实现数据显示样式与数据结构分离，便于对显示样式进行修改；

（2）可直接使用 CSS 定义 XML 中各个元素的显示方式，简单、直观；

（3）可以单个 XML 对应多个 CSS，也可以多个 XML 对应单个 CSS，使用方式灵活。

4.1.3 CSS 的使用方式

通常有两种方式实现 XML 文档与 CSS 的结合：第 1 种方式是直接使用 CSS 控制 XML 文档各个元素的表现样式；第 2 种方式是使用可扩展样式表语言转换（eXtensible Stylesheet Language Transformation, XSLT）将 XML 文档转换为 HTML 文档，再结合 CSS 控制转换后所得 HTML 文档的表现样式。

第一种方式：

要直接使用 CSS 呈现 XML 文档必须在根元素之前添加一条“xml-stylesheet”处理指令，其形式如下所示：

```
<?xml-stylesheet href="CSS 样式表路径" type="text/css"?>
```

以下示例演示了使用“style.css”样式表呈现文档内容的 XML 代码。XML 部分代码如下：

```
<?xml version="1.0" encoding="GB2312"?>
<?xml-stylesheet href="style.css" type="text/css"?>
<!--上述处理指令指示浏览器使用“style.css”文件格式化这个 XML 文档的内容。-->

<book>
  <title>XML 与 CSS 示例</title>
  <author>abc</author>
  <body>
    <chapter>
        <paragraph><keyword>级联样式表</keyword>（Cascading Style Sheet，<abbr>CSS</abbr>），一般用于控制<keyword>HTML</keyword>和<keyword>XHTML</keyword>的排版格式，但也可以用于控制 XML 文档在浏览器上的显示效果。</paragraph>
    </chapter>
  </body>
</book>
```

XML 文档中的处理指令指示了 CSS 文件的路径，应将 CSS 文档保存到对应的路径上。style.css 文档的代码如下，其中“/*...*/”形式是 CSS 中的注释。

```
@charset "gb2312"; /* 指定样式表所用的编码字符集为“gb2312” */

/* 以下规则匹配“book”元素。注意区分元素大小写*/

book {
  border: 3pt double black;      /* 边框：3 磅粗、双线、黑色 */
  margin: 10pt;                  /* 在元素（边框）外四周留空：10 磅 */
  padding: 4pt;                  /* 在元素（边框）内四周留白：4 磅 */
}

/* 以下规则匹配“title”元素 */
title {
  text-align: center;            /* 文本居中显示 */
  font-size: 24pt;               /* 字体大小：24 磅 */
  font-weight: bold;             /* 粗体 */
  font-family: "华文细黑", "黑体", "宋体", serif;
    /* 字体：华文细黑、黑体、宋体、serif */
  color: #660033;                /* 颜色：深褐色 */
  background: transparent;       /* 背景：透明 */
}

/* 以下规则匹配“author”元素 */
author {
  visibility: hidden;            /* 元素的文本内容不可见，但保留所占的位置 */
}

/* 以下规则匹配“body”元素 */
body {
  color: black;
  background: #99CCFF;           /* 背景：浅蓝色 */
```

```
  padding: 4pt;                    /* 在元素（边框）内四周留白：4 磅 */
}

/* 以下规则匹配“chapter”元素 */
chapter {
  color: black;
  background: white;  /* 背景：白色 */
  border: 1pt dashed #000066;  /* 边框：1 磅、虚线、十六进制颜色代码#000066*/
  padding: 7pt 15pt 12pt 30pt;
    /* 在元素（边框）内四周留白：上方 7 磅、右方 15 磅、下方 12 磅、左方 30 磅 */
}

/* 以下规则匹配“paragraph”元素 */
paragraph {
  text-indent: 21pt;  /* 首行缩进：21 磅 */
  font-size: 10.5pt;  /* 字体大小：10.5 磅 */
  line-height: 160%;  /* 行距：160%（1.6 倍）*/
}

/* 以下规则匹配“keyword”元素 */
keyword {
  text-decoration: underline;  /* 文本装饰：下划线 */
}

/* 以下规则匹配“abbr”元素 */
abbr {
  font-style: italic;  /* 文本风格：斜体 */
}

/* 以下规则同时匹配 “book”、“title”等元素 */
book, title, author, body, chapter, paragraph {
  display: block   /* 这些元素显示为文本块，前后均换行 */
}
```

使用 Internet Explorer 打开该 XML 文件，效果如图 4.3 所示。

XML与CSS示例

级联样式表（Cascading Style Sheet，*CSS*），一般用于控制HTML和XHTML的排版格式，但也可以用于控制XML文档在浏览器上的显示效果。

图 4.3　CSS 格式化 XML 文档效果图一

第二种方式：

先使用 XSLT 将 XML 转换 HTML 文档，再使用 CSS 控制 HTML 文档的表现样式。CSS 控制 HTML 文档显示样式的方式多种多样，可以嵌入 HTML 文件中，也可以单独存为一个文件。以下介绍 3 种方式将 CSS 样式表加入网页，最接近目标的样式定义优先权越高，高优先权样式将继承低优先权样式的未重叠定义同时覆盖重叠的定义。

1. 链入外部样式表文件（Linking to a Style Sheet）

可以先建立外部样式表文件（.css），然后使用 HTML 的 link 对象。示例如下：

```
<head>
<title>title of article</title>
<link rel=stylesheet href="http://www.12345.com/123.css"
type="text/css"></head>
```

而在 XML 中，应该如下例所示在声明区中加入。

```
<? xml-stylesheet type="text/css" href="http://www.12345.com/123.css" ?>
```

2. 定义内部样式块对象（Embedding a Style Block）

可以在 HTML 文档的<html>和<body>标记之间插入一个<style>...</style>块对象。示例如下：

```
<html>
<style type="text/css">
<!–
body {font: 10pt "Arial"}
h1 {
font: 15pt/17pt "Arial";
font-weight: bold;
color: maroon
}
h2 {
font: 13pt/15pt "Arial";
font-weight: bold;
color: blue
}
p {
font: 10pt/12pt "Arial";
color: black
}
-->
</style>
<body>
```

注意

这里将 style 对象的 type 属性设置为"text/css"，是允许不支持这类型的浏览器忽略样式表单。

3. 内联定义（Inline Styles）

内联定义即是在对象的标记内使用对象的 style 属性定义适用其的样式表属性。示例如下：

```
<p style="margin-left: 0.5in; margin-right:0.5in">这一行被增加了左右的外补丁<p>
```

4.2 选择元素

在 XML 中，组成文档的单元是一个个的元素，CSS 也有类似的语法结构。CSS 的语法结构由 3 部分组成：选择符、属性和值，其基本结构如下：

```
selector {property: value}
```

其中，选择符（selector）通常是待定义或改变的对象；属性（property）是指选择元素的属性，如文字的字体、颜色、背景等；每个属性都有对应一个属性值（value）。CSS 通过属性与属性值来共同设定元素的显示样式。

属性名称是 CSS 的关键字，如 font-size（字体大小）、color（颜色）、background-color（背景色）等。属性用来指定被选择元素某一方面的特性，而属性值则用来指定被选择元素特性的具体特征。属性和值被冒号分开，并由花括号包围，这样就组成了一个完整的样式声明（declaration）。示例如下：

```
student {font-size: 22pt}
```

上面这行代码的作用是将 student 元素内的字体大小设置为 22pt。其中，body 是被选择元素，而包括在花括号内的部分是声明。声明依次由两部分构成：属性和值，font-size 为属性，22pt 为值。

选择符（selector）的类型有很多种，常用的有以下几类。

4.2.1 类型选择符（Type Selectors）

根据对象的类型、名称作为对象选择符。该类型符为最常见的选择符，其直接以元素、对象作为选择符。用下面的示例来说明：

```
title{
font-size:22pt;
width:110pt;
}
```

示例中，直接以 title 对象作为选择符，并设置 title 对象的 font-size 属性为 22pt，width 属性为 110pt。

4.2.2 通配选择符（Universal Selectors）

根据对象的相同属性作为对象选择符。选择文档目录树（DOM）中的所有类型的单一对象，用“*”加在被选择对象前以构成完整的选择符。用下面的示例来说明：

```
*[lang=fr]{
font-size:22pt;
width:150pt;
}
```

4.2.3 包含选择符（Descendant Selectors）

以包含/被包含关系作为对象选择符。假设 A 包含 B，则选择所有被 A 包含的 B 有如下语法结构：

```
A B{property:value;}
/*A 与 B 之间的关系是 A.contains(B)==true*/
```

A、B 之间用空格连接，示例如下：

```
table td{font-size:12pt;}
/*设置被 table 包含的所有 td 对象的字体大小为 12pt*/
```

4.2.4 子对象选择符（Child Selectors）

以继承关系作为对象选择符。假设 B 为 A 的子对象，选择 A 对象的所有 B 对象有如下语法结构：

```
A>B{property:value;}
/*A 与 B 之间的关系是 B 为 A 的子对象*/
```

A 与 B 之间用“>”连接，示例如下：

```
student>a{font-size:12pt;}
/*设置所有作为 student 的子对象的 a 对象字体大小为 12pt*/
```

4.2.5 相邻选择符（Adjacent Sibling Selectors）

以相对位置关系作为对象选择符。假设 A 与 B 在文档目录树（DOM）中有共同的父对象，且 A 对象在 B 对象之前，则选择紧跟对象 A 之后的对象 B 有如下语法结构：

```
A+B{property:value;}
/*A 与 B 之间的关系是 A、B 有共同的父对象，且 A 在 B 之前*/
```

A 与 B 之间用“+”连接，示例如下：

```
div+obj{font-size:12pt;}
/*设置所有紧贴在 div 对象之后的 obj 对象的字体尺寸为 12pt*/
```

4.2.6 ID 选择符（ID Selectors）

以对象在文档目录树（DOM）中的唯一标识符 ID 作为选择符。ID 选择符有如下语法结构：

```
#ID{property:value;}
```

对象 ID 前加上符号“#”，示例如下：

```
#note{
font-size:12pt;
width:150pt;
}
```

4.2.7 属性选择符（Property Selectors）

根据对象的属性作为选择符来选择对象。有以下 4 种情况。

1. 选择所有具有 attr 属性的对象 A

该选择符能选择所有具有 attr 属性的对象，其语法结构如下：

```
A[attr]{property:value;}
/*选择所有都具有 attr 属性的对象*/
```

用“[]”将对象与属性分开，示例如下：

```
obj[title]{color:blue;}
/*设置所有具有 title 属性的对象颜色为 blue*/
```

2. 选择所有具有 attr 属性且属性值等于 value 的对象 A

该选择符能选择所有具有 attr 属性且属性值为 value 的对象，其语法结构如下：

```
A[attr=value]{property:value;}
/*选择所有都具有 attr 属性且属性值为 value 的对象*/
```

示例如下：

```
obj[width=50pt]{width:120pt;}
/*设置所有具有 width 属性且 width 为 50pt 的对象的 width 属性值为 120pt*/
```

3. 选择所有具有 attr 属性且属性值为一用空格分隔的字词列表

该选择符能选择具有 attr 属性且属性值为一用空格分隔的字词列表，其中一个等于 value 的 A。这里的 value 不能包含空格，其语法结构如下：

```
A[attr~=value]{property:value;}
```

示例如下：

```
a[rel~="copyright"]{color:black;}
```

4．选择具有 attr 属性且属性值为一用连字符分隔的字词列表且其值由 value 开始的 A

该选择符能选择具有 attr 属性且属性值为一用连字符分隔的字词列表且列表由 value 开始的 A。其语法结构如下：

```
A[attr|=value]{property:value;}
```

4.2.8　类选择符（Class Selectors）

根据类关系作为选择符。选择所有 class 属性值等于（包含）"className" 的 A 对象，语法结构如下：

```
A.className{property:value;}
```

示例如下：

```
div.note{font-size:12pt;}
/*所有 class 属性值等于（包含）"note"的 div 对象字体尺寸为 12pt*/
```

4.2.9　其他选择方式

选择符还可指定多个元素、带有特定的 CLASS 或 ID 特性的元素以及与其他元素相关的出现在特定上下文中的元素，一般称为选择符分组（grouping）。在 CSS 1 中，无法做到选择带有特定特性名的元素或除预定义的 CLASS 和 ID 特性之外的值，为此，必须使用 CSS 2 或 XSL。如果想把一组属性应用于多个元素，可以用逗号将选择符中的所有元素分开。例如，Teacher 和 Student 都是被设定为 10 个像素页边距的块显示。于是，可把这两个规则按如下列方式组合起来：

```
Teacher,Student{
display: block;
margin-bottom: 10px
width:120pt;
}
```

4.3　属　　性

被选择的元素的 CSS 样式属性可能具有很多，通过设置这些属性值可以改变相应元素的显示方式。最常用的元素属性有字体属性、颜色属性、背景属性、文本属性、框属性等，在本节中将一一进行介绍。

4.3.1　字体属性

在 CSS 中，通过设置字体属性（font）的属性值来改变字体的显示方式。

注意　CSS 不支持中文作为元素名称。

在 CSS2 标准中，对多语言功能的支持是通过关键字"@charset"再加上需要使用的语言字符集名称实现的。例如，在 CSS 文件第一行加入语句：

```
@charset"gb2312";
```

这时，在这个 CSS 文件中就可以使用中文字体了。但需要注意的是，此时仍然不能用中文作为元素名称。

1. font 属性的子属性

字体（font）属性通常用来设置字体的字型、风格、字体、大小、拉伸等。font 属性的子属性如表 4.1 所示。

表 4.1　font 常见子属性表

font 子属性	说　明
font-style	设置字体风格
font-weight	设置字体亮度
font-family	设置字体字型
font-variant	设置英文字体全为大写
font-size	设置字体大小

字体属性的设置同一般的 CSS 语法设置，示例如下：

```
Title{
font-style:italic;
font-size:22pt;
font-family:"楷体_gb2312"
}
```

以上语句将 Title 元素的字体样式设置为斜体，字体大小设置为 22pt，字型设置为楷体。

2. font-style 子属性

font-style 属性用于设置字体的风格，如正斜体等。font-style 属性值如表 4.2 所示。

表 4.2　font-style 属性值表

font-style 属性值	说　明
normal	默认值，正体
italic	斜体显示
oblique	使用倾斜角度不大的斜体显示

3. font-weight 子属性

font-weight 子属性用于设置字体的粗体程度，常用的属性值有 bold 和 normal。也可以用数字来表示字体的粗体程度，示例如下：

```
Title{font-weight:bold}
Title{font-weight:700}
```

以上两个语句对元素 Title 设置的显示效果是相同的。

font-weight 属性值如表 4.3 所示。

表 4.3　font-weight 属性值表

font-weight 属性值	说　明
normal	标准字体，未加深色彩。为 font-weight 的默认值
bold	标准黑体显示
bolder	使用比标准黑体还要深的颜色显示

续表

font-weight 属性值	说　明
lighter	使用比标准黑体稍浅的颜色显示
700	标准黑体显示，效果同 bold
400	标准字体，效果同 normal
100	黑体效果最细

4. font-family 子属性

font-family 子属性用于指定字体的字型。当字型的名称出现空格的时候，必须用双引号将字型的名称括起来，例如“Times New Roma”。

font-family 的属性值可以有多个，当存在多个属性值的时候，属性值之间用逗号分开。当浏览器找不到设置的第一个字型的时候，就可以依次寻找下一个字型，直至找到存在字型并将选择的元素设置为该字型。示例如下：

```
Title{font-family:"宋体","黑体","华文新魏"}
```

font-family 属性可用的属性值取决于用户系统中已安装了的字体。用户已安装的字体保存在 Windows 安装目录下的 font 文件夹中。

5. font-variant 子属性

font-variant 属性用于设置英文字体打印时的大小写状态。font-variant 属性值如表 4.4 所示。

表 4.4　　font-variant 属性值表

font-variant 属性值	说　明
Normal	显示时大小写无变化。为 font-variant 的默认值
small-caps	显示时用大写字母代替小写字母

6. font-size 子属性

font-size 属性用来设置字体显示时的大小。其属性值的设置可以是相对值，也可以是绝对值。font-size 属性值如表 4.5 所示。

表 4.5　　font-size 属性值表

font-size 属性值	说　明
整数+pt	使用像素显示字体大小，整数表像素值
整数+%	设置选择字体大小为前一字体大小的百分数
medium	使用标准字体大小显示
large	使用比父元素大一号的字体
x-large	使用比 large 字体大 1.2 倍的字体
xx-large	使用比 x-large 字体大 1.2 倍的字体
small	使用比父元素小一号的字体
x-small	使用比 small 字体大 1.2 倍的字体
xx-small	使用比 x-small 字体大 1.2 倍的字体

用一个示例来说明字体属性的应用，代码如下：

```
@charset "gb2312";
```

```
content1{
display:block;
font-style:normal;
font-weight:normal;
font-family:隶书;
font-size:10pt;
}
content2{
display:block;
font-style:normal;
font-weight:bold;
font-family:宋体;
font-size:15pt;
}
content3{
display:block;
font-style:italic;
font-weight:bold;
font-family:仿宋;
font-size:20pt;
}
content4{
display:block;
font-style:italic;
font-weight:bolder;
font-family:华文新魏;
font-size:25pt;
}
```

代码运行结果如图 4.4 所示。

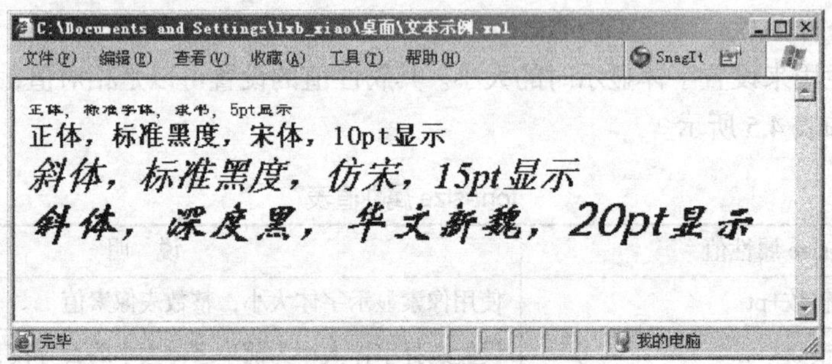

图 4.4　字体效果设置效果图

4.3.2　颜色属性

在 CSS 中，通过设置颜色属性（color）的属性值来改变元素显示的前景色。在颜色的表示中，通常有以下表示方式。

1. 名称表示法

用 red、green、blue 等颜色名称直接表示颜色属性（color）的属性值。

2. “#RGB” 表示法

符号 “#” 加上 3 位十六进制整数表示颜色属性（color）的属性值。其中，R、G、B 分别代表红、绿、蓝三原色。每个十六进制数值从 0~F 取值，数值越高代表色彩越浅。例如，“#FFF”代表白色，而“#000”代表黑色。

3. “#RRGGBB”表示法

符号“#”加上 6 位十六进制整数表示颜色属性（color）的属性值。其中，R、G、B 分别代表红、绿、蓝。每两位十六进制数值从 00 到 FF 取值。同样，数值越高代表色彩越浅。例如，“#FFFFFF”代表白色，而“#000000”代表黑色。

4. “RGB（RRR，GGG，BBB）”表示法

用 3 个 3 位整数表示 R、G、B 三原色的数值，每个 3 位数的取值范围从 000 ~ 255，数值越高代表色彩越浅。例如，RGB(255,255,255)代表白色，而 RGB(0,0,0)代表黑色。

5. “RGB（R%，G%，B%）”表示法

用 3 个百分数表示 R、G、B 三原色的数值，每个百分数的取值范围从 0% ~ 100%。同样，数值越高代表色彩越浅。例如，RGB(100%,100%,100%)代表白色，而 RGB(0%,0%,0%)代表黑色。

几种常用颜色对应的属性数值如表 4.6 所示。

表 4.6 常用颜色对应的属性数值表

颜　色	十进制 RGB	十六进制 RGB	百分数 RGB
黑　色	RGB（0,0,0）	#000000	RGB（0%,0%,0%）
白　色	RGB（255,255,255）	#FFFFFF	RGB（100%,100%,100%）
红　色	RGB（255,0,0）	#FF0000	RGB（100%,0%,0%）
蓝　色	RGB（0,0,255）	#0000FF	RGB（0%,0%,100%）
绿　色	RGB（0,255,0）	#00FF00	RGB（0%,100%,0%）
浅　灰	RGB（153,153,153）	#999999	RGB（60%,60%,60%）
浅　紫	RGB（255,204,255）	#FFCCFF	RGB（100%,80%,100%）
粉　红	RGB（255,204,204）	#FFCCCC	RGB（100%,80%,80%）
褐　色	RGB（153,102,51）	#996633	RGB（60%,40%,20%）
橙　色	RGB（255,204,0）	#FFCC00	RGB（100%,80%,0%）

color 属性的设置同其他属性设置一样，示例如下：

```
Title{color:red}
Title{color:"#F00"}
Title{color:rgb(255,0,0)}
Title{color:"#FF0000"}
Title{color:rgb(100%,0%,0%)}
```

以上 5 个语句的效果是相同的，都是将 Title 的前景色设置为红色，效果如图 4.5 所示。

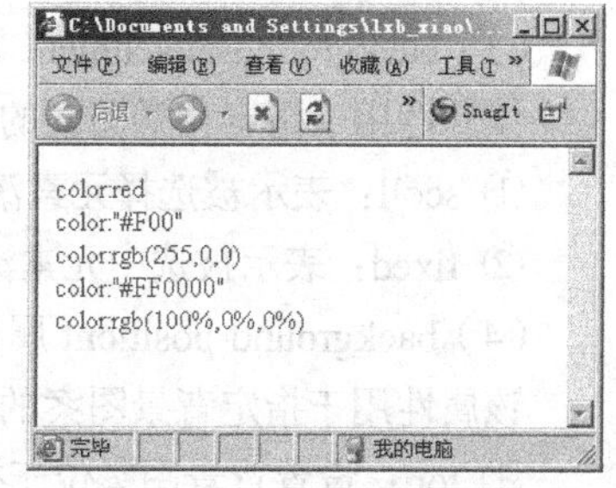

图 4.5 字体前景色设置效果图

值得注意的是，当用“#RGB”或“#RRGGBB”赋属性值的时候，要给属性值加上双引号。

4.3.3 背景属性

在 CSS 中，不仅可以通过颜色属性（color）改变元素显示的前景色，还可以改变元素的背景。改变元素的背景有两种设置：改变背景色和改变背景图案。

1. 设置背景色

设置元素背景色需要用到背景色属性（background-color）。背景色属性（background-color）的语法规则以及属性值设置同颜色属性（color），示例如下：

```
Title{background-color:red}
Title{background-color:"#F00"}
Title{background-color:rgb(255,0,0)}
Title{background-color:"#FF0000"}
Title{background-color:rgb(100%,0%,0%)}
```

以上 5 个语句的效果是相同的，都是将 Title 的背景色设置为红色。

2. 设置背景图案

设置背景图案需要用到 background-image、background-repeat、background-attachment、background-position 等几个属性。各个属性的具体说明如表 4.7 所示。

表 4.7　　背景图案属性设置说明表

背景图案设置属性	说　明
background-image	设置元素背景图案
background-repeat	当背景图案小于被选元素时，设置是否使用重复填充图案
background-attachment	设置背景图案在元素滚动时是否一起滚动
background-position	设置背景图案的起始位置

（1）background-image 属性

该属性用于定义背景图案，其默认取值为 none。当要指定图案时，将属性值设置为图案的 url 即可。当图像文件与 CSS 文件处于同一目录下时，可以直接将 background-image 属性值设置为文件名称。示例如下：

```
Title{background-image:img001.jpg}
```

以上语句将 Title 的背景图案设置为“img001.jpg”中的图案。该图案文件位于 CSS 文件同一目录下。

（2）background-repeat 属性

该属性用于指定背景图案的填充方式，其属性值有以下几种：

① repeat：设置背景图案完全填充被选择元素。

② repeat-x：设置背景图案在水平方向上从左到右填充被选择元素。

③ repeat-y：设置背景图案在垂直方向上从上到下填充被选择元素。

④ no-repeat：不重复显示图案，即不进行平铺。

（3）background-attachment 属性

该属性用于指定背景图案的填充方式，其属性值有以下两种：

① scoll：表示被选择元素滚动时，背景图案跟随滚动。

② fixed：表示被选中元素滚动时，背景图案固定不动。

（4）background-positiont 属性

该属性用于指定背景图案的位置，其属性值有以下几种：

① top：设置背景图案位于被指定图案的顶部。

② center：设置背景图案位于被指定图案的中部。

③ bottom：设置背景图案位于被指定图案的底部。

④ left：设置背景图案位于被指定图案的左部。

⑤ right：设置背景图案位于被指定图案的右部。

4.3.4 文本属性

文本属性包括字间距、行间距、首字符缩进、下划线等内容。常用文本外观属性如表 4.8 所示。

表 4.8 文本外观属性表

文本外观属性	说明	
word-spacing	设置字符间距	
vertical—align	设置选择元素的垂直对齐方式	
text-align	left	文本左对齐
	right	文本右对齐
	center	文本居中
	justify	文本两端对齐
text-indent	设置第一行的缩进距离	
inline-height	设置连续行间距	
text-transform	capitalize	首字母大写
	uppercase	所有字母都大写
	lowercase	所有字母都小写
text-decoration	overline	有上划线
	line-through	有穿过文本的删除线
	underline	有下划线
	blink	使文字闪烁
	none	没有任何划线

示例如下：

```
Title{word-spacing:-2pt}
```

表示将 Title 的字符间距减少两磅显示。

```
Title{text-indent:2em}
```

表示将 Title 的第一行缩进两个字的长度显示。

4.3.5 框属性

CSS 提供丰富的边框设置功能。总体来说，包括边框属性设置、边框大小设置、边框填充设置、边框定位设置和页边距属性设置。

1. 边框属性设置

边框属性设置包括边框样式属性（border-style）、边框颜色属性（border-color）、框线宽度属性（border-width）等的设置。

（1）边框样式属性（border-style）

该属性用于设置边框的样式，其属性值如表 4.9 所示。

表 4.9　　　　边框样式属性值表

背景图案设置属性	说　明
none	不显示边框、默认值
dotted	点线显示边框
dashed	虚线显示边框
solid	实线显示边框
double	双线显示边框
groove	3D 陷入线显示边框
ridge	3D 山脊状线显示边框
inset	沉入感显示边框
outset	浮出感显示边框

边框样式属性（border-style）的语法规则和前面基本相同。示例如下：

```
Table1{border-style:solid}
```

该语句表示用实现作边框显示 Table1 元素。

值得注意的是，当边框样式属性（border-style）连续出现 4 个属性值的时候，表示对被选择元素的 4 条边框设置不同的样式。示例如下：

```
Table2{border-style:solid,dashed,dotted,double}
```

该语句表示，Table2 元素的边框从顶部开始，沿顺时针方向（顶部、右部、底部、左部）的边框分别被设置为实线、虚线、点线和双线。

（2）边框颜色属性（border-color）

该属性用于设置边框的颜色。默认时，边框的颜色与元素的颜色相同。

该属性的属性值可以用颜色名称表示（如 red、blue、green），也可以用 RGB 值表示（如 RGB（255,225,204））。

同前面一样，值得注意的是，当边框颜色属性（border-color）连续出现 4 个属性值的时候，表示对被选择元素的 4 条边框设置不同的颜色。示例如下：

```
Table3{border-color:red blue green yellow}
```

该语句表示，Table3 元素的边框从顶部开始，沿顺时针方向（顶部、右部、底部、左部）的边框分别被设置为红色、蓝色、绿色和黄色。

（3）框线宽度属性（border-width）

该属性用于设置框线的宽度，其各属性值说明如表 4.10 所示。

表 4.10　　　　框线宽度属性值说明表

框线宽度（border-width）属性值	说　明
thin	细线边框
medium	中等边框
thick	粗线边框

除表 4.10 中所示的 3 种属性值外，还可以指定框线宽度。示例如下：

```
Table4{border-width:16pt}
```

该语句表示以 16pt 粗细显示边框。

同理，当框线宽度属性（border-width）连续出现 4 个属性值的时候，表示对被选择元素的 4

条边框设置不同的框线宽度。示例如下：

```
Table5{border-width:thin 2pt thick 3pt}
```

该语句表示，Table5 元素的边框从顶部开始，沿顺时针方向（顶部、右部、底部、左部）的框线宽度分别被设置为细线边框、2pt 边框、粗线边框和 3pt 边框。

2. 边框大小设置

边框大小属性包括边框的宽度（width）和高度（height）属性，其属性值有 3 种类型：

（1）auto：表示边框宽度/高度根据被选择元素的大小自动调整。

（2）指定大小：设置边框宽度/高度为指定大小。

（3）百分比：设置边框宽度/高度为父元素的百分比。

3. 边框填充设置

边框填充的作用是在元素与边框之间设置过渡，使边框的设置变得更加美观。边框填充设置包括顶部填充（padding-top）、底部填充（padding-bottom）、左部填充（padding-left）和右部填充（padding-right）4 个属性。示例如下：

```
Table6{
border-style:solid
border-width:2pt
border-color:green
padding-top:1em
padding-bottom:1em
padding-left:50%
padding-right:50%
}
```

以上语句表示在被选择元素（Table6）的内容区域与边框之间添加填充。其中，元素与顶部、底部边框之间添加宽度为元素宽度一倍的填充，元素与左部、右部边框之间添加宽度为元素宽度 50%的填充。当顶部、底部、左部、右部 4 个属性值取值相同时，可以用 padding 属性直接代替。例如，当顶、底、左、右填充均为 1em 时，上例可写为

```
Table7{
border-style:solid
border-width:18pt
border-color:green
padding:1em
}
```

4. 边框定位设置

在边框位置设置中，主要是设置相邻的元素的位置。CSS 提供 float 和 clear 两个属性来设置文本、浮动元素相对于被选择元素的位置。边框相对位置属性值说明如表 4.11 所示。

表 4.11　　边框相对位置属性值说明表

属　性	属 性 值	说　明
float	left	表示下一个文本位于被选元素的右边
	right	表示下一个文本位于被选元素的左边
	none	默认值，表示下一个文本紧接着显示
clear	left	表示不允许被选择元素左边有浮动对象
	right	表示不允许被选择元素右边有浮动对象
	both	表示不允许被选择元素上有浮动对象
	none	表示允许被选择元素两边都可以有浮动对象

5. 页边距属性设置

页边距属性用于设置对象的外延边距。页边距属性包括 margin、margin-top、margin-bottom、margin-right 和 margin-left 5 个属性。页边距属性说明如表 4.12 所示。

表 4.12　　页边距属性说明表

背景图案设置属性	说　明
margin	快速检索或设置对象四边的外延边距
margin-top	检索或设置对象顶边的外延边距
margin-bottom	检索或设置对象底边的外延边距
margin-right	检索或设置对象右边的外延边距
margin-left	检索或设置对象左边的外延边距

各页边距可使用绝对长度或父元素宽度大小的百分数来表示，示例如下：

```
Table8{
margin-top:3em
margin-bottom:3em}
```

以上语句设置 Table8 的顶部页边距、底部页边距分别为被选元素宽度的 3 倍。而

```
Table9{
margin-top:80%
margin-bottom:80%}
```

表示 Table9 的顶部页边距、底部页边距分别为其父元素顶部页边距和底部页边距的 50%。

同理，也可简略使用 margin 属性，示例如下：

```
Table10{
margin-top:1em
margin-bottom:1em
margin-left:1em
margin-right:1em
}
```

代码还可简写为：

```
Table10{margin:1em}
```

4.4　CSS 的书写规范

CSS 的基本语法结构在前面已经介绍过，它的基本语句由选择符、属性和属性值 3 部分构成，其基本结构如下：

```
selector {property: value}
```

属性和值被冒号分开，并由花括号包围，这样就组成了一个完整的样式声明（declaration）。CSS 文件就是由一个个的样式声明组成的。

如果一个元素有多种属性，其设置依照以下语法规则：

```
selector{
property_1:value_1;
property_2:value_2;
… … … …
property_n:value_n
```

```
}
```

其中，多重属性之间用分号隔开，属性与属性值之间用冒号连接。示例如下：

```
Title {text-align:center;color:red;}
```

Title 为被选择的元素，其文本对齐属性（text-align）被设置为居中（center）；颜色（color）属性被设置为红色（red）。

注意 可以在 CSS 样式单中包含注释。CSS 注解类似于 C 语言的/**/注释，而不像 XML 和 HTML 的<!-->注释。

可以通过以下的示例来说明 CSS 的书写规范。

```
@charset "gb2312";
/*使该 CSS 文件能使用中文*/
obj1{
/*选择元素 obj1*/
display:block;
/*使元素块状显示*/
font-family:宋体;
/*设置 obj1 的字型为宋体*/
font-size: 15pt;
/*设置 obj1 的字号为 15pt*/
letter-spacing:10pt;
/*设置 obj1 的字符间隔为 10pt*/
text-align:left;
/*设置 obj1 的对齐方式为左对齐*/
border-style:solid;
/*设置 obj1 的边框线型为实线*/
border-color:black;
/*设置 obj1 的边框颜色为黑色*/
border-width:3pt 0pt 1.5pt 0pt;
/*设置 obj1 的框线宽度分别为：3pt、0pt、1.5pt、0pt*/
width:200pt;
/*设置 obj1 的边框宽度为 200pt*/
height:15pt;
/*设置 obj1 的边框高度为 15pt*/
margin-left:5em;
/*设置 obj1 的边框左页边距为文本宽度的 5 倍*/
}
```

由以上代码可以看出，CSS 的语法结构其实十分简单，只要严格依照语法规则，一般熟悉 HTML 的程序员都能轻松掌握 CSS。

4.5 XML 与 CSS 的综合运用

XML 能够方便地以树状结构存储数据，CSS 在样式定义上又极具优势，当两者相遇，使很多问题都迎刃而解，而且 CSS 与 XML 结合的确比与 HTML 结合得更好，因为 HTML 承担着 CSS 标志和 HTML 标志之间向后兼容的任务。例如，要正确地支持 CSS 的 NOWRAP 属性，就要求废除 HTML 中非标准的但又是经常使用的 NOWRAP 元素。由于 XML 元素没有任何预定义的格式规定，所以不会限制何种 CSS 样式只能用于何种元素，可以用一个简单的例子来说明 XML 和 CSS 的综合运用。

首先编写一个 XML 文档，存储学生考试信息，命名为 student.xml。具体如下：

```
<?xml version="1.0" encoding="gb2312"?>
<?xml:stylesheet type="text/css" href="student.css"?>
<student>
<name>姓名：张三</name>
<sex>性别：男</sex>
<age>年龄：18</age>
<math>数学：66</math>
<chinese>语文：85</chinese>
<english>英语：73</english>
<chemistry>化学：91</chemistry>
<name>姓名：李四</name>
<sex>性别：男</sex>
<age>年龄：17</age>
<math>数学：88</math>
<chinese>语文：98</chinese>
<english>英语：78</english>
<chemistry>化学：80</chemistry>
</student>
```

其中，通过以下语句：

```
<?XML:stylesheet type="text/css" href="student.css"?>
```

来指定对应的 CSS 级联表——student.css。

接下来定义 CSS 表：

```
@charset "gb2312";

name{
display:block;
font-family:宋体;
font-size: 10pt;
letter-spacing:10pt;
text-align:left;
border-style:solid;
border-color:black;
border-width:2pt 0pt 0.5pt 0pt;
width:200pt;
height:5pt;
margin-left:5em;
}
sex{
display:block;
font-family:宋体;
font-size: 10pt;
letter-spacing:10pt;
text-align:left;
border-style:solid;
```

```
border-color:black;
border-width:0.5pt 0pt 0.5pt 0pt;
width:200pt;
height:5pt;
margin-left:5em;
}
age{
display:block;
font-family:宋体;
font-size: 10pt;
letter-spacing:10pt;
text-align:left;
border-style:solid;
border-color:black;
border-width:0.5pt 0pt 0.5pt 0pt;
width:200pt;
height:5pt;
margin-left:5em;
}
math{
display:block;
font-family:宋体;
font-size: 10pt;
letter-spacing:10pt;
text-align:left;
border-style:solid;
border-color:black;
border-width:0.5pt 0pt 0.5pt 0pt;
width:200pt;
height:5pt;
margin-left:5em;
}
chinese{
display:block;
font-family:宋体;
font-size: 10pt;
letter-spacing:10pt;
text-align:left;
border-style:solid;
border-color:black;
border-width:0.5pt 0pt 0.5pt 0pt;
width:200pt;
height:5pt;
margin-left:5em;
}
english{
display:block;
font-family:宋体;
font-size: 10pt;
letter-spacing:10pt;
text-align:left;
border-style:solid;
border-color:black;
border-width:0.5pt 0pt 0.5pt 0pt;
width:200pt;
```

```
height:5pt;
margin-left:5em;
}
chemistry{
display:block;
font-family:宋体;
font-size: 10pt;
letter-spacing:10pt;
text-align:left;
border-style:solid;
border-color:black;
border-width:0.5pt 0pt 2pt 0pt;
width:200pt;
height:5pt;
margin-left:5em;
}
```

示例效果如图 4.6 所示。

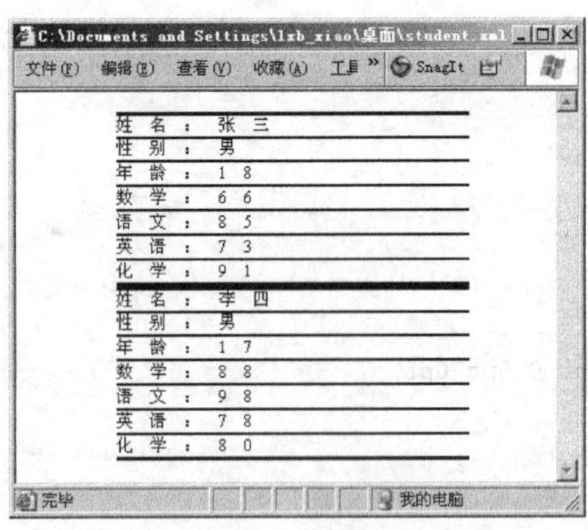

图 4.6　示例效果图

小　　结

本章从 CSS 的概念、历史发展、编写环境、功能简介等基础知识入手，先让读者对 CSS 的产生和功能有一个总体的了解。紧接着介绍了 CSS 的基本结构、语法特点以及书写规范。最后，通过一个完整的示例展现了如何进行 XML 与 CSS 的综合运用。通过本章学习，读者应该了解以下内容：

（1）鉴于 CSS 在样式设计方面的强大功能，CSS 是增强页面效果的重要手段。特别在中文页面的文档格式中，样式更是影响整个版面效果的关键因素。

（2）XML 与 CSS 相结合，可以真正实现数据与显示形式相分离。但同时，使用 CSS 呈现 XML 文档有很大的局限性，具体表现在 CSS 不能进行“智能”的显示。

（3）如果需要智能化一点的 XML 文档呈现、处理机制，应该使用 XSLT。在更多的场合下，先使用 XSLT 将 XML 转换成 HTML 或 XHTML，然后用 CSS 控制 HTML 和 XHTML 的呈现布局是一种较理想的选择。

习　题

1．CSS 的基本语法结构包括________、________和________ 3 个部分。

2．选择文档目录树（DOM）中的所有类型的单一对象时，用________加在被选择对象前以构成完整的选择符。

3．使用属性选择符时以下使用方法合法的是________。

A．A[attr]{property:value;}　　　　B．A[attr=value]{property:value;}

C．A[attr~=value]{property:value;}　　D．A[attr|=value]{property:value;}

4．以下颜色设置中________表示红色。

A．RGB（255,0,0）　　　　B．#FF0000

C．RGB（100%,0%,0%）　　D．#FFF

5．在进行颜色属性设置时，都有哪几种表示颜色的方式？

6．使用 CSS 显示 XML 数据有哪些特点？

上 机 指 导

CSS 的语法规则以及如何将 CSS 与 XML 相结合是本章学习内容的重点。本节将通过上机操作，巩固本章所学的知识点。

实验一：美化导航条

实验内容

使用 CSS 使美化导航条。

实验目的

熟悉使用 CSS 设置 HTML 文档的显示样式。

实现思路

在 4.1.2 小节中用一个简单的示例讲述了如何使用 CSS 来美化导航条。为了巩固对 CSS 基本结构的认识，下面给出了一个新的导航条，原始效果如图 4.7 所示。

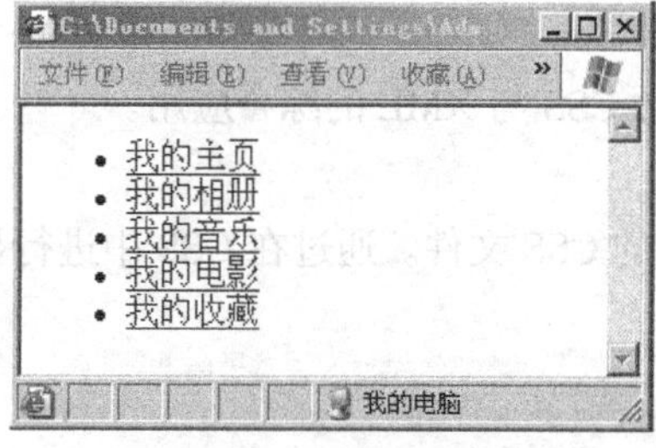

图 4.7　原始导航条效果图

原始 html 代码如下所示：

```
<ul>
```

```
<li><a href="#">我的主页</a></li>
<li><a href="#">我的相册</a></li>
<li><a href="#">我的音乐</a></li>
<li><a href="#">我的电影</a></li>
<li><a href="#">我的收藏</a></li>
</ul>
```

要求采用 CSS 对原始导航条进行美化，美化后的效果如图 4.8 所示。

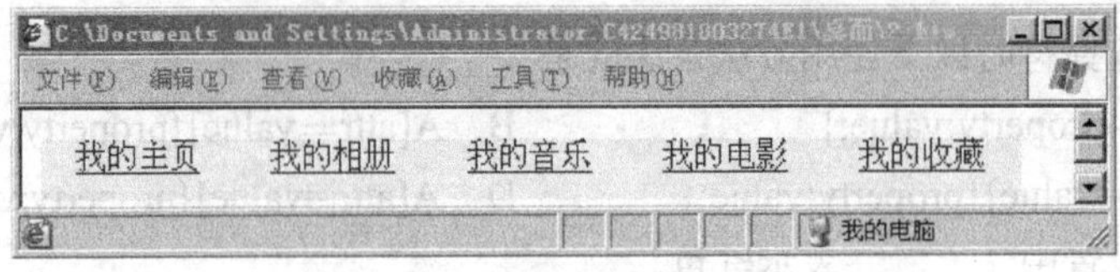

图 4.8　美化导航条效果图

实验二：字体属性设置

实验内容

使用 CSS 进行字体属性设置。

实验目的

熟悉 CSS 的基本语法。

实现思路

在 4.3.1 小节中用一个简单的示例讲述了如何使用 CSS 来进行字体属性设置。下面是李白的《送孟浩然之广陵》，每一句后面给出了显示要求：

```
送孟浩然之广陵      /*宋体，加粗，50pt，蓝色*/
    李白            /*宋体，10pt，黑色*/
故人西辞黄鹤楼，    /*黑体，20pt，蓝色*/
烟花三月下扬州。    /*仿宋，斜体，30pt，红色*/
孤帆远影碧空尽，    /*宋体，35pt，黄色*/
唯见长江天际流。    /*华文新魏，斜体，加粗，50pt，黑色*/
```

实验三：XML 与 CSS 综合设置

实验内容

使用 CSS 显示 XML 内容。

实验目的

掌握 CSS 的基本用法，熟悉 CSS 与 XML 的综合应用。

实现思路

建立 XML 文档，编写对应的 CSS 文件。通过在 CSS 中进行显示设置，正确显示出 XML 中的内容。

XML 内容如下：

```
<书名>红楼梦</书名>
  <别名>别名：石头记</别名>
  <作者>
```

作者：曹雪芹，名沾，字梦阮。

</作者>

<创作时间>创作时间：清代初年</创作时间>

<故事简介>

<主要内容>

主要内容：以贾、史、王、薛四大家族为背景，以贾宝玉、林黛玉的爱情悲剧为主要线索，描写了贾家荣、宁两府由盛而衰的过程。

</主要内容>

<主要人物>

主要人物：贾宝玉、林黛玉、薛宝钗、史湘云、贾迎春、贾探春、贾惜春、妙玉、晴雯、王熙凤、袭人、香菱等

</主要人物>

</故事简介>

</红楼梦>

编写对应的 CSS 文件，以达到如图 4.9 所示的显示效果。

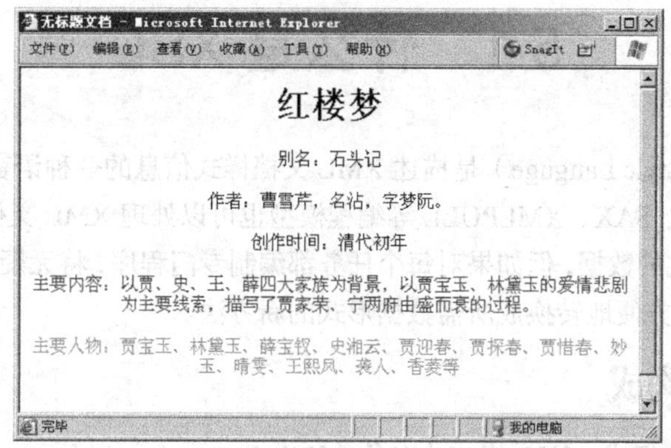

图 4.9　CSS 与 XML 综合运用效果图

第5章 可扩展样式表语言转换（XSLT）

可扩展样式表语言转换（XSLT）是 XML 最重要的应用技术之一。它的主要作用是抽取 XML 文档中的信息并将其转换成其他格式的数据。引入 XSL 转换的目的，是为了提供将 XML 文档方便地转换成所需数据形式的途径。

5.1 什么是 XSL

XSL（eXtensible Style Languge）是描述 XML 文档样式信息的一种语言，由 W3C 于 1999 年制定。虽然使用 DOM、SAX、XMLPULL 等编程模型也可以处理 XML 文档，将其中的信息抽取出来并转换成其他格式的数据，但如果对每个任务都编制专门程序，将无疑是低效而枯燥的。XSL 则提供了将 XML 文档方便地转换成所需数据形式的新方法。

5.1.1 XSL 构成

XSL 技术由 3 部分组成：XSL 格式化对象（XSL Formatting Objects，XSL-FO，简称 FO）、XSL 转换（XSL Transformations，XSLT）和 XML 路径（XPath）。

1. 格式化对象（FO）

格式化对象用于定义如何显示数据。它提供了另一种方式来格式化显示 XML 文档，以及把样式应用到 XML 文档中。格式化对象定义转换后文件中的各个对象的语义和显示方式。目前该技术主要用于转换生成 PDF 文档，最终用于打印出版。

2. XSL 转换（XSLT）

XSL 转换用于将 XML 数据转换成其他形式。它定义如何将一个 XML 文档转换为其他的可供显示或打印的文件格式。最广泛的应用是将 XSL 转换成 HTML 网页，此外，XSL-FO 文档通常也是用 XSL 转换生成的。

3. XPath 技术

该项技术开始为定位 XML 文档的数据而设计。近年来，XPath 还被用于 XML 查询（XQuery）。

因为 XPath 和 XSLT 的语法规则基本相同，且 XPath 的许多功能就是为 XSLT 服务的，因此，有很多人将 XPath 作为 XSLT 的一个重要部分进行讲述。

XML 具有重要的意义并不在于它容易被人们书写和阅读，主要是因为它从根本上解决了应用系统间的信息交换。XSL 的意义就在于，它可以将 XML 的这种优点发挥到极致。为了使数据适合不同的应用程序，必须能够将一种数据格式转换为另一种数据格式，这些都是 XSL 所能够办到的。例如，为了使数据便于人们的阅读和理解，需要将信息显示或者打印出来，例如，将数据变成一个 HTML 文件、一个 PDF 文件。

5.1.2　树形结构

通过前面的几章可以知道，XML 从某种意义上来说就是一个层状数据库，具有树形结构。树形结构是一种数据结构，是总线形的延伸，它是一个分层分支的结构。

树形结构是由连接起来的节点（node）组成的，这些节点起始于一个称为根节点（root）的单节点。根节点连接它的子节点，每个子节点可以连接一个或多个它自己的子节点，也可以不连接任何节点，没有自己的子节点的节点称为叶节点（leave）。3 层树形结构如图 5.1 所示。

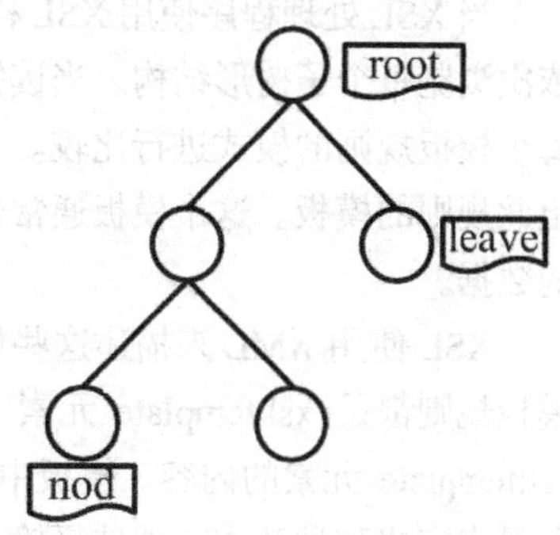

图 5.1　3 层树形结构图

树形结构的图表更像家谱，列出各个先辈的后代。树形结构最大的特征就是每个节点及其子节点也会形成树形结构，一个树形结构就是所有树形结构的分级结构，在此分级结构中，各树形结构都是由更小的树形结构建立的。

XML 树形结构的节点就是元素及元素的内容。但是，对于 XSL，特性、命名域（namespace）、处理指令以及注释必须也作为节点看待。而且文档的根节点必须与根（基本）元素区别开来，因此，XSL 处理程序假定 XML 树形结构包含下面 7 类节点：根节点、元素、文本、特性、命名域、处理指令和注释。

在特殊情况下，许多节点可以是除元素之外的任何内容。节点可为文本、特性、注释和处理指令。与 CSS 1 不同，XSL 不限于只和全部元素一起使用，它还能够根据注释、特性、处理指令等设计 XML 的样式。

XSL 变换语言通过将 XML 树形结构变换成另一个 XML 树形结构来操作。这种语言含有操作符，此操作符用来从树形结构中选择特定节点、对节点重新排序以及输出节点。如果有一个节点是元素节点，那么它本身可能就是整个树形结构。所有的用于输入和输出的操作符都只能操作一个树形结构。

输入时，XSL 变换接受以 XML 文档表示的树形结构；输出时，XSL 产生以 XML 文档来表示的新的树形结构，因此，XSL 变换部分也称为树形结构建立部分。输入和输出的内容必须是 XML 文档。不能使用 XSL 来变换成非 XML 格式（如 PDF、TeX、Microsoft Word、PostScript、MIDI 或其他）或从非 XML 格式进行变换。可使用 XSL 将 XML 变换为一中间格式（如 TeXML），然后使用另外的非 XSL 软件来将这个中间格式变换成期望的格式。HTML 和 SGML 都是介乎于两者之间的情况，因为它们非常接近于 XML。可使用 XSL 将符合 XML 的结构完整性规则的 HTML 和 SGML 文档变换成 XML。

但是，XSL 不能处理在大多数 Web 站点上和文档生成系统中遇到的各种各样非结构整洁的 HTML 和 SGML 文档。要牢记的首要问题是，XSL 变换语言对于 XML 到 XML 的变换是可行的，但对于其他方面则不行。

5.1.3　XSL 样式单文档

XSL 样式单文档是指使用 XSL 规则编写的文档，其作用是将一组元素描述的 XML 数据转换为另一组元素描述的文档，或者是将该数据转换为一种自定义的文本格式。

XSL 把 XML 文档转换为完全不同的输出，这样可以把数据内容存储在 XML 文档中，然后通过各种媒体将其输出到各种介质中，如无线电、打印、语音等格式。当数据发生变化时，只需要修改源 XML 文档，不需要在多处重复相同的修改工作。

XSL 样式单文档包含一组模板规则和其他规则。模板规则拥有模式（pattern）以及模板（template），模式用来指定模板规则所适用的树形结构，而模板是用来在与此模式匹配时进行输出。

当 XSL 处理程序使用 XSL 样式单来格式化 XML 文档时，它对 XML 文档树形结构进行扫描，依次浏览每个子树形结构。当读完 XML 文档中的每个树形结构时，处理程序就把它与样式单中每个模板规则的模式进行比较。当处理程序找到与模板规则的模式相匹配的树形结构时，它就输出此规则的模板。这个模板通常包括一些标记、新的数据和从原 XML 文档的树形结构中复制来的数据。

XSL 使用 XML 来描述这些规则、模板和模式。XSL 文档本身也是 xsl:stylesheet 元素。每个模板规则都是 xsl:template 元素。规则的模式是 xsl:template 元素的 match 特性值。输出模板是 xsl:template 元素的内容。模板中所有的指令都是由一个或另一个 XSL 元素来完成的，而这些指令是来完成某种动作，如选择输入树形结构中要包括在输出树形结构的部分。这些由元素名上的 xsl:前缀来标识。没有 xsl:前缀的元素为结果树部分。

下面是一个具有两个模板规则的学生信息库 XSL 样式单示例。

```
<?xml version="1.0"?>
<xsl:stylesheet
  xmlns:xsl="http://www.w3.org/1999/XSL/Transform">
<!以下是特性值为 Student 的模板规则!>
<xsl:template match="Student">
<html>
<xsl:apply-templates/>
</html>
</xsl:template>
<!以下是特性值为 Name 的模板规则!>
<xsl:template match="Name">
<P>
<xsl:apply templates/>
</P>
</xsl:template>
</xsl:stylesheet>
```

5.1.4 在何处进行 XML 变换

样式与内容相分离是 XML 最重要的特点，因此，要想以各种不同的样式显示 XML 文档的内容就必须对 XML 的内容进行变换。对 XML 进行变换其实质就是抽取 XML 文档所包含的“内容”，再转变为需要显示的“样式”。

XSLT 是一种标记语言，表示如何将 XML 文档的内容转换成另一种形式的文档。XSLT 同时也是 XML 文档，遵循 XML 文档语法规则。要执行 XSLT，一般必须有 3 个要素：XML 文档、XSLT 文档以及 XSLT 处理器。XSLT 处理器将 XML 源文档转换成输出文档，输出文档可以是 XML 文档，也可以是其他类型，处理过程如图 5.2 所示。

在转换过程中，XSLT 处理器处于轴心位置，其接受 XML 文档和 XSL 文档作为输入，分别为其构造 XML 树模型和样式表树模型，处理器受样式表树模型中的模板（Template）驱动，匹配 XML

树模型中的相关数据。XSL 模板内容控制处理器处理所匹配的 XML 数据，生成结果树（Result tree）。

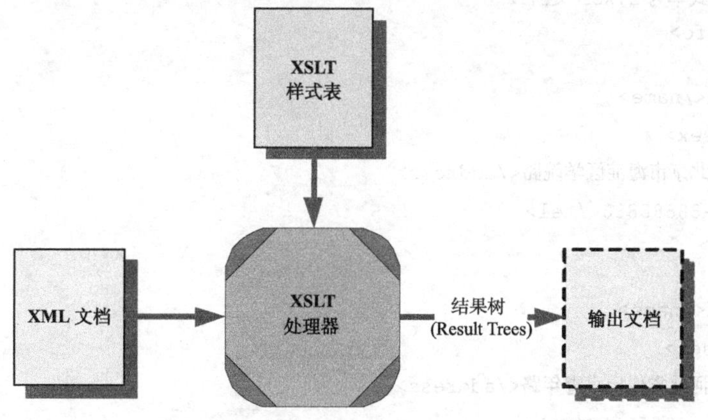

图 5.2　XSLT 处理过程

使用 XSL 显示 XML 的基本思想是通过定义模板将 XML 源文件转换为带样式信息的可浏览文件，模板可以是 HTML 格式、带 CSS 的 XML 格式及 FO 格式。XSLT 允许人们以多种形式重用 XML 数据。XML 数据只需编写一次，就可以生成各种文档，用于不同的场合，如图 5.3 所示。

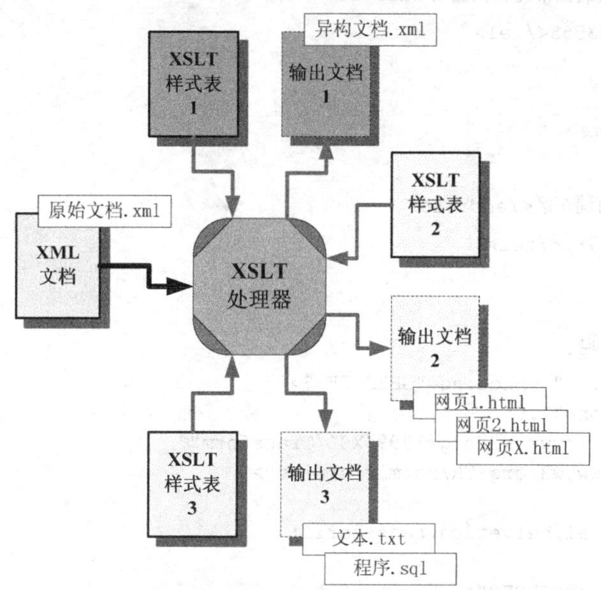

图 5.3　用 XSLT 从同一份 XML 文档输出各种文档

5.2　创建一个 XSL 实例

5.2.1　源代码及显示效果

有了以上对 XSL 的认识，下面将创建一个简单的 XSL 实例来进行说明。

XML 原代码如下：

```
<?xml version="1.0" encoding="GB2312" ?>
```

```
<?xml-stylesheet type="text/xsl" href="2.xsl"?>
<!声明 XSL 样式单为 2.xsl 文档!>
<student_info>
<student>
  <name>李四</name>
  <sex>男</sex>
  <address>北京市海淀区学院路</address>
  <tel>010-88888888</tel>
  </student>
<student>
  <name>张三</name>
  <sex>男</sex>
  <address>河北省保定市青年路</address>
  <tel>0312-7566666</tel>
  </student>
<student>
  <name>王五</name>
  <sex>女</sex>
  <address>河北省唐山市北新西路</address>
  <tel>0315-3333555</tel>
  </student>
<student>
  <name>赵六</name>
  <sex>女</sex>
  <address>上海市浦东区</address>
  <tel>020-2299766</tel>
  </student>
</student_info>
```

下面是 XSL 源代码：

```
<?xml version="1.0" encoding="GB2312" ?>
<html xsl:version="1.0"
xmlns:xsl="http://www.w3.org/1999/XSL/Transform"
xmlns="http://www.w3.org/TR/xhtml1/strict">
<body style=
"font-family:Arial,helvetica,sans-serif;
font-size:12pt;
background-color:#EEEEEE">
<xsl:for-each select="student_info/student">
<div style="background-color:teal;color:white;padding:4px">
<span style="font-weight:bold;color:white">
  <xsl:value-of select="name"/>
</span>
  -
<xsl:value-of select="sex"/>
</div>
- <div style="margin-left:20px;margin-bottom:1em;font-size:10pt">
  <xsl:value-of select="address" />
- <span style="font-style:italic">
  (
  <xsl:value-of select="tel" />
  )
```

```
    </span>
  </div>
  </xsl:for-each>
  </body>
  </html>
```

其显示的效果如图 5.4 所示。

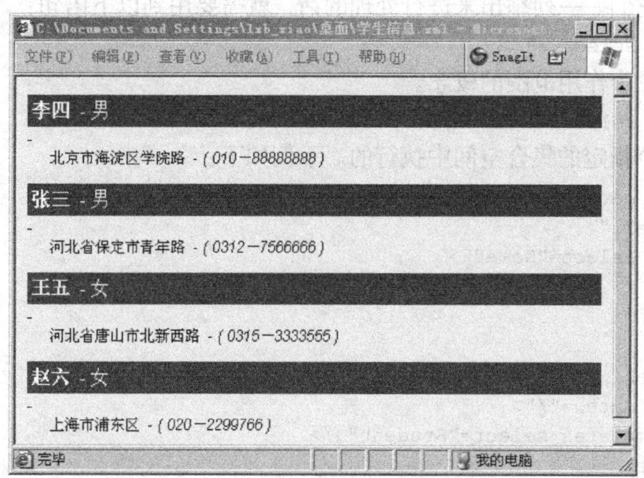

图 5.4　学生信息效果图

5.2.2　各部分详解

（1）XML 部分

在 XML 中使用如下语句声明 XSL 样式单：

```
<?xml-stylesheet type="text/xsl" href="2.xsl"?>
```

该语句表示使用的 XSL 样式单为“2.xsl”文件。

（2）XSL 部分

首先注意到的是，XSL 文件本身就是一份 XML 文档，因此在 XSL 文件的开头，一样有与 XML 文档相同的声明。W3C 为 XSL 定义了很多标记（元素），XSL 文件就是这些标记和 HTML 标记的组合。在 XSL 文件中，必须有如下一行的代码：

```
<xsl:stylesheet xmlns:xsl="http://www.w3.org/1999/XSL/Transform">
```

其中，xsl:stylesheet 是 XSL 文件的根元素，在根元素中包含了所有的排版样式，样式表就是由这些排版样式组合成的：

```
xmlns:xsl="http://www.w3.org/1999/XSL/Transform"
```

这部分主要用来说明该 XSL 样式表是使用 W3C 所制定的 XSL 规范，设定值就是 XSL 规范所在的 URL 地址。“http://www.w3.org/TR/WD-xsl”就是一个标准的命名空间。而 stylesheet、template、for-each 等关键字都是这个名称空间所定义的。然后，在示例的代码中看到有如下的代码：

```
<xsl:template match="/">
…
</xsl:template>
```

这实际上是表示了 XSL 解析器对 XML 文档的处理过程，它从根节点(由 match="/"决定，“/”就表示根节点)开始，对 XML 文档进行遍历，并根据具体的代码从 XML 文档中提取相关的内容。下面语句<xsl:template match="具体匹配表达式">找到了一些节点集合以后，就要从这个集合中找到特定的元素或者元素属性的值，那么采用什么语句呢？其使用方法如下：

```
<xsl:value-of select = "">
```

这样的语句用来寻找特定的内容。示例如下：

```
<xsl:value-of select="Name">
```

这行代码就是表示定位 XML 文档中的名称元素的内容。在指定集合中可能存在多个 Name 元素，如果需要把它们一一列举出来进行处理的话，就需要用到以下语句：

```
<xsl:for-each select ="">
```

注意这里涉及一个作用范围的概念。

```
<xsl:for-each select = "">
```

该语句是在一个指定的集合空间中执行的。示例如下：

```
<xsl:template match="Student">
<table Border="1">
<xsl:for-each select="Name" >
…
</xsl:for-each>
</table>
</xsl:template>
<xsl:template match="/">
<xsl:apply-templates select="Student" />
</xsl:template>
```

这里的<xsl:for-each select="Name">是在<xsl:template match="Student">所指定的集合空间里面寻找元素“Name”。同时，需要注意的是上面的代码中，出现了如下这样一条语句：

```
<xsl:apply-templates select="Student " />
```

相当于 C++中的一个过程调用，当 XSL 解析器执行到该语句的时候，它就会在代码中寻找以<xsl:template match="Student">开头的代码，因此，在上面的例子程序中，以下的代码可以看成是过程的实现：

```
<xsl:template match="Student ">
…
</xsl:template>
```

将以上代码看成是过程的实现，有助于对 XSL 解析器执行过程的理解。这里 match="Student " 可以理解为是传递给过程的参数，它表示过程实现体的集合范围是该 match 所匹配的节点集合空间("Student")。如果要对表格中的元素进行排序该怎么办呢？假设在上面的例子中按照名称进行排序，很简单，改写为如下的形式即可：

```
<xsl:for-each select="Name" order-by="+Name">
```

其中，“+”表示按降序排列，“-”表示按升序排列，order-by 是 XSL 语法中的关键字。如果只想在列表中取出某几行该怎么操作呢？假设只想取出书名为“张三”的行，见下面的代码：

```
<xsl:template match="Student">
<table Border="1">
<xsl:for-each select="Name" order-by="+Name">
<xsl:if test=".[Name='张三']">
<tr>
<td><xsl:value-of select="Name"/></td>
<td><xsl:value-of select="Sex"/></td>
</tr>
</xsl:if>
</xsl:for-each>
</table>
```

```
</xsl:template>
```

这里有一个新的句法为

```
</xsl: if test="[Name='张三']">
```

它表示如果“[Name='张三']”为 true，就执行该段里面的语句，如果为 false 就不执行。它和 C++中的 if 语句的概念基本一样。

前面用

```
<xsl:value-of select="元素名称"/>
```

取出的都是一个元素的值，但是要取出元素某一个属性的值该怎么做呢？可采用以下格式：

```
<xsl:value-of select="元素名称/@属性名称"/>
```

例如

```
<张三 网址="www.abc.edu">张三同学简历</张三>
```

可以用

```
<xsl:value-of select="张三/@网址"/>
```

来得到值“www.abc.edu”。

5.3　XSL 模板

模板是 XSLT 中非常重要的概念。模板以“template”元素声明，包含一系列 XSL 指令（Instruction），控制 XSL 转换流程并指定 XSL 转换的输出内容。XSLT 模板有两种类型：一种作为模板规则（Template rule），匹配指定的 XML 节点；另一种作为具名模板（Named template），可被“call-template”元素显式调用。模板规则必须有“match”属性，该属性为 XPath 表达式，指定该模板可以匹配哪些 XML 节点。具名模板必须有“name”属性，以被“call-template”元素调用。

5.3.1　模板的简单应用

以下代码片段展示了模板规则的形式，该模板的“match”属性表示匹配“段落”元素，即按此模板规则处理名称为“段落”的元素。该模板的内容指示 XSLT 处理器向输出结果插入“abc”元素，并调用“paragraph”具名模板，将其生成的内容插入到输出结果的“abc”元素中：

```
<xsl:template match="段落">
  <abc>
    <xsl:call-template name="paragraph"/>
  </abc>
</xsl:template>
```

以下代码片段展示了具名模板的形式，该模板的“name”属性表示其名称为“paragraph”：

```
<xsl:template name="paragraph">
  <xsl:text>……</xsl:text>
  <xsl:apply-templates />
</xsl:template>
```

可以使用模板将同样的格式应用于一个 XML 文档的重复元素。在某些元素下，模板就是要应用的规则。可以将模板看成是一个模块，不同的模块完成不同的文档格式转换。看下面另一个示例。

```
<xsl:template match="expression" name="name" priority="number" mode="mode">
</xsl:template>
```

XSLT 处理器在发现 XSLT 文档中的一个显式调用或者在源 XML 文档中发现匹配节点之后就会执行 xsl:template。最常见的情况是当 XSLT 处理器扫描 XML 时遇到了匹配节点。匹配属性则用 XPath 表达式标识出源文档中的节点，交由模板处理。向匹配的元素输出模板需要的内容。这些内容可能由文本和非 XSLT 的标记所组成，并直接写入某个新建文档乃至更多的 XSLT 元素。XSLT 元素只处理被模板激活的同类节点。多个模板可以匹配一个节点。在这种情况下，采用模式和优先级属性的复杂规则确定了应由哪个模板来处理节点。

模板是 XSLT 文档的主要构成单位。XSLT 文档是由若干个模板构成的，其执行的入口点即为根节点的模板。举一个简单的例子演示仅定义了根节点模板的 XLST 文档：

```
<?xml version='1.0'?>
<xsl:stylesheet  version="1.0" xmlns:xsl="http://www.w3.org/1999/XSL/Transform">
<xsl:output method="html" encoding="GB2312" indent="yes"/>
  <xsl:template match="/">
<html>
  <body>
    <p align="center">
       <xsl:value-of select="'学生信息表'"/>
</p>
<table border="1" align="center">
  <tr align="center">
    <td>姓名</td>
<td>性别</td>
<td>年龄</td>
  </tr>
</table>
</body>
</html>
</xsl:template>
</xsl:stylesheet>
```

学生信息表

姓名	性别	年龄

图 5.5　输出结果

该模板用来输出一个表格的头信息。查看输出结果，如图 5.5 所示。

5.3.2　xsl:apply-templates 元素

如果要访问根节点以外的地方，就要告诉格式化引擎待处理根节点的子节点。为了包括子节点中的内容，需递归处理整个 XML 文档中的节点。可以用来达到此目的的元素就是 xsl:apply-templates。

xsl:apply-templates 可以告诉格式化程序把与源元素匹配的每个子元素同样式单中的模板相比较，用于匹配节点的模板本身可能包含 xsl:apply-templates 元素，以便搜索与其子节点的匹配。当格式化引擎处理节点时，此节点是作为整个树形结构来看待的。这就是树形结构的优点所在：每个部分都是以处理整体相同的方式来处理。

5.3.3　select 特性

“apply-templates”元素以“select”属性指定 XPath 表达式，遍历该表达式所匹配节点集的每个节点，逐一应用相应的模板规则进行处理。此元素的属性如表 5.1 所示，结构关系如表 5.2 所示。

表 5.1　　apply-templates 元素的属性

名　称	用　法	默认值	说　明
select	可选	node()	XPath 表达式，以当前 XML 上下文节点为基础，选择匹配的节点集
mode	可选	“”	指定所应用模板所应具有的模式属性

“select”属性的 XPath 表达式是定位表达式，必须选出节点集，而不能仅返回值。

如果省略“select”属性，则其默认值为“node()”，即匹配当前上下文节点的所有子节点，对这些节点逐一应用相应的模板规则。如以下代码片段所示：

```
<xsl:apply-templates />
```

由于属性节点不属于层次结构，所以在省略“select”属性的情况下不匹配属性节点。如需要匹配属性节点，应使用 XPath 的“attribute”轴（简写为前导“@”）。

“mode”属性用于指定所匹配模板规则的模式，如“mode="特殊"”，匹配具有相同“mode="特殊"”属性的模板（template）。如果忽略“mode”属性，则匹配没有“mode”属性的模板规则。

表 5.2　　apply-templates 元素的结构关系

适用父元素	xsl:attribute、xsl:comment、xsl:copy、xsl:element、xsl:fallback、xsl:for-each、xsl:if、xsl:message、xsl:otherwise、xsl:param、xsl:processing-instruction、xsl:template、xsl:variable、xsl:when、xsl:with-param、输出元素
在父元素下可出现次数	不限
适用子元素	xsl:sort、xsl:with-param

“sort”子元素将对“select”属性选出节点执行排序操作。详情请参阅“sort”元素的介绍。在应用模板的同时，还可以向模板规则传入参数。传入参数应该和所应用模板规则的“param”子元素对应。详情请参阅 5.4.1 小节“param”元素的介绍。

“apply-templates”元素指示 XSLT 处理器遍历“select”属性匹配的节点集，对其中每个节点逐一应用模板规则。具体过程如下：

（1）以当前上下文节点为基础，使用“select”属性的 XPath 表达式，匹配 XML 文档的节点；

（2）如所得的匹配节点集不为空，则应用模板规则；

（3）在应用模板规则时，将选出节点集内的第 1 个节点设为上下文节点；

（4）将 XSL 处理流程转到最匹配该节点的模板规则；

（5）执行该模板规则内的指令；

（6）从模板规则返回，将匹配节点集的下一个节点设为上下文节点；

（7）重复上述过程，在“select”属性选出的所有节点处理完毕为止；

（8）处理流程转向“apply-templates”元素后的 XSL 节点。

以下的示例说明“apply-templates”元素与“template”元素配合使用，以及“mode”属性选择模板规则的方法：

```
<?xml version="1.0" encoding="gb2312"?>
<xsl:stylesheet xmlns:xsl="http://www.w3.org/1999/XSL/Transform" version="1.0">
  <xsl:output method="html" encoding="gb2312"/>
  <xsl:template match="/">
    <table border="1">
            <xsl:apply-templates select="班级成绩单/班级"/>
```

```
      <xsl:apply-templates select="班级成绩单/班级" mode="统计"/>
    </table>
  </xsl:template>
  <xsl:template match="班级">
      <xsl:apply-templates select="学生"/>
  </xsl:template>
    <xsl:template match="班级" mode="统计">
      <tr>
      <td>平均分</td>
      <td>
        <xsl:value-of  select="format-number  (sum( 学 生 /@ 语 文 )  div  count( 学 生 ),
'###.00')"/>
      </td>
      <td>
        <xsl:value-of  select="format-number  (sum( 学 生 /@ 数 学 )  div  count( 学 生 ),
'###.00')"/>
      </td>
    </tr>
  </xsl:template>
  <!-- 模板结束 -->
 <xsl:template match="学生">
  <!-- 匹配“学生”元素的模板 -->
    <tr>
      <td>
        <xsl:value-of select="@姓名"/>
      </td>
      <td>
        <xsl:value-of select="@语文"/>
      </td>
      <td>
        <xsl:value-of select="@数学"/>
      </td>
    </tr>
  </xsl:template>
    <!-- 模板结束 -->
 </xsl:stylesheet>
```

示例中有两个“apply-templates”元素，其“select”属性相同（均为“班级成绩单/班级”），匹配文档节点下的“班级成绩单/班级”元素。

第 1 个“<xsl:apply-templates select="班级成绩单/班级"/>”元素没有“mode”属性，调用没有“mode”属性的模板规则，处理被匹配的“班级”元素。被调用的模板如下：

```
<xsl:template match="班级">
    <xsl:apply-templates select="学生"/>
</xsl:template>
```

第 2 个“<xsl:apply-templates select="班级成绩单/班级"mode="统计"/>”具有“mode="统计"”属性，调用具有“mode="统计"”属性的模板规则，处理被匹配的“班级”元素。被调用的模板如下：

```
<xsl:template match="班级" mode="统计">
    <tr>
```

```
      <td>平均分</td>
      <td>
        <xsl:value-of select="format-number (sum(学生/@语文) div count(学生),
'###.00')"/>
      </td>
      <td>
        <xsl:value-of select="format-number (sum(学生/@数学) div count(学生),
'###.00')"/>
      </td>
    </tr>
  </xsl:template>
```

转换过程中使用的 XML 文档为“班级成绩单.xml”。

```
<?xml version="1.0" encoding="GB2312"?>
<班级成绩单 时间="2006-07-19">
  <班级>
    <名称>2006 级某班</名称>
    <学生 姓名="张三" 性别="男" 语文="90" 数学="87"/>
    <学生 姓名="李四" 性别="男" 语文="54" 数学="62"/>
    <学生 姓名="王五" 性别="男" 语文="85.5" 数学="79"/>
    <学生 姓名="赵六" 性别="女" 语文="93" 数学="82"/>
  </班级>
</班级成绩单>
```

输出代码如下：

```
<table border="1">
  <tr>
    <td>张三</td>
    <td>90</td>
    <td>87</td>
  </tr>
  <tr>
    <td>李四</td>
    <td>54</td>
    <td>62</td>
  </tr>
  <tr>
    <td>王五</td>
    <td>85.5</td>
    <td>79</td>
  </tr>
  <tr>
    <td>赵六</td>
    <td>93</td>
    <td>82</td>
  </tr>
  <tr>
    <td>平均分</td>
    <td>80.63</td>
    <td>77.50</td>
  </tr>
</table>
```

输出效果显示为一个 HTML 表格（见图 5.6），其中前面 4 行来自没有“mode”属性的模板规则，后面 1 行来自具有“mode="统计"”属性的模板规则。

张三	90	87
李四	54	62
王五	85.5	79
赵六	93	82
平均分	80.63	77.50

图 5.6　apply-templates 元素输出效果

5.3.4　默认的模板规则

想轻而易举映射 XML 文档的层次，是很困难的。例如，在 XSL 样式单中，如果文档不按照固定的、可预料的顺序排列，而是像许多 Web 网页那样随意地将元素放在一起，这种情况就很难映射 XML 文档的层次。在这些情况下，就需要应有通用的规则，来查找元素并将模板应用于此元素，而不必考虑此元素究竟出现在源文档的何处。

为了使此过程更容易，XSL 定义两个默认的模板规则，在所有的样式单中都隐性地包括这两个规则。第 1 个默认规则将模板应用于所有元素的子元素，以递归的形式，降序排列元素的结构树。这种方式可确保应用于元素的所有模板规则都能够被说明。第 2 个默认规则应用于下一个节点，将这些节点的值复制到输出流中。这两个规则共同使用，表示即使是没有任何元素的空 XSL 样式单，仍将产生把输入的 XML 文档的原始字符数据作为输出内容的结果。

第 1 个默认规则应用于任何类型的元素节点或根节点：

```
<xsl:template match="*|/">
<xsl:apply-templates/>
</xsl:template>
```

“*|/”是“任何元素的节点或根节点”的缩写形式。其目的就是要确保所有的元素即使没有受到隐性规则的影响，也都按递归的方式处理。

第 2 个默认规则的定义如下：

```
<xsl:template match="text()">
<xsl:value-of select="."/>
</xsl:template>
```

这一规则匹配所有的文本节点（match="text()"），并输出文本节点（<xsl:value-of select="."/>）的值。本规则确保最少输出一个元素的文本，即使没有任何规则明确地与此文本匹配。对于特定的元素（从中可或多或少获得元素的文本内容），另一个规则可以覆盖此规则。

5.4　XSL 元素

XSLT 是一种说明性的语言，通过其元素、属性指示 XSL 处理器执行 XML 文档的转换操作。XSLT 元素必须属于“http://www.w3.org/1999/XSL/Transform”名称空间。元素的前缀取名是否为“xsl”是无关紧要的，但一般都使用“xsl”作为 XSLT 元素的前缀。

5.4.1　XSL 元素构成

XML 元素指的是从该元素的开始标记到结束标记之间的这部分内容。XML 元素有元素内容、混合内容、简单内容或者空内容，每个元素都可以拥有自己的属性。XML 元素命名必须遵守下面的规则：

（1）元素的名字可以包含字母、数字和其他字符；

（2）元素的名字不能以数字或者标点符号开头；

（3）元素的名字不能以 XML（或者 xml，Xml，xMl...）开头；

（4）元素的名字不能包含空格。

XSLT 文档的根元素可以是“transform”或“stylesheet”，根元素的子元素称为“顶层元素”（Top-level elements），有一些元素必须处于顶层元素位置。XSLT 的顶层元素按重要程度列出，如表 5.3 所示。

表 5.3　XSLT 的顶层元素

名　称	描　述
template	声明模板规则或具名模板，控制 XSL 转换流程及输出内容 模板规则用于处理指定的 XML 节点 具名模板可供其他模板以“call-template”元素引用
output	声明 XSL 转换输出方式及相关配置
import	从外部 XSLT 文档导入模板，所导入模板具有较低的优先级
include	声明包含外部 XSLT 文档的模板，所包含模板的优先级和当前文档模板相同
param	声明全局参数，在转换时，可以从 XSL 处理器传入全局参数的值
variable	声明全局变量
key	索引一系列元素，以便使用 key 函数快速定位 XML 节点
attribute-set	声明一组属性，可重复使用于输出元素
preserve-space	声明需要保持空白的元素列表
strip-space	声明需要修剪空白的元素列表
decimal-format	声明“format-number”函数所用的十进制数值格式
namespace-alias	声明名称空间别名
character-map	XSLT 2.0：声明字符映射规则列表（将列表中的字符映射成对应字符串）
function	XSLT 2.0：声明用于 XPath 的自定义函数
import-schema	XSLT 2.0：导入外部架构（Schema）的类型，以供与架构类型相关的 XPath 函数使用

顶层元素下的元素由下面各表分别列出。各元素的详细说明可参照 W3G 的相关手册。表 5.4 所示为 XSLT 中控制流程的元素。

表 5.4　XSLT 中控制流程的元素

名　称	说　明
apply-templates	应用模板，处理匹配指定 XPath 的节点集
for-each	使用内嵌模板，处理匹配指定 XPath 的节点集
call-template	调用模板，处理当前节点
apply-imports	调用通过“import”元素导入的模板（这些模板被当前 XSL 中较高优先级的模板覆盖）

续表

名　称	说　明
choose	根据条件执行处理（包含“when”或“otherwise”元素） when：指定“choose”中的一个条件 otherwise：指定不满足任何“when”条件时的默认指令
if	指定条件匹配模板
sort	排序节点集
with-param	声明“call-template”调用模板或“apply-templates”应用模板时的参数
for-each-group	XSLT 2.0：以 XPath 匹配指定节点集并分组，对每组节点应用内嵌模板
next-match	XSLT 2.0：调用被当前模板重载，具有较低优先级的模板（与“apply-imports”元素相似，但同时考虑当前样式表中被覆盖的其他低优先级模板，而不是仅考虑导入的模板）
perform-sort	XSLT 2.0：返回已排序的 XPath 2.0 序列
sequence	XSLT 2.0：生成 XPath 2.0 序列

其中，“apply-templates”、“call-template”和“for-each”三者的区别如表 5.5 所示。

表 5.5　“apply-templates”、“call-template”和“for-each”的区别

	apply-templates	call-template	for-each
改变 XML 上下文节点	是	否	是
改变 XSLT 当前模板	是	是	否
处理节点集内每个节点	是	处理当前节点	是
可传递参数	是	是	否
可排序	是	否	是

表 5.6 所示为 XSLT 向结果输出内容的元素。

表 5.6　XSLT 中向结果输出内容的元素

名　称	说　明
value-of	执行 XPath 求值，输出文本内容
number	输出指定格式的数字
copy-of	复制当前节点到输出结果，包括其属性及后代节点
copy	复制当前节点到输出结果，不包括其属性及后代节点
text	输出文本内容（不能包含任何子节点）
element	输出指定名称的元素
attribute	输出指定名称的属性
comment	输出注释
processing-instruction	输出处理指令
result-document	XSLT 2.0：生成指定名称的新文档，可用于在一次 XSL 转换过程中输出多个目标文档（与指定名称的“output”元素匹配）
document	XSLT 2.0：生成临时的文档节点，可用于检验其中节点是否符合架构
namespace	XSLT 2.0：创建名称空间声明节点
analyze-string	XSLT 2.0：使用正则表达式分析节点文本值，根据匹配结果替换文本

表 5.7 所示为 XSLT 中类似编程语言的参数和变量元素。

表 5.7　　XSLT 的变量及参数

名　称	说　明
param	声明模板的参数
variable	声明局部变量

“param”和“variable”的功能非常相似。“param”元素在 XSL 处于顶层元素位置时，声明全局参数；在模板内，则声明模板内的局部参数，与“apply-templates”或“call-template”元素中同名“with-param”元素匹配。“variable”代表某一变量，常用于暂存 XPath 查询结果或节点值。表 5.8 所示为 XSLT 中用于提高 XSLT 兼容性的“fallback”元素，以及用于调试 XSLT 的“message”元素。

表 5.8　　XSLT 的其他元素

名　称	说　明
fallback	指定当 XSLT 处理器不能执行指定转换操作时的处理办法
message	输出信息（可同时终止 XSL 转换过程）

5.4.2　循环 xsl:for-each

“for-each”元素内包含一系列指令，用于处理“select”属性匹配的每个节点。此元素的属性如表 5.9 所示，结构关系如表 5.10 所示。

表 5.9　　for-each 元素的属性

名 称	用 法	默 认 值	说　明
select	必选		XPath 表达式，以当前 XML 上下文节点为基础，选择匹配的节点集

“select”属性的 XPath 表达式是定位表达式，必须选出节点集，而不能仅返回值，如 XPath “select="count(*)"”是无效的，因为 count 函数返回的是数值，不是节点集。XPath 表达式返回节点集，其中节点的顺序与 XPath 的节点轴有关。

表 5.10　　for-each 元素的结构关系

适用父元素	xsl:attribute、xsl:comment、xsl:copy、xsl:element、xsl:fallback、xsl:for-each、xsl:if、xsl:message、xsl:otherwise、xsl:param、xsl:processing-instruction、xsl:template、xsl:variable、xsl:when、xsl:with-param、输出元素
在父元素下可出现次数	不限
适用子元素	xsl:apply-imports、xsl:apply-templates、xsl:attribute、xsl:call-template、xsl:choose、xsl:comment、xsl:copy、xsl:copy-of、xsl:element、xsl:fallback、xsl:for-each、xsl:if、xsl:message、xsl:number、xsl:processing-instruction、xsl:sort、xsl:text、xsl:value-of、xsl:variable、输出元素

“for-each”元素指示 XSLT 处理器遍历“select”属性匹配的节点集，对其中每个节点逐一执行“for-each”包含的指令。具体过程如下：

（1）以当前上下文节点为基础，使用“select”属性的 XPath 表达式，匹配 XML 文档的节点。

（2）如所得的匹配节点集不为空，则执行“for-each”的指令。

（3）在执行指令时，将选出节点集内的第 1 个节点设为上下文节点。

（4）然后将 XSL 处理流程转到“for-each”元素内的指令。

（5）“for-each”内的所有指令都处理完毕后，将匹配节点集的下一个节点设为上下文节点，XSL 处理流程转到“for-each”开头，再用“for-each”内的指令处理该节点。

（6）重复上述过程，直到“select”属性选出的所有节点处理完毕为止。

（7）处理流程转向“for-each”元素后的 XSL 节点。

“for-each”元素与“apply-templates”元素的功能非常相似，主要区别如下：

（1）前者内嵌指令，后者调用已声明模板规则的指令。

（2）后者可以向模板传入参数，还有“mode”属性区分模式，而前者因模板内嵌于 XSL 元素之中，故亦无参数及模式之说。

（3）前者用其包含的指令，处理所有匹配的节点，而后者因应所匹配节点与模板规则的对应关系，可用不同的模板规则处理所匹配的节点。

5.4.3 排序 xsl:sort

“sort”元素用于排序“apply-templates”或“for-each”元素选出的节点集。此元素的属性如表 5.11 所示，结构关系如表 5.12 所示。

表 5.11 sort 元素的属性

名　称	用 法	默 认 值	说　明
select	可选	“.”	选出基于当前上下文节点的节点，表示用于排序的值
lang	可选	系统默认语言区域设置	指定排序时所使用的地区设置
data-type	可选	“text”	指定排序数据的类型
order	可选	“ascending”	指定是升序（ascending）还是降序（descending）排序
case-order	可选	根据语言而异	指定大写字母应排在小写字母的前面还是后面

“select”属性的 XPath，以“apply-templates”或“for-each”模板内的上下文节点为基础，选出节点值，用于排序。

“data-type”的取值，除“text”（以文本内容字母顺序排序）以外，还有“number”（将节点值视为数值排序），或由 XSLT 处理器支持的其他扩展数据类型。

表 5.12 sort 元素的结构关系

适用父元素	xsl:apply-templates、xsl:for-each
在父元素下可出现次数	不限
适用子元素	无

XSLT 处理器根据“sort”元素的属性，排序“apply-templates”和“for-each”元素“select”属性选出的节点集。如果在“apply-templates”或“for-each”元素内指定了多个“sort”元素，首先使用前面的“sort”所指定的条件排序，如排序后出现并列情况，再按后面的“sort”条件排序并列节点。

5.4.4 选择 xsl:if 和 xsl:choose

“if”元素指定一个条件，如条件成立，则执行“if”包含的指令。此元素的属性如表 5.13 所示，其结构关系如表 5.14 所示。

表 5.13　　if 元素的属性

名　称	用　法	默 认 值	说　明
test	必选		要测试的条件

表 5.14　　if 元素的结构关系

适用父元素	xsl:attribute、xsl:comment、xsl:copy、xsl:element、xsl:fallback、xsl:for-each、xsl:if、xsl:message、xsl:otherwise、xsl:param、xsl:processing-instruction、xsl:template、xsl:variable、xsl:when、xsl:with-param、输出元素
在父元素下可出现次数	不限
适用子元素	xsl:apply-templates、xsl:attribute、xsl:call-template、xsl:choose、xsl:comment、xsl:copy、xsl:copy-of、xsl:element、xsl:for-each、xsl:if、xsl:processing-instruction、xsl:text、xsl:value-of、xsl:variable、输出元素

“if”元素是简化形式的“choose……when”结构，相当于仅有 1 个“when”元素的“choose”元素。

```
<xsl:choose>
  <xsl:when test="条件表达式 1">
    <!--执行内容-->
  </xsl:when>
</xsl:choose>

<!-- 上述“choose……when”形式相当于以下“if”结构 -->
<xsl:if test="条件表达式 1">
  <!--执行内容-->
</xsl:if>
```

“choose”元素和“when”、“otherwise”元素配合使用，根据条件执行 XSLT 指令。“choose”与程序语言“if……else if……else”结构比较相似。此元素无任何属性，其结构关系如表 5.15 所示。

表 5.15　　choose 元素的结构关系

适用父元素	xsl:attribute、xsl:comment、xsl:copy、xsl:element、xsl:fallback、xsl:for-each、xsl:if、xsl:message、xsl:otherwise、xsl:param、xsl:processing-instruction、xsl:template、xsl:variable、xsl:when、xsl:with-param、输出元素
在父元素下可出现次数	不限
适用子元素	xsl:when、xsl:otherwise

“when”元素的属性如表 5.16 所示。

表 5.16　　when 元素的属性

名　称	用　法	默 认 值	说　明
test	必选		要测试的条件

“otherwise”元素没有可用的属性。“when”和“otherwise”元素的结构关系如表 5.17 所示。

表 5.17　　　　when 和 otherwise 元素的结构关系

适用父元素	xsl:choose
在父元素下可出现次数	“when”：至少 1 次，无上限次数 “otherwise”：可选，最多 1 次，出现在同一个“choose”组所有“when”元素之后
适用子元素	xsl:apply-templates、xsl:attribute、xsl:call-template、xsl:choose、xsl:comment、xsl:copy、xsl:copy-of、xsl:element、xsl:for-each、xsl:if、xsl:processing-instruction、xsl:value-of、xsl:variable、输出元素

每个“when”元素的“test”属性指定一个条件。在处理“choose”元素时，按照“when”元素在文档中出现的顺序，逐个测试其条件。若条件的 XPath 求值结果为真，处理流程转入该“when”元素，执行完该元素包含的指令后，马上跳出“choose”，不再处理其他条件；如没有一个“when”的条件成立，而“choose”元素下包含“otherwise”元素，则处理流程转入“otherwise”元素；如没有“when”条件被满足，也不包含“otherwise”元素，则跳出“choose”。

如果“choose”元素仅包含一个“when”元素，则可以用“if”元素将“choose”结构替代。

5.4.5　xsl:fallback 元素

“fallback”用于指定在 XSL 处理器缺少所需特性时的处理办法。使用此元素可提高 XSL 转换的兼容性，使之可同时被多种 XSL 处理器处理。此元素的结构关系如表 5.18 所示。

表 5.18　　　　fallback 元素的结构关系

适用父元素	任 何 元 素
在父元素下可出现次数	不限
适用子元素	XSL 元素、输出元素

“fallback”元素的内容作为缺失父元素特性时的输出内容。如果处理器能够处理父元素所代表的特性，则会忽略“fallback”的所有内容。

用一个示例来说明当处理器未能处理“xsl:exciting-new-17.0-feature”元素时，转而执行“fallback”内容的场合。如果处理器能够处理“xsl:exciting-new-17.0-feature”元素，则不会执行“fallback”的内容。

```
<?xml version="1.0" encoding="gb2312"?>
<xsl:stylesheet version="17.0" xmlns:xsl="http://www.w3.org/1999/XSL/Transform">
  <xsl:template match="/">
    <xsl:exciting-new-17.0-feature>
      <xsl:fly-to-the-moon/>
      <xsl:fallback>
        <html>
          <head>
            <title>需要使用 XSLT 17.0</title>
          </head>
          <body>
            <p>此样式表需要使用 XSLT 17.0
              以输出“exciting-new-17.0-feature”元素的处理结果。
              当前处理器的版本是:
<xsl:value-of select="system-property('xsl:version')"/>。</p>
          </body>
```

```
        </html>
      </xsl:fallback>
    </xsl:exciting-new-17.0-feature>
  </xsl:template>
</xsl:stylesheet>
```

以下是 XSLT 1.0 处理器的输出结果：

```
<html>
  <head>
    <META http-equiv="Content-Type" content="text/html; charset=utf-8">
    <title>需要使用 XSLT 17.0</title>
  </head>
  <body>
    <p>此样式表需要使用 XSLT 17.0
      以输出“exciting-new-17.0-feature”元素的处理结果。
      当前处理器的版本是：1。</p>
  </body>
</html>
```

5.4.6　XSL 函数集

XSL 转换过程中，除了可以调用 XPath 的函数（如 position、number 等），还可以调用 XSLT 函数。XSLT 函数仅能用于 XSL 转换，不能用于其他场合（如微软公司 MSXML 引擎的 SelectNodes 方法）。

应注意区分 XSLT 函数与 XPath 的节点测试。XPath 节点测试用于匹配节点，如“node()”用于匹配所有 XPath 节点、“text()”用于匹配文本节点、“comment()”用于匹配 XML 注释节点、“processing-instruction()”用于匹配处理指令节点，这些都不是 XSLT 函数。下面将按字母顺序介绍 XSLT 函数。

1. 当前节点函数 current()

current 函数返回一个节点集，该节点集仅包含当前上下文节点，如以下代码返回当前上下文节点的值：

```
<xsl:value-of select="current()"/>
```

上述代码相当于以下形式：

```
<xsl:value-of select="."/>
```

因此，一般使用“.”（XPath 当前节点），而不使用 current 函数。使用 current 函数的场合，往往是在某些 XPath 谓项。由于在 XPath 表达式中，“.”表示了 XPath 求值时的上下文节点，而不是 XSLT 当前的上下文节点，当需要访问 XSLT 上下文节点时，就需要使用 current 函数。

2. 文档访问函数 document()

document 函数是一个比较有用的 XSLT 函数，可用于访问除源 XML 文档以外的 XML 文档，使 XSLT 能够同时处理多个 XML 文档。此函数有 2 个参数，形式如下：

```
节点集 document(对象, 节点集?)
```

此函数的返回结果与两个参数的组合有关，如表 5.19 所示。

表 5.19　document 函数参数组合与返回结果

参数 1	参数 2	返回结果节点集
字符串	无	将参数 1 作为 URL，返回与该 URL 对应 XML 文档的根节点

续表

参数 1	参数 2	返回结果节点集
“”	无	返回当前 XSLT 文档的根节点
节点集	无	将参数 1 中各个节点作为 URL，返回各个 URL 对应 XML 文档根节点的联合
字符串	节点集	尝试分别以参数 2 各节点为基础，返回与参数 1 的 URL 对应 XML 文档根节点
节点集	节点集	尝试分别以参数 2 各节点为基础，返回参数 1 个节点对应 URL 的 XML 文档根节点集合

3. 元素有效性函数 element-avaible()

“element-avaible” 函数返回一个布尔值，用于检查指定的元素是否被当前 XSLT 处理器支持。其基本结构如下：

```
boolean element-available(string)
```

这个函数仅能测试那些在模板部分出现的元素，这些元素如表 5.20 所示。

表 5.20　　element-avaible 函数所能测试的元素

xsl:apply-imports	xsl:apply-templates	xsl:attributes
xsl:call-template	xsl:choose	xsl:comment
xsl:copy	xsl:copy-of	xsl:element
xsl:fallback	xsl:for-each	xsl:if
xsl:message	xsl:number	xsl:processing instruction
xsl:text	xsl:value-of	xsl:variable

4. 格式转化函数 format-number()

“format-number” 函数将数值格式化成字符串，此函数需与 “decimal-format” 配合使用。其基本结构如下：

```
string format-number(number,format,[decimalformat])
```

number 用于指定格式化的数字，format 用于指定格式化的模式。表 5.21 所示为 format-number 函数的数字模式。

表 5.21　　format－number 函数的数字模式

参 数 值	描　述	示　例
#	表示一个数字	####
0	表示首位和其后的 0	0000.00
.	小数点位置	###.##
,	千分位	###,###.##
%	以百分数形式显示	##%
;	样式分隔符：第 1 个样式被用于正数，第 2 个样式被用于负数	

5. 函数有效性函数 function-available()

“function-available” 函数返回一个布尔值，用于检查指定的元素是否被 XSLT 引擎支持。当处理器不支持这两个函数时，将抛出错误消息，并终止 XSL 转换。其基本语法结构如下：

```
boolean function-available(string)
```

其中，string 指定要测试的函数名称。

6. 元素标识符函数 generate-id()

“generate-id”为不具有 ID 属性的节点生成唯一的标识符。此函数接受 1 个参数，表示需要生成标识符的节点集，函数将返回对应节点集中第 1 个节点的标识符。当忽略该参数或传入节点集为空时，返回空字符串。

此函数常用于节点分组等用途。其基本语法结构如下：

```
string generate-id(node-set?)
```

其中，node-set 是可选择的，用于指定产生唯一 ID 的节点。

7. 节点索引函数 key()

key 函数需要结合“key”元素使用，获取 XML 文档中指定值的索引节点。其基本结构如下：

```
node-set key(string, object)
```

其中，string 用于指定 XML“key”元素的名称，object 用于指定要搜索的对象。

8. 系统属性函数 system-property()

“system-property”函数用于查询 XSLT 处理器的系统属性。其基本结构如下：

```
object system-property(string)
```

在 XSLT 1.0 中，传入的字符串可以为表 5.22 中列出的其中一个。

表 5.22　system-property 函数的传入函数值

函 数 值	返 回 值
xsl:version	当前 XSLT 处理器所支持的版本，如“1.0”
xsl:vendor	XSLT 处理器的开发厂商，如“Microsoft”
xsl:vendor-url	开发厂商的网址

9. 非解析实体函数 unparsed-entity-uri()

“unparsed-entity-uri”函数返回在 DTD 中声明的非解析实体 URI。

例如，在 XML 的 DOCTYPE 中声明了以下非解析实体“pic”：

```
<!NOTATION JPEG SYSTEM "myurn:images/jpg">
<!ENTITY pic SYSTEM "样本 JPG 文档.jpg" NDATA JPEG>
```

调用“unparsed-entity-uri('pic')”将返回实体的路径。

```
<xsl:value-of select="unparsed-entity-uri ('pic')"/>
```

返回值可能为

```
file:///C:/temp/样本 JPG 文档.jpg
```

10. 继承的 XPath 函数集 Inherited XPath Functions

下面列出了一些 XPath 函数，具体用法可以参照 W3C 的相关标准：

（1）count()：返回节点个数。

（2）id()：通过 ID 选择元素。

（3）last()：返回最后一个节点的需要。

（4）local-name()：返回节点的局部名称。

（5）name()：返回一个节点的名称。

（6）namespace-uri()：返回一个节点的名称空间。

（7）position()：返回节点序号。

5.5 匹配节点的模式

xsl:template 元素的 match 特性支持复杂的语法，允许人们精确地表达想要和不想要与哪个节点匹配。xsl:apply-templates、xsl:value-of、xsl:for-each、xsl:copy-of 和 xsl:sort 的 select 特性支持功能更加强大的语法的超集，允许人们精确地表达想要和不想要选择哪个节点。下面讨论匹配和选择节点的各种模式。

5.5.1 匹配根节点

为了使输出的文档结构整洁，从 XSL 变换的第 1 个输出内容应为输出文档的根元素，因此，XSL 样式单一般以应用于根节点的规则开始。要在规则中指定根节点，可将其 match 特性设置为合适的值。示例如下：

```
<xsl:template match="/">
<html>
<xsl:apply-templates/>
</html>
</xsl:template>
```

本规则应用于根节点，并且只应用于输入树形结构的根节点。当读取到此根节点时，就输出<html>标记，处理根节点的子节点，然后输出</html>标记。

5.5.2 匹配元素名

在正如前面介绍的那样，最基本的模式只包含一个元素名，用来匹配所有带有该名的元素。例如，下面的模板与 Student 元素相匹配，并将 Student 元素的 name 子元素标成粗体。

```
<xsl:template match="Student">
<b><xsl:value-of select="name"/><b>
</xsl:template>
```

5.5.3 使用“/”字符匹配子节点

在 match 特性中并不局限于当前节点的子节点，可使用“/”符号来匹配指定的元素后代。当单独使用“/”符号时，它表示引用根节点。但是，在两个名称之间使用此符号时，表示第 2 个是第 1 个的子代。例如，student/name 引用 name 元素，name 元素为 student 元素的子元素。

在 xsl:template 元素中，这种方法能够用来只与某些给定类型的元素进行匹配。例如，下面的模板规则将 student 子元素的 name 元素标记为 Strong。此规则与不是 student 元素的直系子元素的 NAME 元素无关。

```
<xsl:template match="student/name">
<strong><xsl:value-of select="."/></strong>
</xsl:template>
```

请记住，本规则选择的是作为 student 元素子元素的 name 元素，而不是选择拥有 name 子元素的 student 元素。换句话说，在<xsl:value-of select="."/>中的“.”符号引用的是 name，而不是 student。

将模式写成一行的形成，就可以指定更深层的匹配。例如，student_Info/student/name 选择的是其父为 student 元素（其父为 student_Info 元素）的 name 元素。

还可以使用“*”通配符来代替层次结构中的任意元素名。例如，下面的模板规则应用于 student_Info 孙元素的所有 name 元素：

```
<xsl:template match="student_Info/*/name">
<strong><xsl:value-of select="."/></strong>
</xsl:template>
```

最后一点，就如上面所看到的那样，单独的“/”符号本身，表示选择文档的根节点。例如，下面的规则应用于文档根元素的所有 student 元素：

```
<xsl:template match="/ student ">
<html><xsl:apply templates/></html>
</xsl:template>
```

虽然“/”引用根节点，但“/*”则引用任意根元素。例如：

```
<xsl:template match="/*">
<html>
<head>
<title>student Information system</title>
</head>
<body>
<xsl:apply-templates/>
</body>
</html>
</xsl:template>
```

5.5.4　使用“//”字符匹配子节点

在有时候，尤其是使用不规则的层次时，更容易的方法就是越过中间节点、只选择给定类型的所有元素，而不管这些元素是不是直系子、孙、重孙或其他所有的元素。双斜杠（//）引用任意级别的后代元素。例如，下面的模板规则应用于 student 的所有 name 元素，而不管它们具有何种层次的关系：

```
<xsl:template match=" Student //name">
<i><xsl:value-of select="."/></i>
</xsl:template>
```

学生信息库实例相当简单，一看就懂，但这种技巧在更深层次，尤其是当元素包含该类的其他元素时（例如 Student 包含 Student），就显得更加重要。

模式开头的操作符选择根节点的任何子节点。例如，下面的模板规则处理所有的 Student 元素，而同时完全忽略其位置：

```
<xsl:template match="// Student ">
<i><xsl:value-of select="."/></i>
</xsl:template>
```

5.5.5　通过 ID 匹配

在某些时候需要把一特定的样式应用于特定的单一元素中，而不改变该类型的所有其他元素。在 XSL 中实现此目的的最简单的方法是，将样式与元素的 ID 作为选择符（其中包括以单引号括起来的 ID 值）就能够做到这一点。例如，下面的规则使带有 ID 值为 s1 的元素变为粗体：

```
<xsl:template match="id('s1')">
<b><xsl:value-of select="."/></b>
</xsl:template>
```

当然，上面假设以此方式选择的元素具有在源文档的 DTD 中声明为 ID 类型的特性。但是，通常情况并非如此。首先，许多文档没有 DTD，只不过结构整洁，但不合法。即使有 DTD，也无法确保任何元素都有 ID 类型的特性。这时，可以在样式单中使用 xsl:key 元素，用来使输入文档中的元素具有 ID 类型特性。

5.5.6 使用@来匹配特性

@符号根据特性名与特性相匹配，并选择节点。使用这种方法很简单，只需在要选择的特性前加上@符号。例如，要输出一张学生学号和学生姓名对应的表格，代码如下：

```
<?xml version="1.0"?>
<xsl:stylesheet
  xmlns:xsl="http://www.w3.org/1999/XSL/Transform">
<xsl:template match="/student-number">
<html>
  <body>
   <hl>学号姓名对照表</hl>
   <table>
     <th>学号</th>
     <th>年级</th>
     <th>班级</th>
     <xsl:apply-templates/>
    </table>
  </body>
</html>
</xsl:template>
<xsl:template match="student">
  <tr>
    <td><xsl:value-of select="name"/></td>
    <td><xsl:value-of select="grade"/></td>
    <td><xsl:apply-templates select="class"/></td>
  </tr>
</xsl:template>
<xsl:template match="Student NO VS Name">
  <xsl:value-of select="." />
    <xsl:value-of select="@sex"/>
  </xsl:template>
</xsl:stylesheet>
```

在结果显示的时候，不仅能显示出 name，而且也写出了 sex 特性。这是由于<xsl:value-of select="@sex"/>所获得的结果。

5.5.7 使用 comments()注释

要使注释成为文档必不可少的部分，确实不是好主意。在大多数时候，可能应该完全忽略 XML 文档中的注释。但是，当不得不选择注释时，XSL 确实提供了选择注释的手段。

为了选择注释，可使用 comment()模式。尽管此模式有类似函数的圆括号，但实际上却不带任何参数，要区分不同的注释不太容易。

实际应用时，决不要将重要信息放在注释中。XSL 允许人们选择注释的唯一真实的理由是：用样式单把一种标记语言变换成另一种标记语言，同时又能使注释保持不变。选择注释的任何其他方面的用途都意味着原文档设计得不好。下面的规则匹配所有的注释，并使用 xsl:comment 元素将它们再次复制出来：

```
<xsl:template match="comment()">
<xsl:comment><xsl:value-of select="."/></xsl:comment>
</xsl:template>
```

需要注意的是，用于施加模板的默认规则对注释无效，因此，遇到注释时，如果要使默认规则起作用，需要包括 xsl:apply-templates 元素，无论注释放在何处，此元素都能选择注释。

使用层次操作符可以选择特定的注释。例如，下面的规则匹配 resume 元素内部的注释：

```
<xsl:template match="resume/comment()">
<xsl:comment><xsl:value-of select="." /></xsl:comment>
</xsl:template>
```

5.5.8 使用 pi()来匹配处理指令

pi()函数选择处理指令。pi()的参数是放在引号内的字符串，表示要选择的处理指令的名称。如果没有参数，则匹配当前节点的第 1 个处理指令子节点，但可以使用层次操作符。例如，下面的规则匹配根节点的第 1 个处理指令子节点（很可能是 XML-stylesheet 处理指令）。xsl:pi 元素使用指定的名称和输出文档中的值来插入一个处理指令：

```
<xsl:template match="/pi()">
<xsl:pi name="XML-stylesheet">
type="text/xsl" value="auto.xsl"
</xsl:pi>
</xsl:template/>
```

下列规则也匹配 XML-stylesheet 处理指令，但是通过其名称来匹配的：

```
<xsl:template match="pi( XML-stylesheet )">
<xsl:pi name="XML-stylesheet">
<xsl:value-of select="."/>
</xsl:pi>
</xsl:template/>
```

用来施加模板的默认规则并不匹配处理指令，因此，遇到 XML-stylesheet 处理指令时，如果要使默认规则起作用，需要包括 xsl:apply-templates 元素，此元素在适当的地方匹配默认规则。例如，下面这个用于根节点的模板确实将模板应用于处理指令：

```
<xsl:template match="/">
<xsl:apply-templates select="pi()"/>
<xsl:apply-templates select="*"/>
</xsl:template>
```

5.5.9 用 text()来匹配文本节点

text()操作符能够明确选择一个元素的文本子元素。尽管这种操作符有圆括号，但不需要任何参数。示例如下：

```
<xsl:template match="SYMBOL">
<xsl:value-of select="text()"/>
</xsl:template>
```

此操作符存在的主要原因是为了用于默认规则。无论作者是否指定默认规则，XSL 处理程序必须提供下列的默认规则：

```
<xsl:template match="text()">
<xsl:value-of select="."/>
</xsl:template>
```

这意味着无论何时将模板应用于文本节点，就会输出此节点的文本。如果并不需要这种默认行为，可以将其推翻。例如，在样式单中，包括下列空模板规则，将会阻止输出文本节点，除非另外的规则明确地匹配：

```
<xsl:template match="text()">
</xsl:template>
```

5.5.10 使用“或”操作符

竖线（|）允许一条模板规则匹配多种模式。如果节点与某种模式相匹配，则此节点将激活该模板。例如，下面模板规则与 Student 和 Teacher 元素都匹配：

```
<xsl:template match="StudentR|Teacher">
<B><xsl:apply-templates/></B>
</xsl:template>
```

也可以在“|”两边加入空格，这样使代码更清晰。示例如下：

```
<xsl:template match="StudentR|Teacher">
<B><xsl:apply-templates/></B>
</xsl:template>
```

5.6 输出格式与编码问题

本节主要介绍输出文档、输出文本、输出元素、输出属性、输出指令、输出注释、输出消息、替换名称空间以及空白符的输出几个部分。

5.6.1 输出文档

<xsl:output>元素用于控制输出文档的类型及格式。该元素必须作为 XSLT 文档的顶层元素出现，即只能作为<xsl:stylesheet>元素的子元素出现。在前面的内容中提到，XSLT 可以将 XML 文档转换为 XML、HTML、TEXT 等格式，XSLT 究竟将 XML 源文档转换为哪种格式的文档，正是由<xsl:output>元素决定。

其使用语法如下所示：

```
<xsl:output
method="XML|html|text|name"
version="string"
encoding="string"
omit-XML-declaration="yes|no"
standalone="yes|no"
doctype-public="string"
doctype-system="string"
cdata-section-elements="namelist"
indent="yes|no"
media-type="string"/>
```

代码说明如下。

（1）method 属性：可选，用于指定输出文档的格式。如果未指定该属性，则默认输出为 XML。另外，如果输出的目标文档中，根元素是<html>，那么也将输出 HTML 文档。

（2）version 属性：可选，用于指定版本信息。此处的 version 属性要和<xsl:stylesheet>中的 version 属性区分开来。此处的 version 代表的不是 XSLT 文档的版本，而是指输出文档的版本号。如果输出文档为 XML 文档，那么 version 属性应该设置为 1；如果输出文档为 HTML 文档，那么 version 属性应该设置为 4。

（3）encoding 属性：可选，用于指定输出文档的编码。一般来说选择 UTF-8，若目标文档中含有中文字符，则可以选择 GB2312。

（4）omit-XML-declaration 属性：可选，用于指定输出文档中是否需要忽略 XML 文档声明语句（也就是<?xml version='1.0'?>语句）。其默认值为 no。

（5）standalone 属性：可选，用于指定是否要在输出文档中添加独立文档声明。默认值为 no。

（6）indent 属性：可选。用于指定输出文档是否需要按照结构进行换行和缩进处理。默认值为 no。

（7）其余属性：很少用到，在此省略。

<xsl:ouput>元素经常用到的属性包括 method、encoding 和 indent。

（1）method 是定义输出格式，它不受输出文件扩展名的影响。例如，即使输出文件名写作 xxx.html，那么 method="text"的输出内容仍然只有节点的文本。method 属性的候选值主要有 XML、html 和 text。

（2）encoding 属性的候选值由处理器决定，但是所有的处理器都必须包含 UTF-8 和 UTF-16 这两种字符编码。常用的有 UTF-8、ISO-8859-1、GB2312、GBK 等。由于 XML 文档是采用 Unicode 字符集，所以 UTF-8 是编码范围较广，且为经常采用的编码格式。但这并不是绝对的，正确选择 encoding 属性的唯一标准是利用该编码格式输出的文档，能被使用该文档的应用程序正确解析。

（3）indent 属性用于指定输出文档是否需要根据结构来自动换行和缩进。

5.6.2　输出文本

输出控制指令<xsl:output>用来控制输出文档的格式，在具体的输出工作中，最常用的则是输出文本。输出文本所用到的指令为<xsl:value-of>。<xsl:value-of>的使用语法如下：

```
<xsl:value-of select="xpathExpression" disable-output-escaping="yes|no"/>
```

代码说明如下：

（1）select 属性：必选，指定一个 XPath 表达式，注意 XPath 表达式有 4 种数据类型。

（2）disable-output-escaping 属性：可选，用于指定是否禁用输出字符转义。默认值为 no。

5.6.3　输出元素

元素是一个 XML 文档构成的基本单位。在 XSLT 转换文档中，可以使用指令<elementName>直接生成元素，这样的元素将被直接输出到目标 XML 文档中。但有时这种方式会失效，如元素名需要动态生成、特殊名称空间元素等。这就需要用到生成元素指令<xsl:element>。<xsl:element>用于动态生成元素，其使用语法如下所示：

```
<xsl:element>
  name = "element-name"
  namespace = "uri-reference"
  use-attribute-sets = QName
</xsl:element>
```

代码说明如下：

（1）name 属性：必选，用来指定欲创建元素的名字。

（2）namespace 属性：可选，用来指定被创建元素的名称空间。

（3）use-attribute-sets 属性：可选，该属性定义一个被空白符分隔的属性集列表，凡是在该列表中出现的属性集都将被输出到目标文档中。要使用该属性，必须在 XSLT 文档中预先定义属性集。

5.6.4 输出属性

<xsl:attribute>指令用于创建一个属性。由于属性总是依附于元素存在，所以，该指令总是存在于某个元素的内容模板之内，该指令生成的属性将被添加到该元素中。其使用语法如下所示：

```
<xsl:attribute name="attributename" namespace="uri">
<!—内容：模板 -->
</xsl:attribute>
```

代码说明如下：

（1）name 属性：必选，指定要创建的属性的名称。

（2）namespace 属性：可选，为所创建的属性指定名称空间。

（3）<xsl:attribute>元素的内容模板用来确定属性的值。

5.6.5 输出指令

在 XML 文档中，指令也是不可或缺的一部分，本小节将讲述如何向目标 XML 文档输出指令。向目标 XML 文档输出处理指令，应该使用<xsl:processing-instruction>元素。其使用语法如下所示：

```
<xsl:processing-instruction name="process-name">
<!--模板内容-->
</xsl:processing-instruction>
```

代码说明如下：

（1）name 属性：必选，用于指定处理指令的名字。

（2）模板内容用于生成处理指令的其他参数。

5.6.6 输出注释

输出注释节点需要用到指令<xsl:comment>。<xsl:comment>指令的使用语法如下所示：

```
<xsl:comment>
  <!--注释内容--!>
</xsl:comment>
```

代码说明如下：

注释内容用来为新生成的注释节点提供内容。

5.6.7 输出消息

消息输出也是很多编程语言中都具备的功能。XSLT 的消息一般都是输出在控制台中，并可以控制是否需要停止程序的执行。输出消息所使用的 XSLT 元素为<xsl:message>。其使用语法如下所示：

```
<xsl:message terminate="yes|no">
  <!—内容：模板 -->
</xsl:message>
```

代码说明如下：

terminate 属性：可选，用于指定是否终止程序的执行。当其值为“yes”时，处理器将给出消息窗口，并终止程序的执行；当其值为“no”时，程序将继续执行。默认值为 no。

5.6.8　替换名称空间

在 XSLT 中还有另外一个针对名称空间的处理指令，这就是<xsl:namespace-alias>元素。<xsl:namespace-alias>元素使得输出时，以不同的名称空间来代替 XSLT 文档中的名称空间。其使用语法如下所示：

```
<xsl:namespace-alias
stylesheet-prefix="prefix|#default"
result-prefix="prefix|"#default"/>
```

代码说明如下：

（1）stylesheet-prefix 属性：必选，指定在 XSLT 中想要改变的名称空间的前缀。

（2）result-prefix 属性：可选，指定在输出中要转换为哪个名称空间的前缀。

5.6.9　空白符的输出

空白符是指空格、制表符、回车符和换行符 4 种字符。空白符存在于 XML 文档中，但却容易被忽略。空白符在 XML 文档中，是以文本节点的形式存在的。空白符可以分为如下两类：

（1）无意义空白符。这类空白符往往是为了 XML 文档的可读性更强，而添加的换行和缩进。这类空白符并非有用信息，因此，在进行处理时，应当忽略其存在。

（2）有意义空白符。这类空白符是文档内容的有机组成部分，属于存储的信息，应当予以保留。

处理器区分这两种空白符的标准为含有空白符的节点是否为纯空白符节点。所谓的纯空白符节点是指在整个节点中，除了空白符外，不含有其他字符。注意，在一个 XML 文档树结构中，不存在两个相邻的文本节点。

5.7　格式对象 FO

XSL-FO 现在也通常叫做 XSL。通过前面的介绍可以知道：XSL 是一种以 XML 为基础的标记语言，它对输出到屏幕、纸张或其他媒体上的 XML 数据的格式化作了具体的描述。如果 XML 只是转换为 HTML 这类格式，使用 XSLT 即可，如果要转换到 PDF 等格式，需要使用 XSL-FO。XSL-FO 是 W3C 指定的、用于格式化 XML 数据的语言。XSL-FO 全称为 Extensible Stylesheet Language Formatting Objects（格式化对象的可扩展样式表语言），XSL-FO 定义了许多格式对象，如页面、表格等，但没有限定使用什么方式显示，可以转换成 PDF、SVG，甚至 GUI 控件。

5.7.1　XSL-FO 文档

当 W3C 做出第一份 XSL 工作草案时，它囊括了 XML 文档的转换和格式化的语法。后来，W3C 的 XSL 工作组把原草案分成了以下几块参考标准。

（1）XSLT，用于对 XML 文档进化转化的语言。

（2）XSL 或 XSL-FO，用于格式化 XML 文档的一种语言。

（3）Xpath，用于在 XML 文档中对元素和属性进行操作的语言。

XSL-FO 文档是含有输出信息的 XML 文档，即包含了输出排版和输出内容的信息。

XSL-FO 文档以扩展名为“fo”或“fob”的文件保存在文件里。XSL-FO 文档以“XML”扩展名来保存也非常常见，因为这样使它们能更容易地被 XML 编辑器访问。其基本结构如下所示：

```
<?xml version="1.0" encoding="ISO-8859-1"?>
<fo:root xmlns:fo="http://www.w3.org/1999/XSL/Format">
<fo:layout-master-set>
  <fo:simple-page-master master-name="A4">
    <!–加入页面模板 -->
  </fo:simple-page-master>
</fo:layout-master-set>
<fo:page-sequence master-reference="A4">
  <!–加入页面内容 -->
</fo:page-sequence>
</fo:root>
```

因为 XSL-FO 文档是 XML 文档，所以必须在开始有一个 XML 声明：

```
<?xml version="1.0" encoding="ISO-8859-1"?>
```

<fo:root>元素是 XSL-FO 文档的根元素。根元素也给 XSL-FO 命名了名称空间（namespaces）：

```
<fo:root xmlns:fo="http://www.w3.org/1999/XSL/Format">
  <!–整个文档的内容-->
</fo:root>
```

<fo:layout-master-set>元素包含着一个或多个页面模板：

```
<fo:layout-master-set>
  <!–接下来是所有页面的模板 -->
</fo:layout-master-set>
```

每个<fo:simple-page-master>元素包含着一个单独的页面模板。每个模板都有一个特殊的名称（master-name）：

```
<fo:simple-page-master master-name="A4">
  <!–接下来是单个页面的模板 -->
</fo:simple-page-master>
```

一个或多个<fo:page-sequence>元素描述了页面内容。Master-reference 属性指的是同名的“简单页面控制（simple-page-master）模板”：

```
<fo:page-sequence master-reference="A4">
  <!–接下来是页面内容-->
</fo:page-sequence>
```

master–reference＝"A4"并不是真正地描述了预先定义的页面格式，它只是个名称。用户也可以将其定义为“MyPage”或“MyTemplate”等名称。

5.7.2 XSL–FO 区域

XSL-FO 用矩形块（域）显示结果。XSL 格式化模型定义了大量的矩形域（块状区）来显示数据，所有的结果（文本，图片等）都会被格式化后放入这些区域里，然后在目标媒体上显示或打印出来。XSL-FO 结果被格式化成页面形式，打印出来的结果通常会形成很多分开的页面。浏览器的输出结果通常会是长长的一页，XSL-FO 每页都含有大量的区域：

（1）region-body (the body of the page)区域—主体（页面的主体）。

（2）region-before (the header of the page)区域—前体（页面标题）。

（3）region-after (the footer of the page)区域—后体（页面的页脚）。

（4）region-start (the left sidebar)区域—开头（左工具条）。

（5）region-end (the right sidebar)区域—末尾（右工具条）。

XSL-FO 区域含有块状区域。XSL-FO 块状区域定义了更小的块状元素（以新一行开头的元素），如图表、表格和列表。XSL-FO 块状区域包含其他的块状区域，但它们常包含行区域。XSL-FO 行区域定义了块状区域里的文本行。XSL-FO 行区域包行内区域，XSL-FO 定义了行里（“用于强调段落”的粗体圆点、单字符、图形等）的文本。

5.7.3　XSL-FO 输出

XSL-FO 在<fo:flow>元素里定义输出结果。它包含了页面（Page）、流向（Flow）和区域（Block）3 个部分。其内容可以概括为：Flows 元素的内容 Blocks 进入 Pages，然后到达输出的媒体。XSL-FO 输出通常嵌在<fo:block>元素、<fo:flow>元素以及<fo:page-sequence>元素里。

```
<fo:page-sequence>
  <fo:flow flow-name="xsl-region-body">
<fo:block>
      <!–结果输出 -->
   </fo:block>
  </fo:flow>
</fo:page-sequence>
```

5.7.4　XSL-FO FLOW

XSL-FO 充满了来自<fo:flow>元素的数据。XSL-FO 用<fo:page-sequence>元素来定义输出页面，每个输出的页面都涉及定义页面排版的页面模板，每页输出页面指都有定义输出的<fo:flow>元素，每页输出页面都按顺序打印（或显示）。

<fo:flow>元素包含了要被打印在页面上的所有元素。当页面印满时，相同的页面模板（page master）会被反复地使用直到所有文本都被打印出来为止。<fo:flow>元素有“flow-name”（流向名）属性，该属性的值决定了<fo:flow>元素内容的流向。其合法值有以下几种：

（1）xsl-region-body (into the region-body)流向区域主体；

（2）xsl-region-before (into the region-before)流向区域前端；

（3）xsl-region-after (into the region-after)流向区域后端；

（4）xsl-region-start (into the region-start)流向区域始端；

（5）xsl-region-end (into the region-end)流向区域末端。

5.7.5　XSL-FO 页面

XSL-FO 使用名为“Page Masters”的页面模板来定义页面的排版，每块模板必须有独立的名称。

```
<fo:simple-page-master master-name="intro">
  <fo:region-body margin="5in" />
</fo:simple-page-master>
<fo:simple-page-master master-name="left">
  <fo:region-body margin-left="2in" margin-right="3in" />
</fo:simple-page-master>
<fo:simple-page-master master-name="right">
  <fo:region-body margin-left="3in" margin-right="2in" />
</fo:simple-page-master>
```

在上面的例子里，3 个<fo:simple-page-master>元素，定义了 3 块不同的模板。每块模板都有不同的名称。第 1 块模板称为 “intro”，它可以用于介绍页面的模板，第 2 和第 3 块模板称为 “left” 和 “right”。它们可用于定义奇数页面和偶数页面。XSL-FO 使用下面的属性来定义页面的大小：

（1）margin-top 定义了顶边空白。

（2）margin-bottom 定义了底边空白。

（3）margin-left 定义了左边空白。

（4）margin-right 定义了右边空白。

（5）margin 定义了所有的四边空白。

XSL-FO 用以下元素来定义页面的区域：

（1）region-body 定义了整体区域。

（2）region-before 定义了顶端的区域（标题）。

（3）region-after 定义了底端区域（页脚）。

（4）region-start 定义了左端区域（左端工具条）。

（5）region-end 定义了右端区域（右端工具条）。

要注意前端区域（region-before）、后端区域（region-after）、始端区域（region-start）、末端区域（region-end）是主体区域的一部分，主体区域的空白尺寸至少要和这些区域一样。

以下是部分 XSL-FO 文档：

```
<fo:simple-page-master master-name="A4"
 page-width="266mm" page-height="210mm"
 margin-top="1cm"  margin-bottom="1cm"
 margin-left="1cm"  margin-right="1cm">
  <fo:region-body  margin="3cm"/>
  <fo:region-before extent="2cm"/>
  <fo:region-after  extent="2cm"/>
  <fo:region-start  extent="2cm"/>
  <fo:region-end  extent="2cm"/>
</fo:simple-page-master>
```

上面的代码定义了名称为 “A4” 的 “Simple Page Master Template”，宽度为 266mm，高度 210mm，页面的顶部和底部左右空白都是 1cm，主体部分有 3cm 宽的空白（在所有边上），主体的前后始末部分都是 2cm。在这个例子当中，主体宽度可以这样计算：页面自身宽度减去左右空白和区域主体空白的宽度，具体如下：

266mm −（2 × 1cm）−（2 × 3cm）= 266mm − 20mm − 60mm = 186mm

注意，区域（始区域和末区域）并不在计算范围之内，这些区域只是主体的一部分。

5.7.6 XSL–FO 块状区域

XSL-FO 输出进入块状区域，包括 XSL-FO Pages、Flow 以及 Block。其内容可以概括为：“Flows 的内容（Blocks）进入了输出媒体的页面 Pages。”

XSL-FO 输出通常被嵌在<fo:block>元素、<fo:flow>元素和<fo:page-sequence>元素内，如下所示：

```
<fo:page-sequence>
  <fo:flow flow-name="xsl-region-body">
    <fo:block>
      <!–结果输出 -->
    </fo:block>
  </fo:flow>
</fo:page-sequence>
```

首先来看一下 Block Area 属性。块状区域是一组在矩形框内的输出的结果。

```
<fo:block  border-width="1mm">
This block of output will have a one millimeter border around it.
</fo:block>
```

因为块状区域的是矩形框，它们共享很多共同的区域性质，各区域如图 5.7 所示。

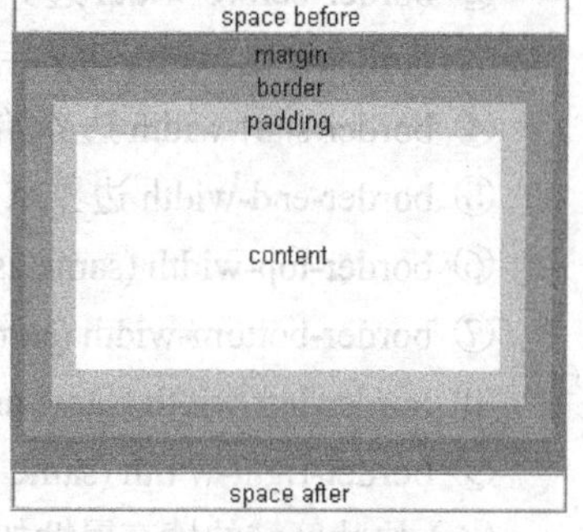

图 5.7　各区域示意图

（1）space before and space after 最上和最下空间。

（2）margin 页边。

（3）border 边框。

（4）padding 填充。

“Space before”和“space after”空间是用来分隔本区域和别的区域的；页边（margin）是块状区域外面的空白区域；边界（border）是矩形框的 4 条边，它们可以有不同的宽度，也可以填充不同的颜色和背景图片；填充是位于边界和内容区域之间的地方；内容区域包含了诸如文本、图片、图表等实际存在的内容。

（1）块状区域的页边（margin）属性如下：

① margin 四边留白。

② margin-top 顶部留白。

③ margin-bottom 底部留白。

④ margin-left 左留白。

⑤ margin-right 右留白。

（2）块状区域的边界样式属性如下：

① border-style 边界类型。

② border-before-style 边界前端类型。

③ border-after-style 边界后端类型。

④ border-start-style 边界开始类型。

⑤ border-end-style 边界结束类型。

⑥ border-top-style (same as border-before)顶边类型（和边界前端类型一样）。

⑦ border-bottom-style (same as border-after)底边类型（和边界后端类型一样）。

⑧ border-left-style (same as border-start)左边类型（和边界始类型一样）。

⑨ border-right-style (same as border-end)右边类型（和边界右端类型一样）。

（3）块状区域的边界颜色属性如下：

① border-color 边界颜色。

② border-before-color 前边界色。

③ border-after-color 后边界色。

④ border-start-color 始端边界色。

⑤ border-end-color 末端边界色。

⑥ border-top-color (same as border-before)顶端边界色（和前边界色相同）。

⑦ border-bottom-color (same as border-after)底端边界色（和后边界色相同）。

⑧ border-left-color (same as border-start)左边界色（和始端边界色相同）。

⑨ border-right-color (same as border-end)右边界色（和末端边界色相同）。

（4）块状区域的边界宽度属性如下：

① border-width 边宽。

② border-before-width 边界前宽。

③ border-after-width 边界后宽。

④ border-start-width 边界始宽。

⑤ border-end-width 边界末宽。

⑥ border-top-width (same as border-before)顶边宽度（和边界前宽相同）。

⑦ border-bottom-width (same as border-after)底边宽度（和边界后宽相同）。

⑧ border-left-width (same as border-start)左边宽度（和边界始宽相同）。

⑨ border-right-width (same as border-end)右边宽度（和边界右宽相同）。

（5）块状区域的填充属性如下：

① padding 填充。

② padding-before 前填充。

③ padding-after 后填充。

④ padding-start 始填充。

⑤ padding-end 末填充。

⑥ padding-top (same as padding-before)顶填充（和始填充一样）。

⑦ padding-bottom (same as padding-after)底填充（和后填充一样）。

⑧ padding-left (same as padding-start)左填充（和始填充一样）。

⑨ padding-right (same as padding-end)右填充（和末填充一样）。

（6）块状区域的背景属性如下：

① background-color 背景颜色。

② background-image 背景图形。

③ background-repeat 背景反复。

④ background-attachment (scroll or fixed)背景附件（滚动或固定）。

（7）块状区域的字体属性如下：

① font-family 字体样式。

② font-weight 字体粗细。

③ font-style 字体式样。

④ font-size 字体大小。

⑤ font-variant 字体变量。

（8）块状区域的文本属性如下：

① text-align 文本排列。

② text-align-last 文本排列持续。

③ text-indent 文本缩进。

④ start-indent 起始缩进。

⑤ end-indent 末尾缩进。

⑥ wrap-option（defines word wrap）隐藏选项（定义文字隐藏）。

⑦ break-before（defines page breaks）页面前端断开（定义页面断开）。

⑧ break-after（defines page breaks）页面后端断开（定义页面断开）。

⑨ reference-orientation（defines text rotation in 90" increments）参考量定位（定义在 90° 内的旋转）。

5.7.7 XSL-FO 列表

XSL-FO 用列表块区定义列表。用于创建列表的 XSL-FO 对象有以下 4 个：

（1）fo:list-block（含有整个列表）。

（2）fo:list-item（含有列表里的每一项）。

（3）fo:list-item-label（含有列表项的标签，如一个<fo:block>元素含有一个数字、字符等）。

（4）fo:list-item-body（含有列表项的内容和主体，如一个或多个<fo:block>对象）。

下面举一个例子来说明：

```
fo:list-block>
<fo:list-item>
 <fo:list-item-label>
   <fo:block>*</fo:block>
 </fo:list-item-label>
 <fo:list-item-body>
   <fo:block>Hello</fo:block>
 </fo:list-item-body>
</fo:list-item>
<fo:list-item>
 <fo:list-item-label>
   <fo:block>*</fo:block>
 </fo:list-item-label>
 <fo:list-item-body>
   <fo:block>China</fo:block>
 </fo:list-item-body>
</fo:list-item>
</fo:list-block>
```

5.7.8 XSL-FO 表格

XSL-FO 用<fo:table-and-caption>元素定义表格，XSL-FO 的表格模式和 HTML 表格模式相差不大，有如下 9 个 XSL-FO 对象可以用于创建表格：

（1）fo:table-and-caption

（2）fo:table

（3）fo:table-caption

（4）fo:table-column

（5）fo:table-header

（6）fo:table-footer

（7）fo:table-body

（8）fo:table-row

（9）fo:table-cell

<fo:table-and-caption>元素用于定义表格，它包含一个<fo:table>元素和一个可选择的<fo:caption>元素。<fo:table>元素包含几个可选择的<fo:table-column>元素，一个可选择的<fo:table-footer>元素。这些元素都有一个或多个的<fo:table-row>元素，和一个或多个的

<fo:table-cell>元素。

5.7.9 XSL–FO 参考资料

把具体描述转化为表达式的过程称为格式化。表 5.23 所示为 XSL-FO 对象描述，供读者参考。

表 5.23 XSL-FO 对象描述表

Object（对象）	Description（描述）
basic-link	开始资源（start resource）连接
bidi-override	拒绝默认统一字符编码标准 BIDI 的用法
block	定义输出组件（比如：段落、标题）
block-container	定义一个 block 等级参考面
character	指定表达字形的字符（这个字符将被映射到一个字形中来表达）
color-profile	定义样式表的颜色轮廓
conditional-page-master-reference	指定当条件为 true 真时，可以使用 page-master
declarations	生命一个通用的样式
external-graphic	用于图解（图形数据位于 XML 结果树的外部）
float	用于在开始页面的单独区域里指定一个图形，或者将图形放置在一边（内容浮于图形的周围）
flow	包含所有要打印在页面上的元素
footnote	在页面区域主体定义脚注
footnote-body	定义脚注内容
initial-property-set	格式<fo:block>第一行
inline	通过背景属性或将其嵌入一个边框来定义一部分文本的格式
inline-container	定义行内（inline）参数区域
instream-foreign-object	用于 inline 制图或对象数据以<fo:instream-foreign-object>子元素形式"存在的 generic"对象
layout-master-set	在文档中使用所有的 master
leader	通过产生“.”来给页面中的标题进行排版，或者建立一个表格输入区或一个平行法则
list-block	定义列表
list-item	包含列表的每个项
list-item-body	包含列表项的内容/主体
list-item-label	包含列表项的标签（尤其是数字、字符等）
marker	通过<fo:retrieve-marker>来创建运行标题或页脚
multi-case	（在<fo:multi-switch>中）包含 XSL-FO 对象的每个可供选择的子树（sub-tree）。父级<fo:multi-switch>会选择其中一个来决定是显示还是隐藏余下的部分
multi-properties	用来转换 2 个或更多的性质设置
multi-property-set	根据用户代理状态，指定一个应用性质设置

续表

Object（对象）	Description（描述）
multi-switch	解释一个或多个<fo:multi-case>对象，控制它们（受<fo:multi-toggle>触发）之间的转换
multi-toggle	用于转换成另一<fo:multi-toggle>
page-number	表现为当前页码
page-number-citation	给页面定页码，而此页面是包含被引用对象返回的第一标准区域
page-sequence	页面输出元素的容器。这儿有一个页面专用的<fo:page-sequence>对象
page-sequence-master	指定使用哪个 simple-page-masters 以及以何种顺序使用
region-after	定义页脚
region-before	定义页眉
region-body	定义页面主体
region-end	定义页面右工具条
region-start	定义页面左工具条
repeatable-page-master-alternatives	指定一组 simple-page-masters 循环
repeatable-page-master-reference	指定单个 simple-page-masters 循环
retrieve-marker	通过<fo:marker>创建运行标题与页脚
root	XSL-FO 文件的根(top)节点
simple-page-master	定义页面的尺寸与形状
single-page-master-reference	定义 page-master 用于有顺序页面中的给出的要点
static-content	包含了在许多页面中都重复的静态内容（如：标题与页脚）
table	格式表格的列表材料
table-and-caption	格式表格及其标题
table-body	表格行和表格单元的容器
table-caption	包含表格标题
table-cell	定义表格单元
table-column	格式表格栏
table-footer	定义表格页脚
table-header	定义表格标题
table-row	定义表格行
title	定义页面次序的标题
wrapper	指定 XSL-FO 对象组的遗传道具

小　结

在本章中，首先介绍了 XSL 的概念，并对 XSL 的 3 个部分（XSLT、XPath、XSL-FO）分别作了介绍。其中，XSLT 是本章的主要内容。通过本章的学习读者应该了解以下内容：

（1）XSLT 是 XSL 的一部分，在 XSL 中具有核心作用。

（2）XSLT 具有编程功能，能够对页面显示进行智能化的设置，因此，比 CSS 更具通用性。

（3）XSLT 不过是一个普通的 XML 文档，但由于特殊名称空间的引入，使其具有了转换 XML 文档的功能，但实际转换工作是由处理器完成的。

习　题

1．XSL 技术包括________、________和________3 个部分。

2．XSLT 有________、________两种模板类型。

3．下列元素属于 XSLT 的顶层元素的有________。

A．template　　B．variable　　C．sort　　D．param

4．<fo:flow>元素定义输出结果时包含了________几个部分。

A．Page　　B．Flow　　C．Block　　D．Start

5．“apply-templates”元素指示 XSLT 处理器遍历“select”属性匹配的节点集是如何进行的？

6．“apply-templates”、“call-template”和“for-each”3 者的区别是什么？

上 机 指 导

XSLT 的语法结构与语法规则是本章学习内容的重点。本节将通过上机操作，巩固本章所学的知识点。

实验一：图书信息示例

实验内容

使用 XSLT 显示 XML 文档。

实验目的

掌握 XSL 的基本转换过程。

实现思路

在 5.2 节中用一个简单的示例演示了 XSL 是如何进行样式转换的。下面给出了 XML 文档的主要部分。

```
<book_info>
<book>
  <name>红楼梦</name>
  <class>古典小说</class>
  <price>￥30.00</price>
  <NO>编号：00001</NO>
  </book>
<book>
  <name>三国演义</name>
  <class>古典小说</class>
  <price>￥28.00</price>
```

```
  <NO>编号：00001</NO>
  </book>
</book_info>
```

要求编写相应的 XSL 文件，以达到如图 5.8 所示的效果。

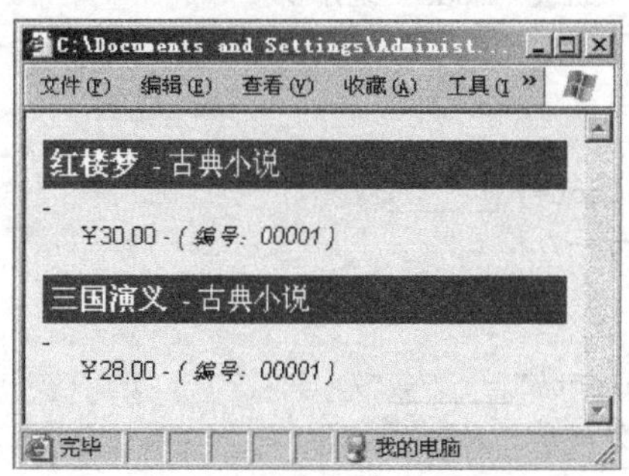

图 5.8　图书信息效果图

实验二：模板的运用和设置

实验内容

按要求将模板语句补充完整。

实验目的

熟悉 XSLT 的基本语法，深入了解模板的用法。

实现思路

下面给出了一段 XSLT 模板代码，代码中有若干空缺，空缺部分后面有该段语句要实现的功能。将空缺补充完整，最终达到如图 5.9 所示的显示效果。

张三	90	87
李四	54	62
王五	85.5	79
赵六	93	82
平均分	80.63	77.50

图 5.9　输出效果

XML 部分如下：

```
<?xml version="1.0" encoding="GB2312"?>
<班级成绩单 时间="2006-07-19">
  <班级>
    <名称>2006 级某班</名称>
    <学生 姓名="张三" 性别="男" 语文="90" 数学="87"/>
    <学生 姓名="李四" 性别="男" 语文="54" 数学="62"/>
    <学生 姓名="王五" 性别="男" 语文="85.5" 数学="79"/>
    <学生 姓名="赵六" 性别="女" 语文="93" 数学="82"/>
  </班级>
</班级成绩单>
```

XSLT 模板部分如下：

```
<?xml version="1.0" encoding="gb2312"?>
<xsl:stylesheet
xmlns:xsl="http://www.w3.org/1999/XSL/Transform" version="1.0">
  <xsl:output method="html" encoding="gb2312"/>
  <xsl:template match="/">
    <table border="1">
            <xsl:apply-templates select="班级成绩单/班级"/>
      <xsl:apply-templates select="班级成绩单/班级" mode="统计"/>
    </table>
```

```
    </xsl:template>
    <xsl:template match="班级">
       <xsl:apply-templates select="学生"/>
    </xsl:template>
      <xsl:template match="班级" mode="统计">
       <tr>
        <td>平均分</td>
        <td>
          <xsl:value-of select="_______"/>
            /!--计算语文平均分--/
        </td>
        <td>
          <xsl:value-of select="_______"/>
            /!--计算数学平均分--/
        </td>
      </tr>
    </xsl:template>

  <_______>
    <!-- 匹配“学生”元素的模板 -->
      <tr>
        <td>
          <xsl:value-of select="@姓名"/>
        </td>
        <td>
          <xsl:value-of select="@语文"/>
        </td>
        <td>
          <xsl:value-of select="@数学"/>
        </td>
      </tr>
    </xsl:template>
    </xsl:stylesheet>
```

实验三：XSLT 设置显示样式

实验内容

使用 XSLT 综合设置 XML 文档显示样式。

实验目的

掌握 XSLT 的语法，并通过实际操作熟悉相关操作。

实现思路

建立 XML 文档，编写对应的 XSLT 文件。通过在 XSLT 中进行显示设置，正确显示出 XML 中的内容。

XML 内容如下：

```
<?xml version="1.0" encoding="gb2312"?>
<?XML:stylesheet type="text/xsl" href="样式.xsl"?>
<将进酒>
  <标题>标题：将进酒</标题>
  <作者>
```

```
        作者：李白，字太白，号青莲居士。
    </作者>
    <row1>君不见黄河之水天上来，奔流到海不复回。</row1>
    <row2>君不见高堂明镜悲白发，朝如青丝暮成雪。</row2>
    <row3>人生得意须尽欢，莫使金樽空对月。</row3>
    <row4>天生我材必有用，千金散尽还复来。</row4>
    <row5>烹羊宰牛且为乐，会须一饮三百杯。</row5>
    <row6>岑夫子、丹丘生：将进酒，杯莫停。</row6>
    <row7>与君歌一曲，请君为我倾耳听。</row7>
    <row8>钟鼓馔玉不足贵，但愿长醉不复醒。</row8>
    <row9>古来圣贤皆寂寞，惟有饮者留其名。</row9>
    <row10>陈王昔时宴平乐，斗酒十千恣欢谑。</row10>
    <row11>主人何为言少钱，径须沽取对君酌。</row11>
    <row12>五花马，千金裘，呼儿将出换美酒，与尔同销万古愁。</row12>
</将进酒>
```

编写对应的 XSL 文件，以达到如图 5.10 的显示效果。

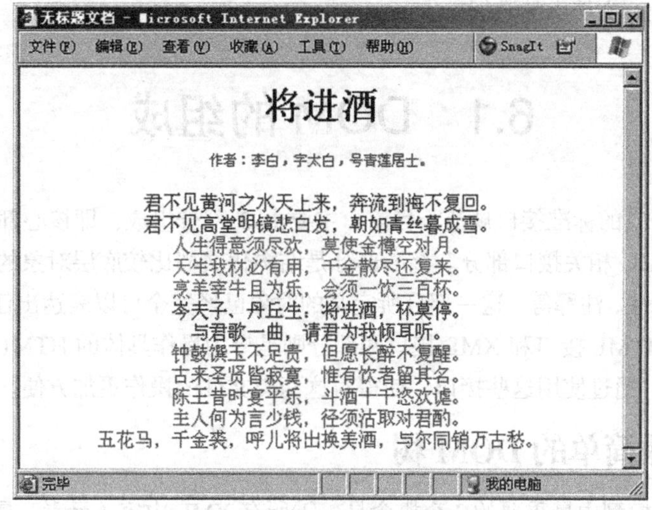

图 5.10　XSLT 设置效果图

第6章 文档对象模型（DOM）

DOM（Document Object Model）即文档对象模型，它是 W3C 制定的一套标准接口规范，是给 HTML 与 XML 文档使用的一整套 API 接口，并且这套接口与编程语言无关。在前面几个章节中，本书已经讲解了有关 XML 的基本知识。读者应该了解，XML 是一种可扩展性标识语言，能够让程序员自己创造标识，标识所想表示的内容。通过使用 DOM 接口，程序员就可以在程序或者脚本中，动态访问和修改 XML 文档内容、结构及样式。简单地说，DOM 的作用就是让程序员随时操作和处理 XML 文档中的数据。

6.1 DOM 的组成

DOM 作为 W3C 的标准接口规范，目前，主要由 3 部分组成，即核心部分（core）、HTML 相关接口部分和 XML 相关接口部分。核心部分是结构化文档比较底层对象的集合，一般包括文档、元素、文本、属性、注释等。这一部分所定义的对象已经完全可以表达出任何 HTML 和 XML 文档中的数据了。HTML 接口和 XML 接口两部分则是专为操作具体的 HTML 文档和 XML 文档所提供的各种接口，通过使用这些接口，使得对这两类文件的操作更加方便。

6.1.1 一棵简单的 DOM 树

XML 文档对象模型中最重要的 3 个概念是：①所有 XML 内容（元素、属性、文本内容等）都被视为节点；②在节点之间可以随机“移动”，从一个节点可以访问邻近的其他节点；③所有这些节点在内存中被构建成一棵树结构。

通常一个 XML 分析器，在对 XML 文档进行分析之后，不管这个文档的复杂程度如何，其中的信息都会被转化成一棵对象节点树。在这棵节点树中，有一个 Document 的根节点，所有其他的节点都是根节点的后代节点。节点树生成之后，就可以通过 DOM 接口访问、修改、添加、删除、创建树中的节点和内容。

为了更好地说明 DOM 树的组成和结构，下面先看一个简单的 XML 文档。以下是 students.xml 代码：

```
<?xml version="1.0" encoding="GB2312" standalone="no"?>
<!DOCTYPE students SYSTEM "C:\JT\study\example_7.2\students.dtd">
<!--以上部分称为XML文档的“序言”（Prolog）-->
<students>
<!--下面是实例-->
```

```
<student1>
<name>
  <first-name>MIke</first-name>
  <last-name>White</last-name>
</name>
<sex>Male</sex>
<class studentid="s1">200145</class>
<birthday>
  <day>12</day>
  <month>6</month>
  <year>1985</year>
</birthday>
</student1>
<student2>
<name>
  <first-name>Lily</first-name>
  <last-name>White</last-name>
</name>
<sex>Female</sex>
<class studentid="s2">200145</class>
<birthday>
  <day>18</day>
  <month>3</month>
  <year>1985</year>
</birthday>
</student2>
</students>
```

以下是 students.dtd 代码：

```
<?xml version="1.0" encoding="UTF-8"?>
<!ELEMENT students (student1,student2)>
<!ELEMENT student1 (name,sex,class,birthday)>
<!ELEMENT student2 (name,sex,class,birthday)>
<!ELEMENT name (first-name,last-name)>
<!ELEMENT first-name (#PCDATA)>
<!ELEMENT last-name (#PCDATA)>
<!ELEMENT sex (#PCDATA)>
<!ELEMENT class (#PCDATA)>
<!ATTLIST class
 studentid ID #REQUIRED
>
<!ELEMENT birthday (day,month,year)>
<!ELEMENT day (#PCDATA)>
<!ELEMENT month (#PCDATA)>
<!ELEMENT year (#PCDATA)>
```

于是，经过思考，可以得到一棵树状结构来描述这个 XML 文档，如图 6.1 所示。

虽然上面的结构图并不是真正意义上的 DOM 树，它只是 XML 文档在人们头脑中的反映，但它也反应了一些关于 DOM 的思想，可见 DOM 对于描述 XML 文档是非常合适的。下面用 DOM 树来描述学生名单.xml，如图 6.2 所示。

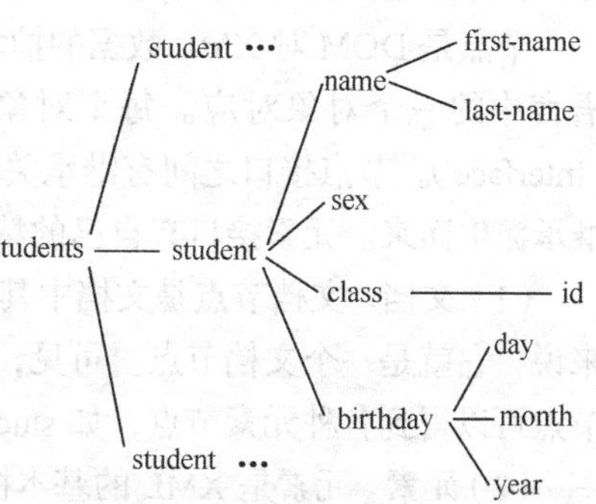

图 6.1　students.xml 的结构图

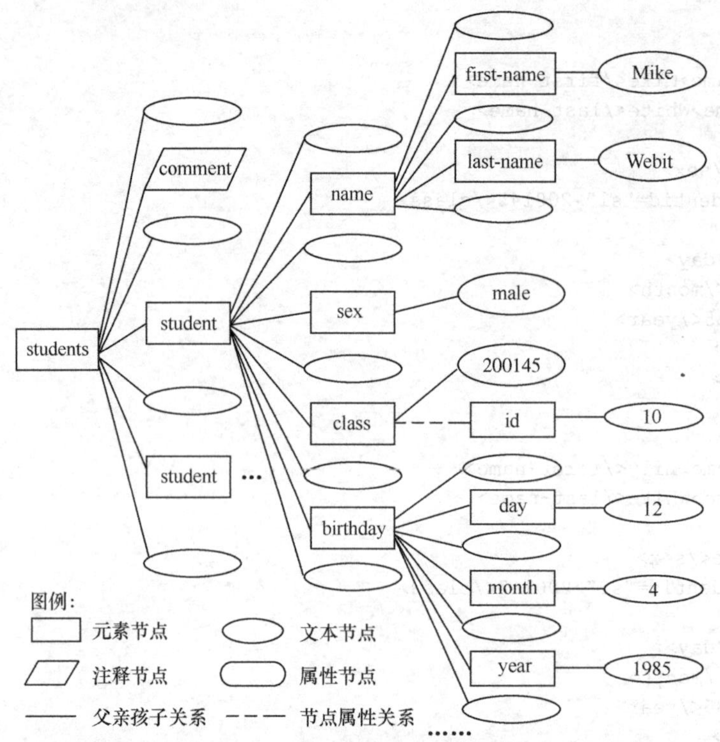

图 6.2 students.xml 的 DOM 树

在这棵 DOM 树中，students 是元素节点，是根元素节点，在它下面包括 7 个子节点，分别是空文本节点、注释节点、空文本节点、student 元素节点、空文本节点、student 元素节点和空文本节点，它们是父子关系；在 class 元素节点下包括两个子节点，分别是文本为 200145 的叶子文本节点和 id 属性节点；id 属性节点下又包括一个文本为 10 的叶子文本节点。可见，对于 DOM 来说，一切都是节点，DOM 正是通过对节点进行树状结构组织，使得对 XML 的操作更加灵活；在 DOM 中节点有不同的类型，正是靠着不同的节点类型，才使得 DOM 可以处理各种复杂程度的 XML 文档。关于节点的类型，在下一小节讨论。

6.1.2 DOM 的核心部分

XML 文档中的所有一切都被视为节点（Node）。对于 XML 文档而言，XML 文档本身是一个节点；文档中所包含的内容，如 XML 声明、DOCTYPE 声明、注释、处理指令、根元素等都是节点；根元素包含了属性、子元素，每个属性和子元素又是节点；元素、属性的文本内容也是节点。

节点是 DOM 对 XML 数据的抽象。在 XML 文档中，一个具体的 XML 节点与面向对象编程语言中的一个对象对应。每个对象所属的类（Class），都实现相应的 XML DOM 节点接口（Interface）。节点接口之间有继承关系，如元素对象首先实现元素接口，元素接口则从节点接口继承派生而来。元素接口有自己的特性，但又具有一般节点的共性。下面介绍各种节点的类型。

（1）文档。文档节点是文档中其他所有节点的父亲，如前面讨论的学生名单.xml，对于 DOM 来说，它就是一个文档节点。可见，文档节点是通过 DOM 对 XML 进行操作的起点，通过文档节点可以得到各种元素节点，如 students 根元素节点。

（2）元素。元素是 XML 的基本构造模块，它描述 XML 的基本信息。通常，元素拥有子元素、文本节点，或两者的组合。元素节点也是能够拥有属性的唯一节点类型。按照组织顺序，元素又有根元素与子元素之分，如 6.1.1 小节的学生名单.xml 文档中的 students 就是根元素，student 是它的子元素，而 name、class、birthday 和 sex 则是 student 的子元素，它们之间依次是父子关系。一个元素对象通常继承于节点对象，所以节点对象的所有方法都能通过元素来使用。

（3）属性。属性用来描述元素的某个方面的特性，它继承于节点，但是因为属性实际上是包含在元素中的，它并不能被看做是元素的子对象，因而在 DOM 中属性并不是 DOM 树的一部分，所以它继承节点中的方法，如 getparentNode()、getpreviousSibling()和 getnextSibling()等，返回的都将是 null。

（4）文本。文本节点就是名副其实的文本，它可以由更多信息组成，也可以只包含空白。这类对象通常包含方法 splitText（int offset），这个方法将文本节点分为两个相邻的文本节点，这两个文本节点分别包含原始文本的一部分，其中第 1 个节点包含从原始文本的起点开始到 offset 的前一个字符为止的字符串，而第 2 个文本节点则包含原始文本中的剩余部分。当在文本中插入一个新的元素时，要用到这个方法，如将元素<status>good</status>插入到<person>this is a guy</person>中文本节点的第 10 位，就得到<person>this is a<status>good</status>guy</person>。

（5）注释。注释包括关于数据的信息，通常被应用程序忽略。

（6）CDATA。CDATA 是字符数据（Character Data）的缩写，这是一个特殊的节点，它包含不应该被解析器分析的信息。相反，它包含的信息应该以纯文本传递。例如，可能会为了特殊目的而存储 HTML 标签。在通常情形下，处理器可能尝试为所存储的每个标签创建元素，而这样可能导致文档不是格式良好的。这些问题可以通过使用 CDATA 来避免。

当然还有一些 DOM 中会遇到的节点类型，如处理指令、文档片断等，在这里不再赘述，读者可以参考其他资料。

下面来看一下在 DOM 中可能存在的关系，也就是说，这些不同节点类型之间所存在的关系，通过对这些关系的理解，就能更好的使用 DOM 中基本接口所提供的方法。

（1）根节点（Root node）。代表一份 XML 文档，是整个文档对象模型的根节点，又称“文档节点”。此节点包含了文档中其他节点。

（2）根元素（Root element）。文档中的第 1 个元素，仅被文档节点包含，又称“文档元素”（Document element）。“students”元素就是文档中的根元素。

（3）父子关系。包含当前节点，并距离当前节点最近的节点，称为当前节点的“父节点”（Parent node）；当前节点相对于父节点而言，称为它的“子节点”。“students”包含了“student”、“student”这 2 个元素，对于这 2 个被包含的元素而言，为其“父节点”；而这 2 个元素则为“students”的子节点（Child nodes）。属性中的文本内容相对于属性而言，为其子节点，如“10”文本节点为“id”属性的子节点。

虽然元素节点含有属性，但属性节点不属于元素节点的子节点。

（4）兄弟关系。属于同一个父节点的节点，相互之间称为“兄弟节点”（Sibling nodes）。例如，“student”包含了“name”、“class”、“sex”和“birthday”4 个元素，这 4 个元素的关系就是兄弟节点关系。

（5）前导、后继兄弟关系。出现在当前节点前，距离当前节点最近的兄弟节点，称为“前导兄弟节点”（Previous sibling node）；出现在当前节点后，距离当前节点最近的兄弟节点，称为“后继兄弟节点”（Next sibling node）。对于“sex”元素而言，“name”元素在文档中刚好出现在其前面，为其前导兄弟节点，而“class”元素刚好紧随其后，为其后继兄弟节点。

（6）第一、最末子关系。对于“name”元素而言，其子节点（Child nodes）有两个——“first-name”和“last-name”，前者在其子节点中排位第一，故称为其“第一子节点”（First child node），而后者在其子节点中排位最末，故称为其“最末子节点”（Last child node）。对于“first-name”元素而言，其子节点只有一个，是一个文本节点（其值为“Mike”）。文本节点是最小的单位，不具有子节点。

（7）先代关系。所有包含当前节点的节点，如当前节点的父节点、父节点的父节点等，称为当前节点的“先代节点”（Ancestors）。文档节点和“students”元素节点就是“student”元素的先代节点。

（8）后代关系。所有被当前节点包含的节点，如当前节点的子节点、子节点的子节点等，称为当前节点的“后代节点”（Descendants）。“day”元素、“month”元素、“year”元素以及这 3 个元素的文本子节点（“12”、“6”和“1985”），就是“birthday”元素的后代节点。

掌握了 DOM 的这些基本概念之后，在下一节将讲解 DOM 接口规范中的 4 个基本接口。

6.1.3　DOM 接口规范中的 4 个基本接口

在 DOM 接口规范中，有 4 个基本的接口：Document、Node、NodeList 和 NamedNodeMap。在这 4 个基本接口中，Document 接口是对文档进行操作的入口，它是从 Node 接口继承过来的。Node 接口是其他大多数接口的父类，象 Documet、Element、Attribute、Text、Comment 等接口都是从 Node 接口继承过来的。NodeList 接口是一个节点的集合，它包含了某个节点中的所有子节点。NamedNodeMap 接口也是一个节点的集合，通过该接口，可以建立节点名和节点之间的一一映射关系，从而利用节点名可以直接访问特定的节点。

1. Document 接口

Document 接口代表了整个 XML/HTML 文档，它是整棵文档树的根。当需要特定对象的时候，可以用它来创建，它也维护着对一些重要信息的访问，如对文档类型声明的访问，根元素的访问等，因此，它提供了对文档中的数据进行访问和操作的入口。

由于元素、文本节点、注释、处理指令等节点都不能脱离文档的上下文关系而独立存在，也就是说它们是包括在特定的文档中的，理所当然的 Document 接口提供了创建这些节点对象的方法，而且通过该方法创建的节点对象都有一个 ownerDocument 属性，用来表明当前节点是由谁所创建的以及节点同 Document 之间的联系。图 6.3 所示为在 DOM 中文档接口同其他节点接口的关系。

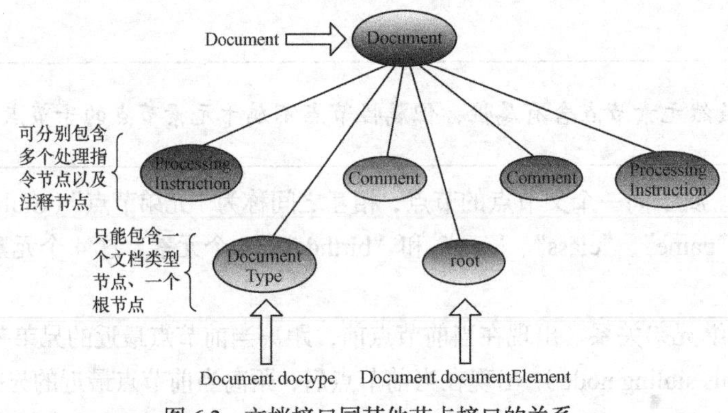

图 6.3　文档接口同其他节点接口的关系

从图 6.3 中可以获取如下信息：

（1）Document 接口是我们访问 XML 文档的起点。

（2）通过 Document 接口的属性，可以获得文档类型声明信息以及根元素的信息。

（3）通过 Document 接口的方法，可以生成其他节点对象，如处理指令节点、注释节点、文本节点以及属性节点等。

（4）在一棵 DOM 树中，Document 节点可以包含多个处理指令节点、多个注释节点。

（5）在一棵 DOM 树中，Document 节点仅可包含一个文档类型声明节点和一个根元素节点。

因此，归纳 Document 接口，可以得到它的主要属性如下：

（1）doctype 属性：通过这个属性可以获得关于当前文档的文档类型声明信息。它传回一个对象，这个属性是只读的。假如这个文档不包含 DTD，会传回 null。

（2）documentElement 属性：通过这个属性可以获得当前文档的根元素。此属性可读、可写，如果文档中不包含根节点，将传回 null。

（3）async 属性：它表示是否允许异步下载。此属性可读、可写，如果允许异步下载，则可设它为 true，否则设为 false。

（4）childNodes 属性：通过这个属性将返回节点列表对象，包含该节点所有可用的子节点。NodeList 对象我们在下面详细讨论。注意，这个节点列表对象可以包含多个注释节点、多个指令节点，但只有一个文档类型声明节点和一个根元素节点。

Document 接口的主要方法如下：

（1）createElement（string）方法：用给定的标签名字创建文档下的一个元素对象，代表 XML 文档中的一个标签，然后可以给这个元素对象添加属性，做一些其他的操作。

（2）createAttribute（string）方法：用给定的属性名字创建一个属性对象，为了将它设置到元素对象上，我们可以用 setAttributeNode()方法。

（3）createTextNode（String）方法：用给定的字符串创建一个文本对象，文本对象代表了标签或者属性中所包含的纯文本字符串。如果在一个标签内没有其他的标签，那么标签内的文本所代表的文本对象是这个元素对象的唯一子对象。

（4）createComment（data）方法：用给定的 data 字符串创建一个注释对象，data 字符串包含了要放在注释中的信息。

（5）load（url）方法：在对文档进行操作之前，我们应该首先加载这个文档到内存，通过这个方法，就可以将 XML 文档加载到内存中。url 为文档的完整路径，如果加载成功，则返回 true，否则返回 false。

2. Node 接口

Node 接口在整个 DOM 树中具有非常重要的地位，Node 节点是 DOM 树中最基本的结构单元，代表一个抽象的节点。这个接口提供了共同的、基础的方法来操作节点与子节点，因此，DOM 接口中的很大一部分接口都是从 Node 接口继承过来的，如元素、属性、CDATASection 等接口。图 6.4 所示为一个典型的 Node 接口。

从图 6.4 中可以得到如下信息：

（1）所有节点类型接口都继承于 Node 接口。

（2）通过这个接口可以访问所有节点类型的共同的属性和方法。

（3）通过该接口可以遍历整个 DOM 树。

（4）这个接口的一些属性值，如节点值（NodeValue），在一些节点类型中没有定义，如元素

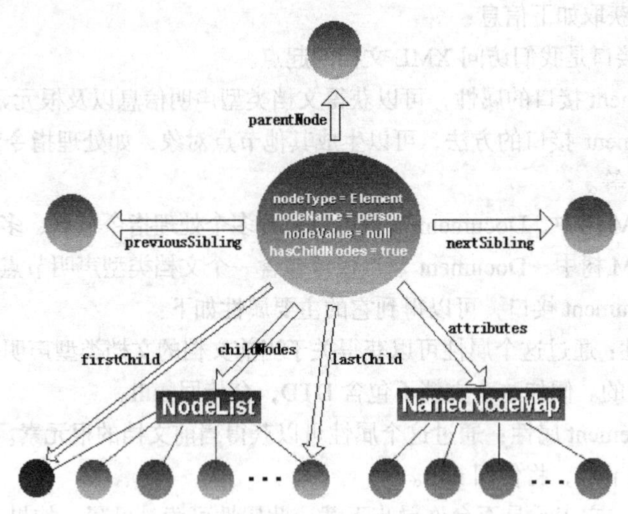

图 6.4　一个典型的 Node 接口示意图

节点类型。对于元素而言，该值为空。

（5）通过该接口可以得到属性节点列表。

因此，归纳 Node 接口，可以得到它的主要属性如下：

（1）nodeName 属性：它是为元素、属性或实体所定义的属性。它将返回代表当前节点名称的字符串。对于元素而言，它将返回标签的名字。这个属性是只读的。

（2）nodeValue 属性：它是为属性、文本、CDATA、处理指令以及注释等节点所定义的属性。它将返回与指定节点相关的文字，是并未被解析的文字。返回空值的节点类型有：DOCUMENT、ELEMENT、DOCUMENT TYPE、DOCUMENT FRAGMENT、ENTITY、ENTITY REFERENCE 和 NOTATION。该属性可读写。

（3）nodeType 属性：用它可以识别节点类型。这个属性是只读的，且返回一个数值，可能为：1.ELEMENT、2.ATTRIBUTE、3.TEXT、4.CDATA、5.ENTITY REFERNCE、6.ENTITY、7.PROCESSING INSTRUCTION、8.COMMENT、9.DOCUMENT、10.DOCUMENT TYPE、11.DOCUMENT FRAGMENT、12.NOTATION。

（4）parentNode 属性：返回当前节点的父节点的引用，当前节点应该具有父节点，否则返回空值。这个属性是只读的。

（5）childNodes 属性：返回当前节点的所有孩子节点的引用列表，如果该节点没有子节点，则返回空值。

（6）firstChild 属性：返回当前节点的第一个孩子节点的引用，如果该节点没有第一个孩子节点，则返回空值。该属性是只读的。

（7）lastChild 属性：返回当前节点的最后一个孩子节点的引用，如果该节点没有最后一个孩子节点，则返回空值。该属性是只读的。

（8）previousSibling 属性：返回在当前节点之前的兄弟节点的引用，如果该节点之前没有兄弟节点，则返回空值。该属性是只读的。

（9）nextSibling 属性：返回当前节点之后的兄弟节点的引用，如果该节点之后没有兄弟节点，则返回空值。该属性是只读的。

（10）attributes 属性：返回当前节点的属性列表。如果当前节点没有属性，则返回空值。该返回值类型是 NamedNodeMap 接口，在下面的章节中将作介绍。

Node 接口的主要方法如下：

（1）insertBefore(newChild,refChild)方法：该方法在指定的节点前插入一个子节点。其中，newChild 是一个要插入的新子节点对象，refChild 是指定的节点对象。新子节点被插到指定节点之前，如果 refChild 参数没有包含在内，新的子节点会被插到子节点列表的末端。

参考代码如下：

```
//获得根元素节点
RefNode = XMLDoc.documentElement;
alert(XMLDoc.xml);
//创建一个新的注释节点
NewNode = XMLDoc.createComment("Insert this comment before the root!");
//将该注释节点插入到根元素节点之前
XMLDoc.insertBefore(NewNode, RefNode);
alert(XMLDoc.xml);
```

（2）replaceChild(newChild,oldChild)方法：该方法将 oldChild 节点移除，用 newChild 节点代替，如果 newChild 节点为空值，则直接将 oldChild 节点移除。

参考代码如下：

```
//获取当前文档根元素的第一个子节点对象
OldNode = XMLDoc.documentElement.childNodes.item(0);
//创建新的注释节点
NewNode = XMLDoc.createComment("I will replace the old element.");
alert(XMLDoc.xml);
//用注释节点取代根元素的第一个孩子节点
XMLDoc.documentElement.replaceChild(NewNode,OldNode);
alert(XMLDoc.xml);
```

（3）appendChild(newChild)方法：该方法将一个新节点加入到该节点的孩子列表的最后一个。

（4）hasChildNodes()方法：该方法用来确定当前节点是否有孩子节点，如果有，则返回 true；否则，返回 false。

（5）hasAttributes()方法：该方法用来确定当前节点是否有属性，如果有，则返回 true；否则，返回 false。

（6）cloneNode(deep)方法：该方法返回当前节点的拷贝。它提供生成节点的另一种方法，该节点将含有原始节点的所有属性，但是它的 parentNode 属性和 childNodes 属性将会是空值。deep 是一个布尔值，如果为 true，此节点会复制以指定节点发展出去的所有节点；如果是 false，只有指定的节点和它的属性被复制。

3. NodeList 接口

NodeList 接口用于表示一组有序的节点集合，比如某个节点的子节点序列。该接口提供了对节点集合的抽象定义，它并不包含如何实现这个节点集合的定义。在 DOM 中，该接口是实时的，也就是说，对该接口所引用的节点的任何更改，都会实时地反映到与此相关的 XML 文档之中，并且该 NodeList 对象也会与该文档的节点所保持一致。

例如，如果通过 DOM 获得一个 NodeList 对象，该对象中包含了某个元素节点的所有子节点的集合，那么，当通过 DOM 对元素节点进行操作（添加、删除、改动节点中的子节点）时，这些改变将会自动地反映到 NodeList 对象中，而不需要 DOM 应用程序再做其他额外的操作。

因此，可以得到 NodeList 接口的主要属性如下。

length 属性：该属性返回当前节点集合中所包含的子节点的个数。

NodeList 接口的主要方法如下。

item(index)方法：该方法返回指定索引值的节点。索引的起始值为 0。

4. NamedNodeMap 接口

这个接口可以通过名字来获得节点集合，这个节点集合是无序的，它并不是从 NodeList 接口继承而来的。它表示的是一组节点和其唯一名字的一一对应关系，这个接口主要用在属性节点的表示上。同前面讲到的 NodeList 节点一样，在 DOM 中，该接口也是实时的。

因此，归纳 NamedNodeMap 接口的主要属性如下。

length 属性：该属性返回当前节点集合的节点个数。

NamedNodeMap 接口的主要方法如下：

（1）getNamedItem(nodeName)方法：通过节点的名称来获取节点。

（2）setNamedItem(nodeName)方法：增加一个具有节点名称的节点。

（3）removeNamedItem(nodeName)方法：该方法将具有指定节点名称的节点从该节点集合中移除。

DOM 提供的接口有许多，在这里只是谈到了最常用的 4 种，当然还有元素接口、属性接口等，读者可以参考最新的 DOM 规范。不同的软件开发商实现 DOM 的接口表现不尽相同，但基本都覆盖了 DOM 所规定的基本功能，在 6.2.3 小节中将会详细地介绍 Microsoft 公司的 MSXML 文档对象模型的实现。

6.2 DOM 的接口

DOM 是 W3C 制定的接口规范，通过各软件厂商以软件包的方式实现 DOM 接口，才提供真正能用的功能。在本节中，首先讨论为什么要使用 DOM 接口；接着，讨论 DOM 的接口特性，以及如何实现 DOM 的接口；最后详细介绍 Microsoft 公司的 MSXML 文档对象模型的实现。

6.2.1 为什么要使用 DOM 接口

XML 文档是一个文本文件，要对该文档文件进行操作，首先必须书写一个能够识别 XML 文档信息的文本文件阅读器，也就是通常所说的 XML 解析器，由它来帮助解释 XML 文档并提取其中的内容。这是一项非常耗时耗精力的工作，因为程序员需要面对复杂的 XML 语法，来编写处理这些语法的 XML 解析器；如果需要在不同的应用程序或开发环境中访问 XML 文档中的数据，这样的分析器代码就要被重写多次。

面对上面的问题，首要的解决方案便是将所写的 XML 解析器做成一个 DLL。这样就解决了面对不同的应用程序，需要多次重写解析器的问题。不同的解析器 DLL 有自己的接口，正是通过这个接口来操作 XML 文档的。但是，对于不同的解析器有不同的接口，应用程序在遇到新的解析器的时候，就不得不进行改造，以适应这个新的解析器，因此，有了 DLL 和接口还远远不够，还需要一个善意友好的接口，也就是一个统一的接口。要真正实现代码的重用，就必须解决 DLL 的接口标准问题。

各行各业都有自己的标准，如在数据库领域，有标准的 ODBC/JDBC 这样的接口规范。由于存在这个标准，数据库应用程序的编写只是针对接口而言，而与后台运行的数据库系统没有关系。

同样，在 XML 领域，为了访问 XML 文档的方便和可靠，W3C 便制定了统一的接口标准——DOM。除此之外，还有一个接口标准，是由 XML_DEV 邮件列表中的成员根据应用的需求自发地定义了一套对 XML 文档进行操作的接口规范——SAX。

6.2.2 接口与实现

接口建立了对象或者类和应用程序之间的关系，简单地说，接口提供了一些属性和方法，应用程序开发者可以调用这些属性和方法来构建自己的应用程序。W3C 制定的 DOM 就是对接口的描述，即接口应该提供怎样的服务。各个实现 DOM 的软件厂商就按照这个要求来实现 DOM，具体怎样实现，与不同的软件厂商有关。

目前 XML DOM 的实现已经非常多了，遍及各种各样的操作系统和编程语言。每一种实现因为其所依赖的编程语言表述习惯的不同而不同，类的名称有所出入，属性（Properties）和方法（Method）也有拼写和使用法上的差异（在 C 语言的实现中，甚至还没有“属性”的概念）。另外，每种 XML 处理器实现 DOM 规范的程度也有所不同，有些还在 DOM 的基础上进行了扩充。例如，IE 5.0 不仅完全支持 W3C 1.0 版的 DOM 规范，而且针对 IE 5.0 进行了扩展，比如，IE 5.0 将 Node 对象实现为 IXMLDOMNode 对象，其中扩展了属性 parsed（如果本节点及其所有子孙节点都被解析和实例化，则返回 TRUE，否则返回 FALSE）等。

如果要实现 DOM，该怎样实现呢？下面让看一下 DOM 的接口规范。

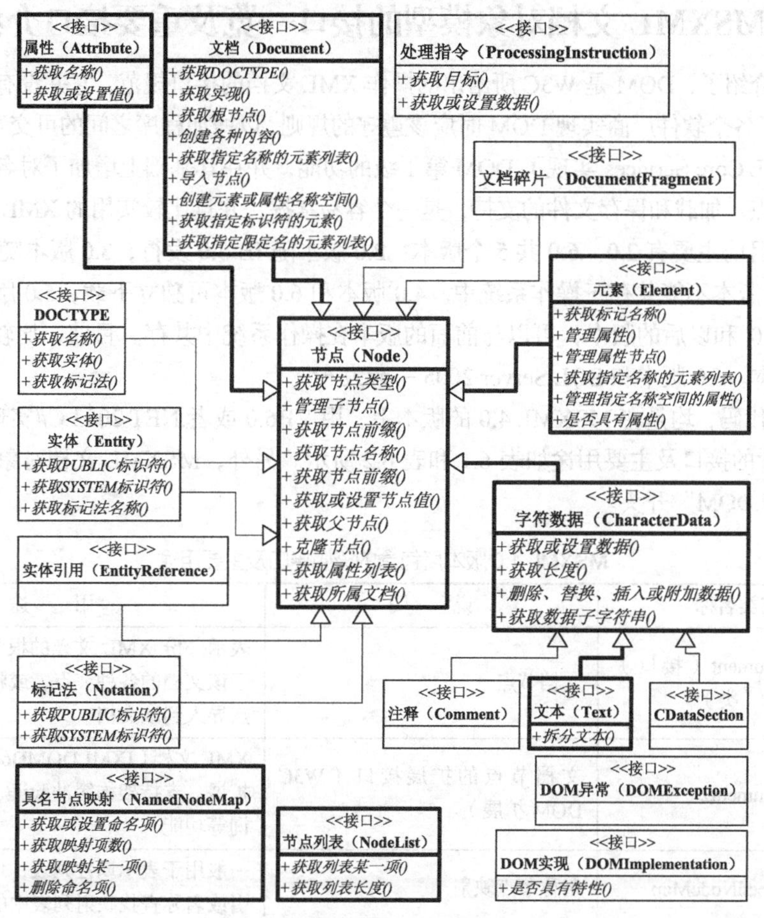

图 6.5　DOM UML 简图

通过对如图 6.5 所示的 DOM UML 简图进行分析，可以得出如下结论：

（1）图中每个方框表示一个接口，上面为接口名称，下面是该接口所提供的方法。

（2）节点接口是 DOM 的核心接口，所有其他的节点类型接口都直接继承于它，如属性接口、文档接口、处理指令接口、文档碎片接口、元素接口、文档类型接口、实体接口、实体引用接口、标记法接口和字符数据接口。

（3）注释接口、文本接口和数据段接口继承于字符数据接口。

（4）名称节点接口同节点接口是并列关系，用于操作节点集合，通常为属性节点集合。

（5）节点列表接口同节点接口也是并列关系，同名称节点接口一样，也用于操作节点集合，它们都是 DOM 的基本接口。

（6）接口之间的箭头在 UML 中表示泛化关系，即箭头始端的接口包含箭头末端（被指向）的接口的所有功能。

（7）在具体实现中，某一个功能可能由几个方法组成，并且根据具体语言而异，如“获取”和“设置”属性（Attribute）值的功能，在 JavaScript 中，使用一个属性（Property）“value”来实现；而在 Java 中，则使用“getValue”和“setValue”两个方法（Method）来实现。

（8）表面看，DOM 规范有些冗余，如获取属性节点的名称有两个途径：一个是用属性节点接口本身的“获取名称”，另一个是用节点接口的“获取节点名称”。但实际上，不同名称的途径只是为了提高程序的可读性而提供的。

6.2.3 MSXML 文档对象模型的接口一览及重要接口介绍

前面已经介绍了，DOM 是 W3C 所给出的操作 XML 文档的接口规范，它并没有实现具体的功能，只是规定了各个软件厂商实现 DOM 时应该遵守的规则，以增加程序之间的可交互性。Microsoft 公司的 MSXML Core Services 实现了 DOM 第 1 级的功能，并在其基础上增加了对名称空间、变化事件、遍历节点、加载和保存文件的支持，是一个容易掌握，并且比较实用的 XML DOM 实现。

MSXML 目前主要有 2.0 ~ 6.0 共 5 个版本：2.0 版本随 IE 5.0 发行，3.0 版本随 IE 6.0 发行，2.0 版本和 3.0 版本不能共存于操作系统中。4.0 版本和 6.0 版本可独立下载，5.0 版本随着 Office 2003 提供。4.0 和以后的版本，可以与前面的版本在操作系统中共存。目前，比较常用的是 3.0 版本和 4.0 版本。6.0 版本和 SQL Server 2005 一起发布。

本节所有代码，均是在 MSXML 4.0 的版本上，用 VB6.0 或者.NET 2003 C#实现的。MSXML 4.0 版本所包含的接口及主要用途如表 6.1 和表 6.2 所示。另外，MSXML 文档对象模型的接口名称皆以“IXMLDOM”开头。

表 6.1 MSXML 4.0 版本所包含的核心接口及主要用途

接口或类名称	说　明	用　途
IXMLDOMDocument（接口）/DOMDocument（类）	文档节点	表示一份 XML 文档的根节点，可创建属于该文档的各种节点，或将外部文档的节点导入到该文档
IXMLDOMDocument2	文档节点的扩展接口（W3C DOM 扩展）	XML 文档（IXMLDOMDocument）接口的扩展，支持架构缓冲验证、XPath 节点查询等功能
IXMLDOMNamedNodeMap	名称节点映射	一般用于表示属性列表，可以通过位置索引或名称查找映射列表中的节点

续表

接口或类名称	说 明	用 途
IXMLDOMNode	节点	表示文档节点树中的一个节点。此接口是在XML对象模型中访问数据所使用的最基本的接口，包括了对节点数据类型、名称空间、文档类型定义（DTD）和XML架构的支持
IXMLDOMNodeList	节点列表	表示一系列的节点，可以通过迭代或位置索引操作定位到节点列表中的具体节点
IXMLDOMParseError	解析错误	返回解析XML文档时最近发生的错误，可用其定位结构有问题的XML文档中错误所在
IXMLHTTPRequest	XMLHTTP请求（W3C DOM扩展）	用于向HTTP服务器发送、接收HTTP请求的接口

表 6.2　MSXML 4.0 版本所包含的其他接口及主要用途

接口或类名称	说 明	用 途
IXMLDOMAttribute	属性	表示XML文档中的属性
IXMLDOMCDATASection	CDATA数据	表示XML文档中的CDATA数据
IXMLDOMCharacterData	字符数据接口	表示XML文档中文本（注释、文本内容、CDATA片段）的方法
IXMLDOMComment	注释	表示XML文档中的注释
IXMLDOMDocumentFragment	文档片段	表示XML文档片段
IXMLDOMDocumentType	DOCTYPE声明	表示XML文档中的DOCTYPE声明
IXMLDOMElement	元素	表示XML文档中的元素
IXMLDOMEntity	实体	表示XML文档中的已解析或非解析实体
IXMLDOMSchemaCollection2（接口）/XMLSchemaCache（类）	架构缓冲（W3C DOM扩展）	扩展的IXMLDOMSchemaCollection接口
IXMLDOMSelection	DOM选中项（W3C DOM扩展）	表示XPath表达式选中的一系列节点
IXSLProcessor	XSL处理器（W3C DOM扩展）	用于执行XSLT的处理器
IXSLTemplate（接口）/XSLTemplate（类）	XSL模板（W3C DOM扩展）	表示一份缓存的XSL样式表

上面的接口表看起来很烦琐，但是熟悉接口编程的程序员都知道该怎么做，那就是通过查找对象模型图来寻找接口，没有必要记住这些拗口的接口，但需要记住经常用到的接口。

下面对使用MSXML 4.0动态库编程中经常用到的接口做一个介绍。

1. IXMLDOMDocument 接口、XMLDocument 类和 FreeThreadedDOMDocument 类（文档）

XMLDocument类实现了IXMLDOMDocument接口，提供了创建、访问XML文档的其他节点的标准功能。此外，它还提供了加载和保存XML文档、架构验证、XSL转换、XPath查询等扩展功能，它继承了IXMLDOMNode接口，含有后者所有属性和方法。

FreeThreadedDOMDocument 类是 Microsoft 公司实现的与 XMLDocument 类具有相同功能的类，只不过它需要管理线程中并发管理的问题，所以就性能而言，没有 XMLDocument 类优越。

使用 Visual Basic 构造文档节点实例的代码如下所示。

```
Dim dom1 as DOMDocument40
Dim dom2 as FreeThreadedDOMDocument40
' 生成租用线程模型实例
Set dom1 = new DOMDocument40
' 生成自由线程模型实例
Set dom2 = new FreeThreadedDOMDocument40
```

对于 IXMLDOMDocument 接口的属性，在 DOM 的 4 个基本接口中做过介绍，这里重点介绍 async 属性。当 async 属性值为 true（默认）时，在执行 load 方法后，程序流程马上转到 load 方法后的语句。这时，文档往往未能及时加载到内存，如果在这个时候访问、处理文档，就会出错，因此，在执行 load 方法之后，不要假定文档完全加载。在文档完全加载之前，当前线程可以处理其他事情。在异步加载文档的场合下，为了能够在文档完全加载后，及时处理文档，程序可以向文档对象指派 onreadystatechange 事件处理程序。在文档的状态发生改变时，文档对象将自动调用该事件处理程序。在处理程序中，应检查文档的 readyState 属性。在文档状态为“完毕”（COMPLETED）时，程序才可以处理文档；当 async 属性为 false 时，执行 load 方法后，程序线程将被堵塞，一直等待解析器完全加载、解析文档，再返回调用线程，因此，在执行 load 方法后的下一个语句时，文档就已完全加载到内存中了。在处理小型文档时，往往将 async 属性设置为 false，由于不需要处理文档状态，可简化程序的结构。在本节的例子中，将这个属性设置为 false。

IXMLDOMDocument 接口的属性如表 6.3 所示。如果该属性从 IXMLDOMNode 中继承，则“继承”栏为“是”；如果该属性为 W3C 文档对象模型 Level 1 的扩展，则扩展栏为“是”。

表 6.3　　　　IXMLDOMDocument 接口的属性一览

名　称	继承	扩展	可访问性	说　明
async		是	读、写	指定是否采用异步方式读取文档，默认为 true
attributes	是		读	总返回空引用
baseName	是	是	读	总返回零长度字符串
childNodes	是		读	返回文档中所有顶级节点列表，该节点列表可包含 XML 声明、DOCTYPE 声明、根元素、根元素前后的注释及处理指令等
dataType	是	是	读、写	返回空引用。忽略对该值的设置
definition	是	是	读	返回空引用
doctype			读	返回文档中的 DOCTYPE 声明节点
documentElement			读、写	获取或指定文档的根节点
firstChild	是		读	返回文档中第一子节点
implementation			读	包含文档的 IXMLDOMImplementation 对象
lastChild	是		读	返回文档中的最末子节点
namespaceURI	是	是	读	返回零长度字符串
nextSibling	是		读	总是返回空引用
nodeName	是		读	返回“#document”

续表

名　称	继承	扩展	可访问性	说　明
nodeType	是		读	返回常数 NODE_DOCUMENT（9）
nodeTypedValue	是	是	读、写	总是返回空引用
ondataavailable		是	写	指定在开始异步加载数据后，在数据到达时被调用的事件处理程序
onreadystatechange		是	写	指定文档 readyState 属性变化时被调用的事件处理程序
ontransformnode		是	写	指定在对此文档进行 XSL 转换时被调用的事件处理程序
ownerDocument	是		读	总是返回空引用
parentNode	是		读	总是返回空引用
parsed	是	是	读	表示文档是否已被解析
parseError		是	读	包含文档解析过程中遇到的最近一个错误的 IXMLDOM ParseError 对象
prefix	是	是	读	总是零长度字符串
preserveWhiteSpace		是	读、写	指定是否保留源文件中的空白，默认为 false
readyState		是	读	指示在异步加载文档时的当前加载状态
resolveExternals		是	读、写	是否在解析文档时解析外部定义(如可解析的名称空间、DTD 外部引用，以及外部实体），默认值为 true。在 MSXML 6.0 中，默认值为 false
specified	是	是	读	总返回 true
text	是	是	读	返回文档中所有元素文本内容连接起来的字符串
url		是	读	返回最近加载的文档路径
validateOnParse		是	读、写	指示解析器是否应使用 DTD 或架构验证文档，默认为 true
XML	是	是	读	返回文档的 XML 表示形式

IXMLDOMDocument 接口的方法如表 6.4 所示。其中继承和扩展两栏和属性表用法一样。

表 6.4　IXMLDOMDocument 接口的方法一览

名　称	继 承	扩 展	说　明
abort		是	格式：abort() 终止异步读取 XML 文档过程
appendChild	是		格式：appendChild（新子节点） 将子节点附加到文档最末子节点的后面，返回附加到文档后的子节点
cloneNode	是		格式：cloneNode（是否深度克隆） 返回克隆的文档节点副本
createAttribute			格式：createAttribute（属性名称） 创建给定名称的新属性节点
createCDATASection			格式：createCDATASection（CDATA 内容） 创建具有给定数据的 CDATA 节

续表

名　称	继承	扩展	说　明
createComment			格式：createComment（注释内容） 创建具有给定数据的注释
createDocumentFragment			格式：createDocumentFragment () 创建空的 IXMLDOMDocumentFragment 对象
createElement			格式：createElement（元素名称） 创建具有给定名称的新元素
createEntityReference			格式：createEntityReference（实体引用名称） 创建新的 EntityReference 对象
createNode		是	格式：createNode（节点类型，节点名称，名称空间 URI） 创建具有给定类型、名称和名称空间的新节点
createProcessingInstruction			格式：createProcessingInstruction（处理指令目标，数据） 创建具有给定目标和数据的处理指令。可以用此方法生成 XML 文档开头的 XML 声明
createTextNode			格式：createTextNode（文本内容） 创建具有给定数据的文本节点
getElementsByTagName			格式：getElementsByTagName（元素名称） 获取具有给定名称的元素集合
hasChildNodes	是		格式：hasChildNodes () 确定文档是否包含节点
insertBefore	是		格式：insertBefore（新节点，参考节点） 将子节点插入到指定子节点前面或附加到文档末尾。如操作成功，返回刚插入到文档中的节点
load		是	格式：load（文档路径） 从给定路径加载 XML 文档
loadXML		是	格式：loadXML（XML 字符串形式） 将给定的字符串作为 XML 文档加载
nodeFromID		是	格式：nodeFromID（ID 属性值） 返回具有给定 ID 属性的节点
removeChild	是		格式：removeChild（要删除的节点） 删除并返回指定的子节点
replaceChild	是		格式：replaceChild（新节点，旧节点） 使用指定的子节点替换另一个子节点，返回被替换的节点
save		是	格式：save（保存目标） 将 XML 文档保存到给定路径
selectNodes	是	是	格式：selectNodes（XPath 表达式文本） 使用 XSL 模式或 XPath 选择符合条件的节点，返回符合条件的节点列表
selectSingleNode	是	是	格式：selectSingleNode（XPath 表达式文本） 使用 XSL 模式或 XPath 选择符合条件的节点，返回符合条件的首个节点

续表

名　称	继承	扩展	说　明
transformNode	是	是	格式：transformNode（XSL 文档对象） 对节点及其子节点进行给定的 XSL 转换并返回转换结果的字符串形式
transformNodeToObject	是	是	格式：transformNodeToObject（XSL 文档对象，输出对象） 对节点及其子节点进行给定的 XSL 转换，并以给定的对象返回转换结果到输出对象

下面对上表做一个解释，对于其中的一些方法，在 DOM 的 4 个基本接口中做过介绍，在此不再赘述。

（1）abort 方法：此方法用于终止异步加载文档过程，没有参数。只有 async 属性为 false 时才有意义。在 parseError 属性中，可以得到加载过程被终止的指示。在执行此方法时，如已经有部分文档 XML 节点树被构造出来，将把其丢弃；如整个文档已经解析完毕，readyState 属性已经为 COMPLETE，则不会对文档造成任何影响。

（2）getElementsByTagName 方法：此方法接受 1 个字符串参数，作为匹配元素名称，用于匹配文档中所有具有给定名称的元素，如参数值为“*”，将匹配文档中所有元素。此方法返回节点列表，该列表与文档的当前状态是实时同步的，如在文档中删除节点，在列表中也会相应地删除。此方法不支持名称空间。用户可参见 selectNodes 方法，该方法提供的节点匹配途径更灵活，并支持名称空间。getElementsByTagName 方法的用法如下。

```
' Visual BASIC
Set objXMLDOMNodeList = oXMLDOMDocument.getElementsByTagName(tagName)
```

IXMLDOMDocument 接口的事件如表 6.5 所示。

表 6.5　　IXMLDOMDocument 接口的事件一览

名　称	说　明
ondataavailable	在开始异步加载数据后，每次获得数据时触发
onreadystatechange	在文档 readystate 属性变化时触发
ontransformnode	在对文档进行 XSL 转换时触发

2. IXMLDOMNamedNodeMap 接口

它用于表示元素的属性列表，可以通过索引或者名称来查找属性列表中的属性节点。因此，该接口主要用于操作元素标签中的属性。前面已经提到，在 DOM 规范中，这个节点集合中的节点是没有顺序的，在 MSXML 的实现中，按照元素中属性出现的先后顺序在该列表中存放属性节点。它的属性只有一个 length，完全是 DOM 的规范，微软公司并没有扩展。该接口的方法如表 6.6 所示。

表 6.6　　IXMLDOMNamedNodeMap 接口的方法一览

名　称	扩　展	说　明
getNamedItem		格式：getNamedItem（属性名称） 获取具有指定名称的属性节点
getQualifiedItem	是	格式：getQualifiedItem（属性本地名，名称空间 URI） 获取属于指定名称空间和具有指定名称的属性节点

续表

名　称	扩　展	说　明
item		格式：item（位置索引） 根据属性节点在映射表中的位置获取属性值
nextNode	是	格式：nextNode () 在遍历属性列表时，返回下一个属性节点。如果没有下一个属性节点，则返回空引用
removeNamedItem		格式：removeNamedItem（属性名称） 从属性列表中删除具有指定名称的属性。返回被删除的属性节点，若无节点被删除，则返回空引用
removeQualifiedItem	是	格式：removeQualifiedItem（属性本地名，名称空间 URI） 从属性列表中删除属于指定名称空间和具有指定名称的属性。返回被删除的属性节点，若无节点被删除，则返回空引用
reset	是	格式：reset () 在遍历属性列表时，重置遍历计数器，使 nextNode 重新在第 1 个属性开始
setNamedItem		格式：setNamedItem（属性节点） 将指定名称的属性和值添加到属性列表，或更新具有指定名称的属性的值。返回新添加的属性节点

通过对上表的学习，并结合前面的知识，读者应该了解这个接口的本质是节点集合接口，并且它是实时动态的。为了更好地说明这个特性，先看下面一段代码，通过这段代码，将把标签为 students 的元素的所有属性删除：

```
private void button1_Click(object sender, System.EventArgs e)
{
  //声明一个文档接口
  IXMLDOMDocument XMLDoc;
  //实例化该接口
  XMLDoc=new DOMDocumentClass();
  //加载一段 XML 文档
  XMLDoc.loadXML("<students id1='1' id2='2' id3='3' id4='4'/>");
  //得到该文档的根元素节点
  IXMLDOMElement pRoot=XMLDoc.documentElement;
  //得到根元素的属性列表
  IXMLDOMNamedNodeMap pAttrs=pRoot.attributes;
  // 删除之前，显示属性个数
  MessageBox.Show(pAttrs.length.ToString(),"删除前根元素的个数");
  //声明一个属性节点
  IXMLDOMAttribute pAttr;
  //将属性列表集合复位
  pAttrs.reset();
  //得到一个属性节点
  pAttr=(IXMLDOMAttribute)pAttrs.nextNode();
  while(pAttr!=null)
  {
      //将属性节点移除
      pAttrs.removeNamedItem(pAttr.name);
```

```
        //得到属性列表的下个节点
        pAttr=(IXMLDOMAttribute)pAttrs.nextNode();
    }
        //删除后根元素的属性个数
        MessageBox.Show(pAttrs.length.ToString(),"删除后根元素的个数");

    }
```

单击图 6.6 和图 6.7 中“将标签为 students 的所有属性删除”按钮，运行上面的代码，得到删除前根元素的属性个数和删除后根元素的属性个数，如图 6.4 所示。

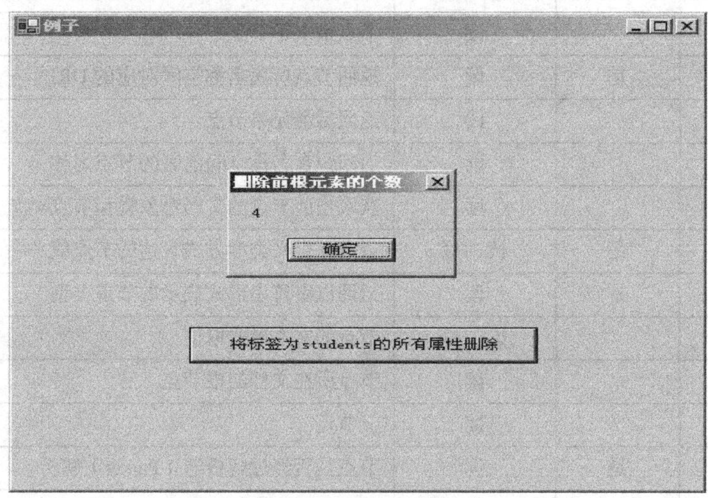

图 6.6　删除前根元素的属性个数

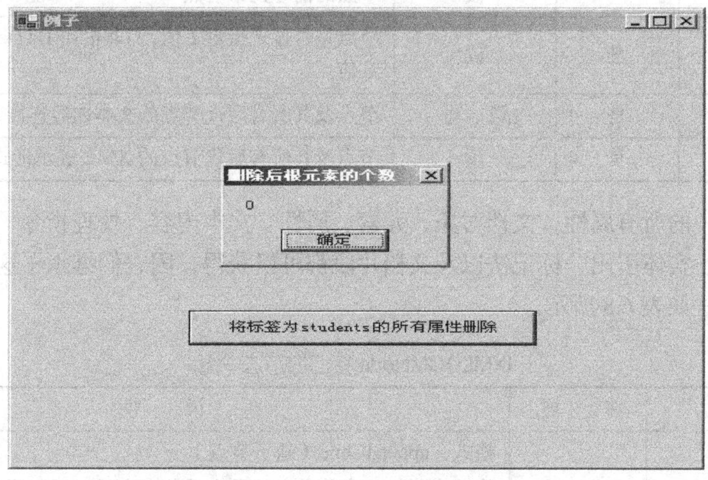

图 6.7　删除后根元素的属性个数

3. IXMLDOMNode 接口

该接口是 DOM 规定的基本接口之一，是整个 DOM 的核心。它抽象了一份 XML 文档中的各种内容，如元素、属性、文本内容、XML 声明、处理指令、注释等，包含了读取、更改文档内容，在各个节点之间互相访问，管理子节点等功能。

该接口的属性如表 6.7 所示，如该方法为 W3C 文档对象模型 Level 1 的扩展，扩展栏为“是”。

表 6.7　　IXMLDOMNode 接口的属性一览

名　称	扩　展	可 访 问 性	说　明
attributes		读	返回当前节点的属性列表
baseName	是	读	返回去掉名称空间前缀的节点名称
childNodes		读	返回子节点列表
dataType	是	读、写	指定节点的数据类型
definition	是	读	返回 DOCTYPE 或 XDR 架构中对该节点的定义
firstChild		读	节点第一子节点
lastChild		读	节点最末子节点
namespaceURI	是	读	返回节点所属名称空间对应的 URI
nextSibling		读	返回后继兄弟节点
nodeName		读	返回包含名称空间前缀的节点名称
nodeType		读	获取当前节点的文档对象模型节点类型
nodeTypedValue	是	读、写	以数据定义类型方式表达的节点值
nodeTypeString	是	读	返回以字符串形式表示的节点类型
nodeValue		读、写	节点的文本形式取值
ownerDocument		读	节点所在文档的根节点
parentNode		读	父节点
parsed	是	读	节点是否经过解析器（Parser）解析
prefix	是	读	节点的名称空间前缀
previousSibling		读	节点的前导兄弟节点
specified	是	读	节点是否显式指定了值，而非沿用 DTD 或架构中定义的默认值
text	是	读、写	节点及其所有后代节点的文本内容连接起来的字符串
XML	是	读	节点及其所有后代节点的 XML 表示形式

对于该接口中的所有属性，文档对象、元素、属性、文本内容、处理指令、注释、CDATA、文档类型、实体、实体引用、标记法以及文档片段都可以获得，因它们继承了这个接口。

该接口的方法如表 6.8 所示。

表 6.8　　IXMLDOMNode 接口的方法一览

名　称	扩　展	说　明
appendChild		格式：appendChild（新子节点） 将节点附加到当前节点的最末子节点之后，返回附加到子节点集合后的子节点
cloneNode		格式：cloneNode（是否深度克隆） 返回克隆的节点副本
hasChildNodes		格式：hasChildNodes () 快速确定当前节点是否具有子节点

续表

名　称	扩　展	说　明
insertBefore		格式：insertBefore（新节点，参考节点） 将节点附加到当前节点指定的子节点之前。如操作成功，返回刚插入到文档中的节点
removeChild		格式：removeChild（要删除的节点） 删除并返回指定的子节点
replaceChild		格式：replaceChild（新节点，旧节点） 使用指定的子节点替换另一个子节点，返回被替换的节点
selectNodes	是	格式：selectNodes（XPath 表达式文本） 使用 XSL 模式或 XPath 选择符合条件的节点，返回符合条件的节点列表
selectSingleNode	是	格式：selectSingleNode（XPath 表达式文本） 使用 XSL 模式或 XPath 选择符合条件的节点，返回符合条件的首个节点
transformNode	是	格式：transformNode（XSL 文档对象） 对节点及其子节点进行给定的 XSL 转换并返回转换结果的字符串形式
transformNodeToObject	是	格式：transformNodeToObject（XSL 文档对象，输出对象） 对节点及其子节点进行给定的 XSL 转换，并以给定的对象返回转换结果到输出对象

通过对上表的学习，并结合前面的知识，读者应该了解这个接口是 DOM 的核心接口。为了更好地说明这个特性，先看下面一段代码，这段代码的主要作用是：它将遍历 6.1.1 小节的 students.xml 文档中的所有节点，并按照先序遍历的规则，依次打印该节点的节点值（节点名字）和节点类型（其中，如果该节点是文本，则打印节点值；否则，打印节点名字）。

```
public String output="";
private void button1_Click(object sender, System.EventArgs e)
{
    //声明 XML 文档
    IXMLDOMDocument XMLDoc;
    XMLDoc=new DOMDocument40Class();
    //判断文档是否加载成功
    bool ok;
    //得到 XML 文档的磁盘位置
    String str=Application.StartupPath+"\\"+"students.xml";
    //声明节点列表
    IXMLDOMNodeList XMLNodelist;
    //声明节点
    IXMLDOMNode XMLNode;
    //加载文档
    ok=XMLDoc.load(str);
    //如果成功，则开始遍历
    if(ok)
    {
       MessageBox.Show(XMLDoc.documentElement.childNodes.length.ToString());
       XMLNodelist=XMLDoc.childNodes;
       XMLNodelist.reset();
```

```
        XMLNode=XMLNodelist.nextNode();
        while(XMLNode!=null)
        {
            this.GetNodeType(XMLNode);
            XMLNode=XMLNodelist.nextNode();
        }
        label1.Text=output;
    }
    //如果不成功，则显示原因
    Else
    {
        MessageBox.Show(XMLDoc.parseError.reason);
    }
}
//下面这个函数先序遍历 DOM 树
private void GetNodeType(IXMLDOMNode pNode)
{
    if(pNode.childNodes.length==0)
    {
        if(pNode.nodeType==MSXML2.DOMNodeType.NODE_TEXT)
        {
            output=output+"->"+pNode.nodeValue+"("+pNode.nodeType+")";
        }
            else
        {
      output=output+"->"+pNode.nodeName+"("+pNode.nodeType+")";
        }
    }
    Else
    {
        if(pNode.nodeType==MSXML2.DOMNodeType.NODE_TEXT)
        {
            output=output+"->"+pNode.nodeValue+"("+pNode.nodeType+")";
        }
        else
        {
            output=output+"->"+pNode.nodeName+"("+pNode.nodeType+")";
        }
        IXMLDOMNodeList pNodelist=pNode.childNodes;
        pNodelist.reset();
        IXMLDOMNode pChildNode=pNodelist.nextNode();
        //先序遍历该节点的子节点
        while(pChildNode!=null)
        {
            this.GetNodeType(pChildNode);
            pChildNode=pNodelist.nextNode();
        }
    }
}
```

单击“先序遍历 DOM 树”按钮，运行上面代码，运行结果如图 6.8 所示。

4. IXMLDOMNodeList 接口

该接口表示节点集合，同 IXMLDOMNamedNodeMap 接口一样，但它所表示的节点集合是有顺序的，从这方面讲，它与 IXMLDOMNamedNodeMap 接口是有区别的。它也是实时的接口，同

IXMLDOMNamedNodeMap 接口是一样的。在 DOM 中，可以通过 3 种方式来得到这个接口：通过 IXMLDOMNode 的 childNodes 属性，通过 IXMLDOMNode 的 selectNodes 方法，通过 IXMLDOMDocument 的 getElementByTagName 方法。关于使用这个接口对节点的操作，读者可以参考上面的例子，也可以在下一小节详细学习，在此不再赘述。

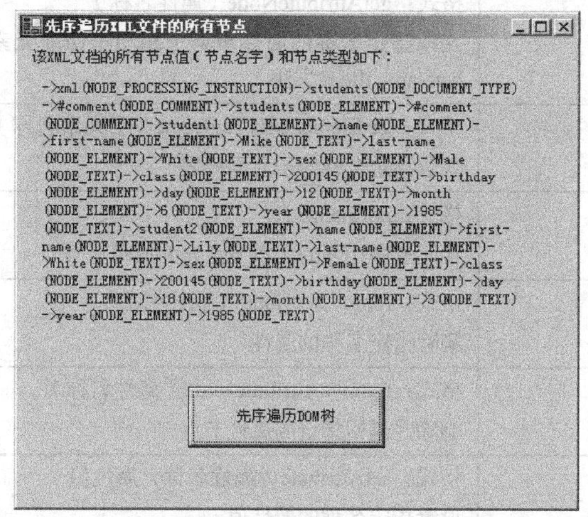

图 6.8 先序遍历 DOM 树

该接口的属性只有一个，即 length，也就是节点集合所包含的节点的个数，下面给出这个接口的方法，如表 6.9 所示。

表 6.9 IXMLDOMNodeList 接口的方法一览

名 称	扩 展	说 明
item		格式：item（位置索引） 返回列表中给定位置的节点。第 1 个节点的位置为 0，最后 1 个节点的位置为 length 的值减 1
nextNode	是	格式：nextNode () 从迭代器返回节点列表下一个节点。如无下一个节点，则返回空引用
reset	是	格式：reset () 复位迭代器计数值，使下次执行 nextNode 方法返回列表中第 1 个节点

5. IXMLDOMElement 接口

这个接口是用来处理元素节点的，它除了具有节点接口的属性和方法之外，还具有自己特有的属性和方法。该接口的属性如表 6.10 所示。

表 6.10 IXMLDOMElement 接口的属性一览

名 称	扩展	可访问性	说 明
tagName		读	获取元素标记名称（相当于 IXMLDOMNode 的 nodeName 属性）

该接口的方法如表 6.11 所示。

从表 6.11 中可以看出，这个接口没有扩展 DOM，而是提供了对元素的最基本的操作。对该接口的解释如下。

表 6.11　　　　IXMLDOMElement 接口的方法一览

名　称	扩　展	说　明
getAttribute		格式：getAttribute（属性名称） 获取指定名称的属性值
getAttributeNode		格式：getAttributeNode（属性名称） 获取指定名称的属性节点（相当于访问元素节点的 attributes 属性的 getNamedItem 方法）
getElementsByTagName		格式：getElementsByTagName（子元素名称） 获取指定名称的子元素列表
normalize		格式：normalize () 将元素中相邻的文本节点合并成单个节点
removeAttribute		格式：removeAttribute（属性名称） 删除指定名称的属性
removeAttributeNode		格式：removeAttributeNode（属性名称） 删除并返回指定的属性节点
setAttribute		格式：setAttribute（属性名称，属性值） 设置指定名称的属性值
setAttributeNode		格式：setAttributeNode（属性节点） 设置指定的属性节点，返回已插入到元素中的属性节点

（1）getAttributeNode 方法：获取元素中具有指定名称（name）的属性节点。与 getAttribute 方法不同，此方法返回的是属性节点（IXMLDOMAttribute），而不是属性值。此方法的用法如下：

```
' Visual BASIC
Dim pXMLDOMAttribute as IXMLDOMAttribute
Set pXMLDOMAttribute = pXMLDOMElement.getAttributeNode(name)
```

（2）getElementsByTagName 方法：该方法返回与指定字符串匹配的所有子元素的列表集合，如果字符串属性指定为*，则返回当前元素的所有子元素的节点列表，该列表与文档的当前状态是实时同步的。

（3）normalize 方法：该方法用于将元素中连续的文本节点合并成一个。它不接受任何参数，也不返回值。例如，假设已经加载了以下 XML 代码片段：<元素>文本内容 1<子元素 1/>文本内容 2</元素>。这时，我们执行这样一段代码，将该元素节点的子节点集合中的第 2 个节点删除，也就是将子元素 1 删除，请看如下代码：

```
Dim pNodelist as IXMLDOMNodeList
Set pNodelist=pElementNode.childNodes
pElementNode.removeChild(pNodelist.item(1))
```

经过运行这段代码后，元素节点下存在两个文本节点，本来应该是一个文本节点，这时就需要执行这个方法，把两个文本节点合并为一个文本节点。

6. IXMLDOMAttribute 接口

这个接口是用来处理元素的属性节点的，它除了具有节点接口的属性和方法之外，还具有自己特有的属性。该接口的属性如表 6.12 所示。

7. IXMLDOMDocumentType 接口

该接口是用来处理 XML 文档中的 DOCTYPE 部分。它除了具有节点接口的属性和方法之外，还具有自己特有的属性。通过访问 IXMLDOMDocument 接口的 doctype 属性将返回这个接口的实例，其属性如表 6.13 所示。

表 6.12　　IXMLDOMAttribute 接口的属性一览

名　称	扩展	可访问性	说　明
name		读	获取属性节点的名称（相当于 IXMLDOMNode 的 nodeName 属性）
specified		读	获取属性节点的当前值是否 DTD 或架构中指定的默认值（实际上其他节点也有该属性，但总返回 true，只有属性节点可能返回 false）
value		读、写	获取或指定属性的值 如果属性节点有多个子节点，此属性返回的字符串，将由所有子节点的文本内容串联而成 在设置此值时，先删除属性节点的所有子节点，再创建一个新的文本节点，将其附加为该属性节点的子节点。该文本节点的值即此属性值

表 6.13　　IXMLDOMDocumentType 接口的属性一览

名　称	扩　展	可访问性	说　明
entities		读	返回 DOCTYPE 中声明的实体列表
name		读	返回 DOCTYPE 的名称
notations		读	返回 DOCTYPE 中声明的标记法列表

通过对表 6.13 的分析，可以得出以下结论：

（1）entities 属性和 notations 属性都返回 IXMLDOMNamedNodeMap 接口实例。

（2）entities 属性返回的列表中，所包含的节点为 IXMLDOMEntity 类型。

（3）notations 属性返回的列表中，所包含的节点则是 IXMLDOMNotation 类型。

8. IXMLDOMEntity 接口

该接口是用来处理 XML 文档中的实体类型的。它除了具有节点接口的属性和方法之外，还具有自己特有的属性。该接口的属性如表 6.14 所示。

表 6.14　　IXMLDOMEntity 接口的属性一览

名　称	扩　展	可访问性	说　明
notationName		读	返回非解析实体“NDATA”后的名称
publicId		读	返回实体的公共标识符
systemId		读	返回实体的系统标识符

可以看到，这些属性都是只读的，反映了当前 XML 文档中该节点的信息。

9. IXMLDOMNotation 接口

该接口是用来处理 XML 文档中的表示法类型的。它除了具有节点接口的属性和方法之外，还具有自己特有的属性。该接口的属性如表 6.15 所示。

表 6.15　　IXMLDOMNotation 接口的属性一览

名　称	扩　展	可访问性	说　明
publicId		读	返回标记法的公共标识符
systemId		读	返回标记法的系统标识符

可以看到，这些属性都是只读的，反映了当前 XML 文档中该节点的信息。

10. IXMLDOMNotationImplementation 接口

该接口用于查询当前文档对象模型的实现情况。这个接口具有一个 hasFeature 方法，用于查询 DOM 实现的特性：

```
' Visual BASIC
boolVal = pXMLDOMImplementation.hasFeature(feature, version)
```

此方法接受 2 个参数，前者（feature）可以从“XML”、“DOM”和“MS-XML”这 3 个取值中选 1 个（区分大小写），表示需要查询的特性；后者（version）可以为空，表示任何版本，或指定某个版本号。如以下示例，查询处理器是否已实现 DOM Level 1 的功能。

```
//C#
//声明 XML 文档
IXMLDOMDocument XMLDoc;
//实例化文档
XMLDoc=new DOMDocument40Class();
bool pbool = XMLDoc.implementation.hasFeature("DOM", "1.0");
MessagbeBox.show(pbool.toString());
```

通过上面的学习，分析了微软文档模型所实现的 10 个接口，当然在本节刚开始就给出了这个模型所实现的接口一览表，读者可以参考其他的资料来详细学习，本节仅就重要的几个接口作了分析。

总之，通过上面的学习，读者应该能得到这样的认识：

（1）接口是实现软件重用的重要技术，它拒绝了软件危机的发生；

（2）我们要习惯于基于接口的编程；

（3）DOM 是个规范，不同的软件厂商有不同的实现。

6.3 DOM 的应用

通过上面两个小节的学习，对 DOM 的基本概念，DOM 的基本接口，以及对 Microsoft 公司的文档对象模型有了基本的了解。在本节里，将利用前面学到的知识，来具体地讲解 DOM 的应用，也就是说，DOM 是用来处理 XML 文档的，那么具体应该如何用 DOM 来操作 XML 文档呢，包括创建 XML 文档、验证 XML 文档、加载 XML 文档、处理文档的节点、保存文档等，最后，将给出一个应用程序实例，来帮助读者更好地学习 DOM。

本节所使用的 XML 文档仍然是 6.1.1 小节的 students.xml 文档。

6.3.1 添加 DOM 处理引用

在应用 DOM 之前，应该先将实现 DOM 的动态库加载到工程中。

1. 在 VB 6.0 中加载 MSXML 4.0 动态库

（1）新建一个工程或打开现有工程。

（2）在“工程”（Project）菜单中选择“引用”（References）命令。

（3） 在弹出的“引用”对话框中，将“可用的引用”标签下列表框的滚动条往下拉，选择“Microsoft XML, V4.0”复选框，如图 6.9 所示。

（4）单击“确定”按钮后，我们就可以在工程中使用 MSXML 所提供的对象了。

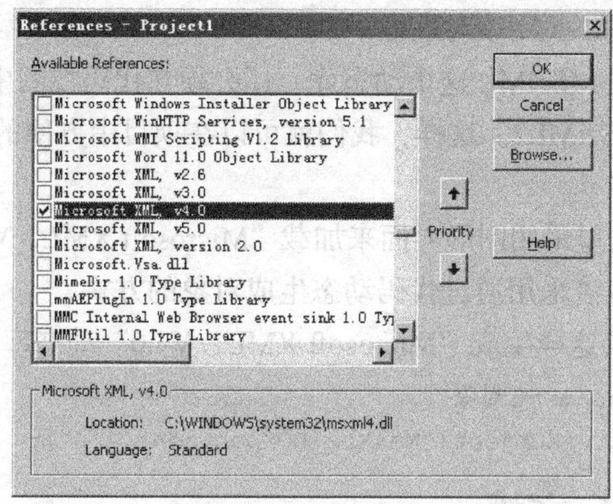

图 6.9　在 VB 6.0 中加载 MSXML 4.0 动态库

2. 在.NET 2003 中加载 MSXML 4.0 动态库

（1）新建一个项目，如图 6.10 所示。

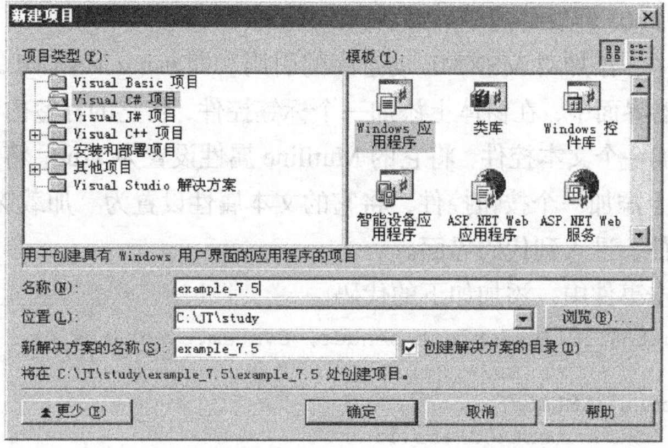

图 6.10　在.NET 2003 中创建应用程序

（2）单击“确定”按钮后，进入程序设计界面，我们选择“项目”菜单中的“添加引用选项”。

（3）在弹出的“添加应用”对话框中，选择“COM”选项卡，然后将滚动条下拉，找到我们所要添加的引用“Microsoft XML, V4.0”，选中它，单击“选择”按钮，它就出现在“选定的组件”列表框中，如图 6.11 所示。

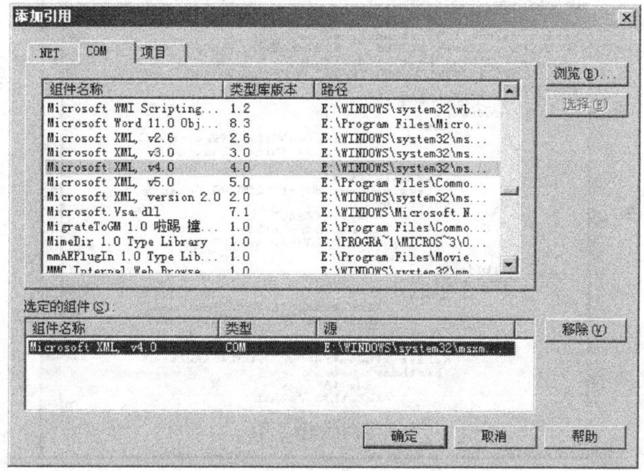

图 6.11　“添加引用”对话框

（4）单击“确定”按钮，关闭该对话框。

（5）为了能方便地使用 MSXML 这个动态库，还必须在代码视图中添加对它的引用，即在代码窗口的开头添加 using MSXML2。这样，我们就可以在项目中方便的使用 MSXML 所提供的对象接口了。

读者需要注意的是，这里采用图形界面来加载“Microsoft XML，V4.0”动态库，如果在脚本程序中引用该动态库，就应该采用通过代码动态生成对象的方式。

比如在 Jscript 中，需要这样生成“Microsoft XML，V4.0”动态库中文档对象。

```
//创建 MSXML 4 的 DOMDocument 对象
var XMLDom = new ActiveXObject("MsXML2.DOMDocument.4.0");
```

6.3.2 加载 XML 文档

在对 XML 文档处理之前，必须利用 DOM 将 XML 文档加载到内存，才能对该文档进行处理。XML 文档的来源有很多，既可以是本地硬盘上的一个文件，也可以是从网络中传送过来的流对象。

在这里，在.NET 2003 开发环境中加载 XML 文档。

（1）在代码界面中，添加对 MSXML 动态库的引用，即 using MSXML2。

（2）在视图设计器界面中，在窗体上添加一个标签控件，将它的标签内容设置为“XML 文档内容:”，在窗体上添加一个文本控件，将它的 Mutiline 属性设置为 True，将它的 ScrollBar 属性设置为 Verical，在窗体上添加一个按钮控件，将它的文本属性设置为“加载 XML 文档”。

（3）双击按钮控件，进入到代码界面。

（4）在按钮的单击事件中，添加如下的代码。

```
private void button1_Click(object sender, System.EventArgs e)
{
     IXMLDOMDocument XMLDoc;
     XMLDoc=new DOMDocument40Class();
     XMLDoc.load(Application.StartupPath+"\\"+"students.xml");
     this.textBox1.Text=XMLDoc.xml;
}
```

（5）然后生成、运行该代码。

（6）单击“加载 XML 文档”按钮，运行结果如图 6.12 所示。

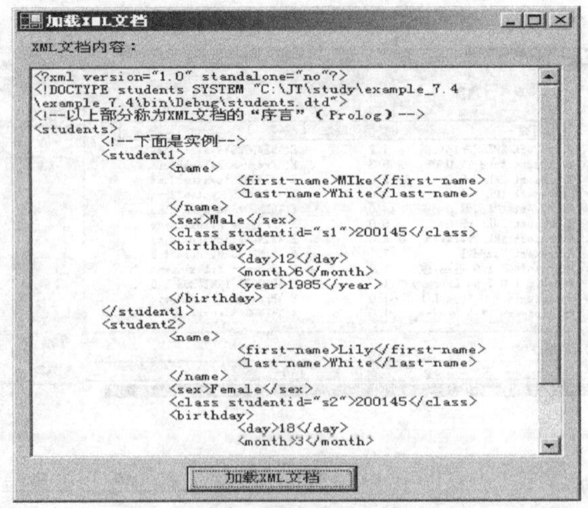

图 6.12　使用 load 方法加载 XML 文档

上面只是加载 XML 文档的一种方式，使用了文档对象的 load 方法，下面使用文档对象的 loadXML 方法来加载这个文档。

参考代码如下：

```
private void button1_Click(object sender, System.EventArgs e)
{
    IXMLDOMDocument XMLDoc;
    XMLDoc=new DOMDocument40Class();
    XMLDoc.loadXML("<?XML version='1.0' standalone='no'?><!DOCTYPE students SYSTEM
'C:\\JT\\study\\example_7.4\\example_7.4\\bin\\Debug\\students.dtd'><!--以上部分称为 XML
文档的“序言”（Prolog）--><students><!--下面是实例--><student1><name><first-name>
MIke</first-name><last-name>White</last-name></name><sex>Male</sex><class
studentid='s1'>200145</class><birthday><day>12</day><month>6</month><year>1985</year><
/birthday></student1><student2><name><first-name>Lily</first-name><last-name>White</la
st-name></name><sex>Female</sex><class
studentid='s2'>200145</class><birthday><day>18
</day><month>3</month><year>1985</year></birthday></student2></students>");

    this.textBox1.Text=XMLDoc.xml;
}
```

运行结果如图 6.13 所示。

图 6.13 使用 loadXML 方法加载 XML 文档

通过对比这两个方法，可以得出以下结论：

（1）load 方法需要知道 XML 文档的路径或者来源于网络的流对象。

（2）loadXML 方法只需要知道 XML 文档的字符串内容。

（3）load 方法加载整个文档对象，如果文档很大，就会出现问题，适合处理全局的较小的文档对象。

（4）loadXML 方法加载部分文档片段或者整个文档，适合于处理局部的文档内容。

（5）load 方法加载，保持了 XML 文档较好的格式。

（6）loadXML 方法加载，没有保持 XML 文档的格式，若需要保持，需要额外对字符串进行处理。

6.3.3 处理节点

整个 XML 文档对于 DOM 来说，就是节点的集合，因此，对节点的处理是整个 DOM 的核心，正如节点接口是 DOM 接口的核心一样。

1. 获取节点信息

获取节点信息，包括获取节点的名字、节点的类型、节点的值以及对不同类型的节点进行分析和处理等。下面看一段代码，该代码主要是获取当前 XML 文档的文档声明节点信息，即如果是文档声明节点，就把该节点的相关信息显示出来。代码如下。

```
private void button1_Click(object sender, System.EventArgs e)
{
    IXMLDOMDocument XMLDoc;
    XMLDoc=new DOMDocument40Class();
    //采用地址的方式加载 XML 文档
    XMLDoc.load(Application.StartupPath+"//"+"students.xml");
    //声明 XML 的节点接口
    IXMLDOMNode XMLNode;
    //声明 XML 的节点集合接口
    IXMLDOMNodeList XMLNodelist;
    //获取文档的所有孩子节点
    XMLNodelist=XMLDoc.childNodes;
    //XML 文档声明节点位于第一个孩子节点
    XMLNode=XMLDoc.firstChild;
    //判断该节点是否是文档声明节点
    if(XMLNode.nodeType==MSXML2.DOMNodeType.NODE_PROCESSING_INSTRUCTION && XMLNode.
nodeName=="XML")
    {
        this.textBox1.Text=this.textBox1.Text+"<"+"?"+XMLNode.nodeName;
        IXMLDOMNode pAttr;
        //声明文档声明节点的孩子节点集合，其实是属性节点的集合
        IXMLDOMNamedNodeMap pAttrs;
        //获取该文档声明节点的所有孩子节点
        pAttrs=XMLNode.attributes;
        //将属性节点集合复位
        pAttrs.reset();
        //获取第一个属性节点
        pAttr=pAttrs.nextNode();
        //遍历它的孩子节点，依次打印显示出来
        while(pAttr!=null)
        {
this.textBox1.Text=this.textBox1.Text+"
"+pAttr.nodeName+"=" +" “"+pAttr.nodeValue+"” ";
            pAttr=pAttrs.nextNode();
        }
        this.textBox1.Text=this.textBox1.Text+"?"+">";
    }
}
```

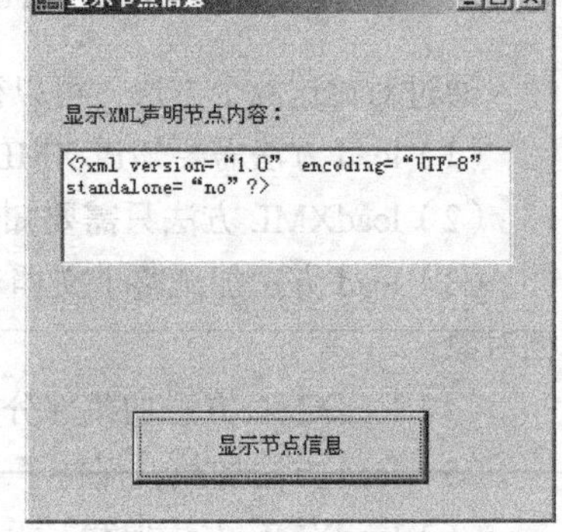

图 6.14　获取文档声明节点信息

运行以上代码，运行结果如图 6.14 所示。

2. 添加与删除节点

添加与删除节点是对 XML 文档的最基本的操作，一般用 appendChild 或者 InserBefore 方法，下面通过一个程序实例来说明。

在这段代码中，向 XML 文档中的根元素的孩子节点中插入一个子节点，用户需要输入根元素的某个孩子节点的名称，以及新插入的子节点的名称与取值。在本例中，就是向 students 根元素的某个 student 孩子节点中插入一个子节点，用于完善 student 的信息。

代码如下：

```
//声明全局文档接口变量
IXMLDOMDocument XMLDoc;
private void button1_Click(object sender, System.EventArgs e)
{   //下面是对输入框的控制部分
    if(this.textBox5.Text=="")
    {
        MessageBox.Show("请输入父节点的名字！");
        return;
    }
    if(this.textBox3.Text=="")
    {
        MessageBox.Show("请输入插入节点的标签名字！");
        return;
    }
    if(this.textBox4.Text=="")
    {
        MessageBox.Show("请输入插入节点的标签取值！");
        return;
    }
    //定义变量，用于标识当前文档中是否存在父亲节点
    bool done;
    done=false;
    //插入的子节点的标签名字
    String tagName;
    //插入的子节点的取值
    String tagValue;
    //父亲节点的标签名字
    String fatherName;
    tagName=this.textBox3.Text;
    tagValue=this.textBox4.Text;
    fatherName=this.textBox5.Text;
    IXMLDOMElement pRoot=XMLDoc.documentElement;
    //获取当前文档的根元素的孩子节点列表
    IXMLDOMNodeList pNodelist=pRoot.childNodes;
    pNodelist.reset();
    IXMLDOMNode pFather;
    pFather=pNodelist.nextNode();
    //遍历根元素的孩子节点列表，寻找父亲节点
    while(pFather!=null)
    {
        //如果某个孩子节点的类型为元素，并且它的标签为父亲节点标签，就找到了父亲节点
        if(pFather.nodeType==MSXML2.DOMNodeType.NODE_ELEMENT     &&     pFather.
nodeName==fatherName)
```

```
            {
                //创建要插入的元素节点
                IXMLDOMElement pElem=XMLDoc.createElement(tagName);
                //创建要插入的元素节点的文本节点
                IXMLDOMText pText=XMLDoc.createTextNode(tagValue);
                //将文本节点插入到元素节点下，成为元素节点的孩子节点
                pElem.appendChild(pText as IXMLDOMNode);
                //将该元素节点插入到父亲节点下
                pFather.appendChild(pElem as IXMLDOMNode);
                //找到父亲节点了，标识为真
                done=true;
                //显示插入节点后的文档的内容（注意，此时文档内容在内存中）
                this.textBox2.Text=XMLDoc.xml;
            }
          //寻找下一个孩子节点
           pFather=pNodelist.nextNode();
        }
        //如果没有找到父亲节点，提示用户
        if(done==false)
        {
            MessageBox.Show("对不起，源 XML 文档中不存在这个父节点！");
        }

    }
    //窗体的加载函数
    private void Form1_Load(object sender, System.EventArgs e)
    {
        XMLDoc=new DOMDocument40Class();
        //加载 XML 文档到内存
        XMLDoc.load(Application.StartupPath+"//"+"students.xml");
        //显示插入前的 XML 文档内容
        this.textBox1.Text=XMLDoc.xml;
    }
```

运行以上代码，运行结果如图 6.15 所示。

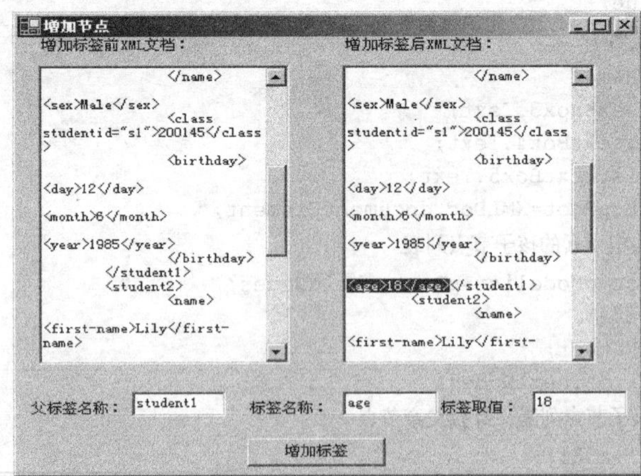

图 6.15　添加孩子节点

同理，删除孩子节点的代码的主要思路是：在找到父亲节点的情况下，去遍历父亲节点的孩

子节点集合，然后比较各个孩子节点的名字是否与要删除的孩子节点的名字相同，如果相同，则得到孩子节点，否则，提示用户信息；然后，通过父亲节点的 removeChild 方法，将孩子节点删除。在此不再赘述，读者可以自己实现。

3. 更改节点信息

这部分也是处理节点的基本内容，熟悉数据库的读者一定知道，对数据库的基本操作，无非是增加、删除、显示与修改等。在这方面，处理节点与处理数据库是相似的。

下面通过一个实例程序来具体分析，在这段代码中，要将 student1 的班级子元素中的学号属性改为 s5。

代码如下：

```
private void button1_Click(object sender, System.EventArgs e)
{    //下面是对输入框的控制部分
     if(this.textBox3.Text=="")
     {
        MessageBox.Show("请输入标签名称！");
        return;
     }
     if(this.textBox4.Text=="")
     {
        MessageBox.Show("请输入属性名称！");
        return;
     }
     if(this.textBox5.Text=="")
     {
        MessageBox.Show("请输入属性值！");
        return;
     }
     //定义标识变量，用于确定是否找到标签及属性
     bool done;
     done=false;
     String tagName;
     String AttrValue;
     String AttrName;
     //获取标签名称
     tagName=this.textBox3.Text;
     //获取属性值
     AttrValue=this.textBox5.Text;
     //获取属性名称
     AttrName=this.textBox4.Text;
     //用函数寻找具体某个名称的标签节点集合
     IXMLDOMNodeList pNodelist=XMLDoc.getElementsByTagName(tagName);
     pNodelist.reset();
     IXMLDOMNode pNode;
     //获得标签节点集合的一个标签节点
     pNode=pNodelist.nextNode();
     //遍历标签节点集合，寻找属性
     while(pNode!=null)
     {
        //我们这里将 student1 的班级属性进行修改
        if(pNode.parentNode.nodeName=="student1")
```

```
            {
               IXMLDOMNamedNodeMap pAttrs;
               //获取该标签的属性列表
               pAttrs=pNode.attributes;
               IXMLDOMNode pAttr;
               //寻找具有属性名称的属性节点
               pAttr=pAttrs.getNamedItem(AttrName);
               //如果存在该属性节点，则修改之
               if(pAttr!=null)
               {
                  pAttr.nodeValue=AttrValue;
                 done=true;
               }
            }
         pNode=pNodelist.nextNode();
      }
      //若修改成功，则将 XML 文档显示出来
      if(done)
      {
         this.textBox2.Text=XMLDoc.xml;
      }
      //若修改不成功，提示用户
      else
      {
         MessageBox.Show("不存在该标签或者不存在该属性！");
      }

   }
   //窗体的加载函数
   private void Form1_Load(object sender, System.EventArgs e)
   {
      XMLDoc=new DOMDocument40Class();
      XMLDoc.load(Application.StartupPath+"//"+"students.xml");
      this.textBox1.Text=XMLDoc.xml;
   }
```

运行以上代码，在文本框中依次输入：class、student1、s5，结果显示如图 6.16 所示。

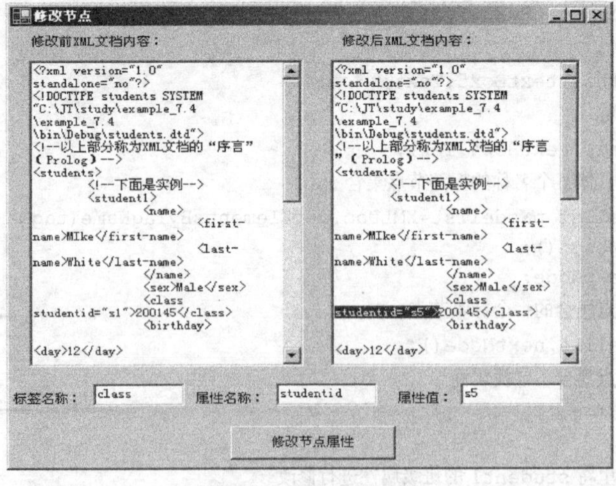

图 6.16　更改节点属性

6.3.4 保存文档对象

通过上面的操作，也许有读者认为文档已经发生了改变，其实不然。当使用 DOM 的文档接口打开 XML 文档的时候，仅仅把文档以树状的结构保存在内存中，在这期间的操作，仅仅是对内存中的“XML 文档”进行操作并且显示。一旦将文档接口释放，则系统会清空内存中的文档，而源文档没有发生任何改变，因此，为了保存操作的结果，一定要对文档进行保存。

可以使用 IXMLDOMDocument 的 save 方法，将 DOM 文档保存为文件。需要注意的是：一旦加载了文档，XML 中的“encoding”声明会被处理器删除。而用 save 方法保存文档时，将以默认的 UTF-8 编码保存文档。要指定保存文档时所采用的编码，如采用 GB2312，需要使用节点处理方法，更改文档中的 XML 声明节点，添加编码声明，然后再保存。

下面以一个具体的实例程序来说明，在该程序中，将修改文档声明中的编码方式属性，即如果该文档中存在文档声明，则采用 GB2312 的编码方式，如果该文档中不存在文档声明，则新建一个文档声明元素，并指定编码方式为 GB2312。最后，将修改后的 XML 文档保存在应用程序的起始目录下，并命名为 students_save。

代码如下：

```
private void button1_Click(object sender, System.EventArgs e)
{
    bool find;
    find=false;
    //声明 XML 的节点接口
    IXMLDOMNode XMLNode;
    //声明 XML 的节点集合接口
    IXMLDOMNodeList XMLNodelist;
    //获取文档的所有孩子节点
    XMLNodelist=XMLDoc.childNodes;
    XMLNodelist.reset();
    XMLNode=XMLNodelist.nextNode();
    //XML 文档声明节点位于第一个孩子节点
    while(XMLNode!=null)
    {
      //判断该节点是否是文档声明节点
    if(XMLNode.nodeType==MSXML2.DOMNodeType.NODE_PROCESSING_INSTRUCTION && XMLNode.
nodeName=="XML")
      {
        IXMLDOMNode pAttr;
        //声明文档声明节点的孩子节点集合，其实是属性节点的集合
        IXMLDOMNamedNodeMap pAttrs;
        //获取该文档声明节点的所有孩子节点
        pAttrs=XMLNode.attributes;
        //获取编码属性节点
        pAttr=pAttrs.getNamedItem("encoding");
        if(pAttr!=null)
        {
          //将编码属性值该为 GB2312
          pAttr.nodeValue="GB2312";
        }
        else
        {
```

```
                //如果没有该属性节点，则创建它
                IXMLDOMAttribute pNewAttr;
                pNewAttr=XMLDoc.createAttribute("encoding");
                pNewAttr.value="GB2312";
                //将创建好的属性子节点加入到文档声明节点中
                 XMLNode.appendChild(pNewAttr as IXMLDOMNode);
            }
            //当前文档存在文档声明节点
            find=true;
          }
          XMLNode=XMLNodelist.nextNode();
      }
      //如果没有文档声明节点，则创建该节点，并加入到文档中
      if(find==false)
      {
          IXMLDOMProcessingInstruction pDeclare;
          pDeclare=XMLDoc.createProcessingInstruction("XML","version='1.0' encoding=
'GB2312'");
          XMLDoc.insertBefore(pDeclare as IXMLDOMNode,XMLDoc.firstChild);
      }
      //另存 XML 文档为 students_save.xml
      XMLDoc.save(Application.StartupPath+"//"+"students_save.xml");
      //加载新的 XML 文档
      XMLDoc.load(Application.StartupPath+"//"+"students_save.xml");
      //调用 Display 函数，显示文档声明语句
      this.textBox2.Text=this.DisplayXML();
  }
  private void Form1_Load(object sender, System.EventArgs e)
  {
      XMLDoc=new DOMDocument40Class();
      //采用地址的方式加载 XML 文档
      XMLDoc.load(Application.StartupPath+"//"+"students.xml");
      //调用 Display 函数，显示文档声明语句
      this.textBox1.Text=this.DisplayXML();
  }
  //该函数将文档声明节点格式化显示出来
  private String DisplayXML()
  {
      String str;
      str="";
      IXMLDOMNode XMLNode;
      //XML 文档声明节点位于第一个孩子节点
      XMLNode=XMLDoc.firstChild;
      //判断该节点是否是文档声明节点
      if(XMLNode.nodeType==MSXML2.DOMNodeType.NODE_PROCESSING_INSTRUCTION && XMLNode.
nodeName=="XML")
      {
          str=str+"<"+"?"+XMLNode.nodeName;
          IXMLDOMNode pAttr;
          //声明文档声明节点的孩子节点集合，其实是属性节点的集合
          IXMLDOMNamedNodeMap pAttrs;
          //获取该文档声明节点的所有孩子节点
          pAttrs=XMLNode.attributes;
```

```
        //将属性节点集合复位
        pAttrs.reset();
        //获取第一个属性节点
        pAttr=pAttrs.nextNode();
        //遍历它的孩子节点，依次打印显示出来
        while(pAttr!=null)
        {
            str=str+" "+pAttr.nodeName+"=" +"“"+pAttr.nodeValue+"”";
            pAttr=pAttrs.nextNode();
        }
        str=str+"?"+">";
        return str;
    }
    return "";
}
```

运行以下程序，运行结果如图 6.17 所示。

图 6.17　修改编码方式并保存文档

6.3.5　验证文档

所谓验证文档，就是解析器使用 DTD 或者 Schema 来验证 XML 文档是否有效。一个 XML 文档不仅应该是格式完好的，更应该是有效的。

在 MSXML4.0 中，通过 IXMLDOMDocument 接口的 validateOnParse 属性，来控制是否验证文档，默认情况下是 true。如果不想验证，则把这个属性设置为 false。在设置为 true 的情况下，如果没有通过验证，则不能加载该文档，因为 DTD 出错了，或者 Schema 有问题。读者可以这样尝试一下。

（1）将本节中 students.dtd 文件修改一下，使它出现错误；或者，在 XML 文档的文档类型定义节点中，将该文档的 DTD 的路径修改一下，使解析器找不到 DTD 文件。

（2）然后，再运行本节所给出的例子程序，会发现程序报错，提示当前文档接口变量没有引用，是空值。

6.3.6 一个实例程序

实例程序描述如下：开发一个客户端界面，该界面允许用户输入关于图书的基本信息，然后单击“提交”按扭，由系统根据输入的信息，自动生成一个 XML 文档。

图书信息提交界面如图 6.18 所示。

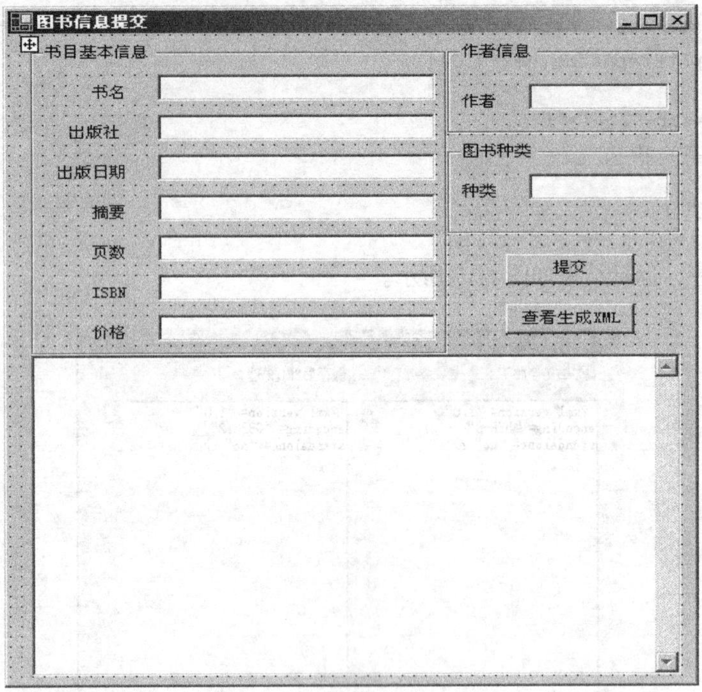

图 6.18 图书信息提交界面

代码如下：

```
//以下实现图书提交信息的 XML 文档的生成
private void button1_Click(object sender, System.EventArgs e)
{
    //以下代码生成 XML 文档的声明信息、注释信息以及根元素
    IXMLDOMProcessingInstruction pPI;
    pPI=XMLDoc.createProcessingInstruction("XML","version='1.0'  encoding='GB2312'
standalone='no'");
    XMLDoc.appendChild(pPI as IXMLDOMNode);
    IXMLDOMComment pComment;
    pComment=XMLDoc.createComment("以上部分称为 XML 文档的“序言”（Prolog）");
    XMLDoc.appendChild(pComment as IXMLDOMNode);
    IXMLDOMElement pElement;
      pElement=XMLDoc.createElement("信息汇总");
    XMLDoc.appendChild(pElement as IXMLDOMNode);
      //以下代码实现在根元素下追加 3 个子元素
    pElement=XMLDoc.createElement(this.groupBox1.Text);
    XMLDoc.documentElement.appendChild(pElement as IXMLDOMNode);
    pElement=XMLDoc.createElement(this.groupBox2.Text);
    XMLDoc.documentElement.appendChild(pElement as IXMLDOMNode);
    pElement=XMLDoc.createElement(this.groupBox3.Text);
```

```
        XMLDoc.documentElement.appendChild(pElement as IXMLDOMNode);
        //得到根元素下第 1 个子元素，在它下面追加 7 个子元素
        IXMLDOMNodeList pNodelist;
        pNodelist=XMLDoc.documentElement.getElementsByTagName(this.groupBox1.Text);
        pElement=pNodelist.nextNode() as IXMLDOMElement;
        this.CreateOrReplaceElement(this.label1.Text,this.textBox1.Text,pElement);
        this.CreateOrReplaceElement(this.label2.Text,this.textBox2.Text, pElement);
        this.CreateOrReplaceElement(this.label3.Text,this.textBox3.Text, pElement);
        this.CreateOrReplaceElement(this.label4.Text,this.textBox4.Text, pElement);
        this.CreateOrReplaceElement(this.label5.Text,this.textBox5.Text, pElement);
        this.CreateOrReplaceElement(this.label6.Text,this.textBox6.Text, pElement);
        this.CreateOrReplaceElement(this.label7.Text,this.textBox7.Text, pElement);
        //得到根元素下第 2 个子元素，在它下面追加 1 个子元素
        pNodelist=XMLDoc.documentElement.getElementsByTagName(this.groupBox2. Text);
        pElement=pNodelist.nextNode() as IXMLDOMElement;
        this.CreateOrReplaceElement(this.label8.Text,this.textBox8.Text, pElement);
        //得到根元素下第 3 个子元素，在它下面追加 1 个子元素
        pNodelist=XMLDoc.documentElement.getElementsByTagName(this.groupBox3. Text);
        pElement=pNodelist.nextNode() as IXMLDOMElement;
        this.CreateOrReplaceElement(this.label9.Text,this.textBox9.Text, pElement);
        //将新生成的图书提交信息 XML 文档存储为文件
        XMLDoc.save(Application.StartupPath+"//"+"book.xml");
    }
    //这个函数将创建或者替换父元素的子元素，并将它插入到父元素下
    private    void    CreateOrReplaceElement(String    pElemName,String    pElemValue,
IXMLDOMElement pElementParent)
    {
        IXMLDOMElement pElement;
        IXMLDOMText pText;
        IXMLDOMNodeList pNodelist;
        pElement=XMLDoc.createElement(pElemName);
        pText=XMLDoc.createTextNode(pElemValue);
        pElement.appendChild(pText);
        pNodelist=pElementParent.getElementsByTagName(pElemName);
        if(pNodelist.length>0)
        {    //替换子元素
            pElementParent.replaceChild(pElement as IXMLDOMNode,pNodelist. nextNode() as
IXMLDOMNode);
        }
        else
        {    //增加子元素
            pElementParent.appendChild(pElement as IXMLDOMNode);
        }
    }
    //以下为显示所生成的 XML 文档
    private void button2_Click(object sender, System.EventArgs e)
    {
        this.textBox10.Text=XMLDoc.xml;
    }
```

用户输入相关信息，单击“提交”按钮，然后单击“查看生成 XML”按钮，生成的 XML 信息，如图 6.19 所示。

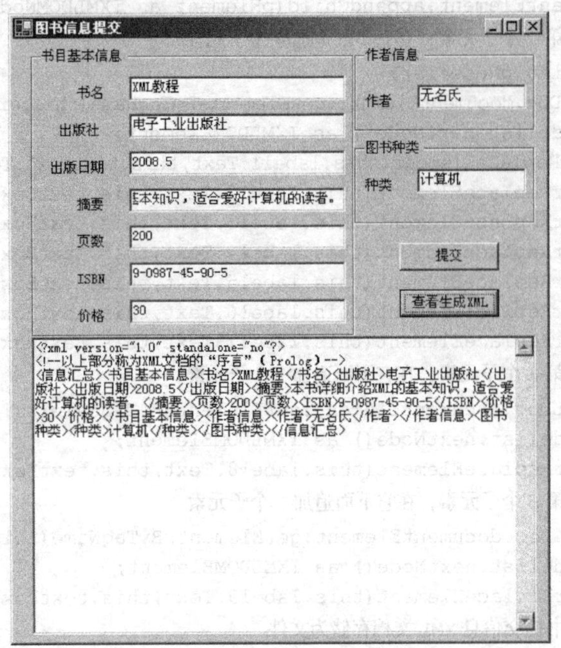

图 6.19　图书信息提交生成显示

小　结

本章主要介绍了有关 DOM 的基础知识，DOM 是专用于操作 XML 文档的接口规范。在本章中，首先学习了 DOM 的基本组成，接着，学习了 DOM 接口规范中的 4 个基本接口，然后了解了 Microsoft 公司的 MSXML 文档对象模型的实现，最后学习了关于 DOM 的一些应用，如遍历节点、增加节点、删除节点、修改节点内容、保存 XML 文档等，并给出了一个现实应用中的实例程序，来帮助我们更好地学习 DOM。

通过本章的学习，读者应该掌握以下内容。

（1）DOM 是用于操作 XML 文档的，对于 DOM 来讲，一切都是节点。

（2）DOM 将 XML 文档在内存中表示为一棵树结构。对于 DOM 来说，XML 是由不同类型的节点构成的。

（3）XML 中的基本单元是节点，它是抽象的类型，它被各种不同的节点类型所继承。对于 DOM 来说，XML 主要由文档声明节点、文档类型定义节点、注释节点、元素节点、属性节点、文本节点、处理指令节点、表示法节点、文档片断节点、字符数据节点、CDATA 节点、实体节点和实体参考节点组成。

（4）对应于 XML 的各种类型的节点，DOM 规范中的核心 API 接口有 Node、Document、DocumentType、NodeList、NamedNodeMap、Element、Attribute、DocumentFragment、Comment、Text、Notation、CharacterData、CData、ProcessingInstruction、Entity、EntityReference 等。

（5）在 DOM 中，对节点的操作是重点，主要包括获取节点的信息、增加节点、删除节点、修改节点的信息等。

习　　题

1. DOM 是用于操作 XML 文档的，对于 DOM 来讲，所有 XML 文档内容都被视为________。

2. XML 中的基本单元是________，它是抽象的类型，它被各种不同的节点类型所继承。XML 的主要节点类型由文档声明节点、文档类型定义节点、注释节点、________、属性节点、________、处理指令节点、表示法节点、文档片断节点、________、CDATA 节点、________和实体参考节点 12 个节点类型组成。

3. 下面________接口不是从 Node 接口继承过来的。

A. ELEMENT　　B. TEXT

C. ATTRIBUTE　　D. NODELIST

4. 下面________接口不是从字符数据接口继承而来的。

A. 注释接口　　B. 文本接口

C. 属性接口　　D. 数据段接口

5. 在 DOM 中，Node 接口的 AppendChild 和 InserBefore 方法有什么不同？DeleteChild 和 ReplaceChild 方法有什么不同？

6. 简述 NamedNodeMap 和 NodeList 这两个接口的共同点和不同点。

7. 简要介绍微软公司所实现的文档对象模型。

8. 考虑下面的 XML 文档，使用任何编程语言，利用 MSXML 的接口，按照先序遍历的方式，依次打印出该文档的节点类型和节点值。

```
<?xml version="1.0" encoding="UTF-8"?>
<!--下面是练习题-->
<workers>
  <worker1 id="1">
    <name>Li Ping</name>
    <sex>female</sex>
    <age>24</age>
    <birthday>
      <day>12</day>
      <month>3</month>
      <year>1982</year>
    </birthday>
    <salary>2500</salary>
  </worker1>
  <worker2 id="2">
    <name>Wang Lei</name>
    <sex>male</sex>
    <age>25</age>
    <birthday>
      <day>12</day>
      <month>8</month>
      <year>1981</year>
    </birthday>
    <salary>3500</salary>
  </worker2>
  <worker3 id="3">
```

```
    <name>Li Hong</name>
    <sex>female</sex>
    <age>23</age>
    <birthday>
      <day>12</day>
      <month>5</month>
      <year>1983</year>
    </birthday>
    <salary>2000</salary>
  <!-上面是练习题-->
  </worker3>
</workers>
```

上 机 指 导

对 XML 文档节点的操作是理解 DOM 的关键。本章讲解了 DOM 的组成、DOM 的接口、DOM 的微软实现模型，并且掌握了利用 DOM 加载 XML 文档、保存 XML 文档以及对 XML 文档中的节点进行操作，包括删除节点、增加节点、修改节点以及遍历节点等内容。本节将通过上机操作，巩固本章所学的知识点。

实验一：利用 DOM 加载指定内容的 XML 文档片段

实验内容

利用 DOM 加载 XML 文档内容，并采用加载部分 XML 文档片段的方法。实验的效果如图 6.20 所示。

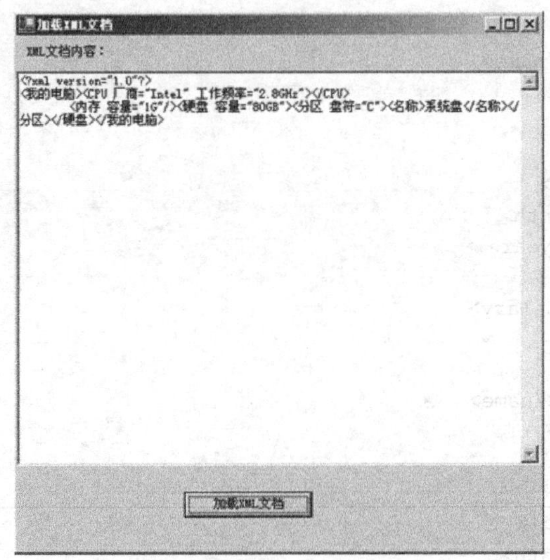

图 6.20 加载 XML 文档片段

实验目的

巩固知识点——加载 XML 文档片段。加载 XML 文档以及文档片段是利用 DOM 对 XML 文档进行处理的首要步骤，这样就等于 DOM 将整个 XML 文档或者文档片段存储在内存中，从而形成一棵 DOM 树。

实现思路

在 6.3.2 小节中讲述利用 DOM 加载 XML 文档内容的操作，我们采用了两种方式进行加载，一种是直接加载 XML 文档文件，另一种是加载部分 XML 文档片段。在这里，我们将使用一个新的 XML 文档片段，并采用第 2 种方式进行加载。

打开本书 6.3.2 小节中的例子程序，将新的 XML 文档片段添加到该程序中的 xmlDoc.loadXML("") 语句中，改动后语句为 xmlDoc.loadXML("<?xml version='1.0' encoding='GB2312'?><我的电脑><CPU 厂商='Intel' 工作频率='2.8GHz'></CPU><内存 容量='1G'/><硬盘 容量='80GB'><分区 盘符='C'><名称>系统盘</名称></分区></硬盘></我的电脑>")。运行结果如图 6.20 所示。

实验二：利用 DOM 修改 XML 文档中指定节点的属性信息

实验内容

在 XML 文档中修改节点的属性信息，通过对不同类型的节点属性信息的修改，完善 XML 文档的内容。节点信息的修改界面如图 6.21 所示。

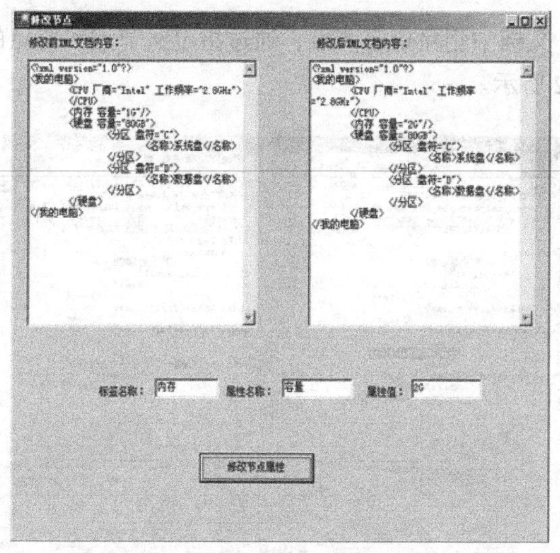

图 6.21　修改指定节点属性信息

实验目的

巩固知识点——修改节点属性信息。在 XML 文档中修改节点的属性信息是对 XML 文档的基本操作，我们知道 XML 文档是由不同类型的节点组成的，通过对不同类型的节点属性信息的修改，就能很好地完善 XML 的文档内容。

实现思路

在 6.3.3 小节中的第三个小标题中讲述了修改指定节点的属性信息的内容，使用了本书例 6.2 students.xml 文档。在这里，我们将使用一个新的 XML 文档。我们将用本书 6.3.3 小节中的第三个小标题中的例子程序来对该新文档进行操作，该新文档如下：

```
<?xml version="1.0" encoding="GB2312"?>
<我的电脑>
```

```
        <CPU 厂商="Intel" 工作频率="2.8GHz">
        </CPU>
        <内存 容量="1G"/>
        <硬盘 容量="80GB">
            <分区 盘符="C">
                <名称>系统盘</名称>
            </分区>
            <分区 盘符="D">
                <名称>数据盘</名称>
            </分区>
        </硬盘>
    </我的电脑>
```

将该文档存放在应用程序的 debug 目录下，然后运行程序，在标签名称中输入“内存”，在属性名称中输入“容量”，在属性值中输入“2G”。然后单击“修改节点属性”按钮，运行结果如图 6.21 所示。

实验三：利用 DOM 在 XML 文档中删除一个元素节点

实验内容

用程序实现在 XML 文档中删除指定节点，通过指定父节点和节点的名称找到节点并将节点删除。运行结果如图 6.22 所示。

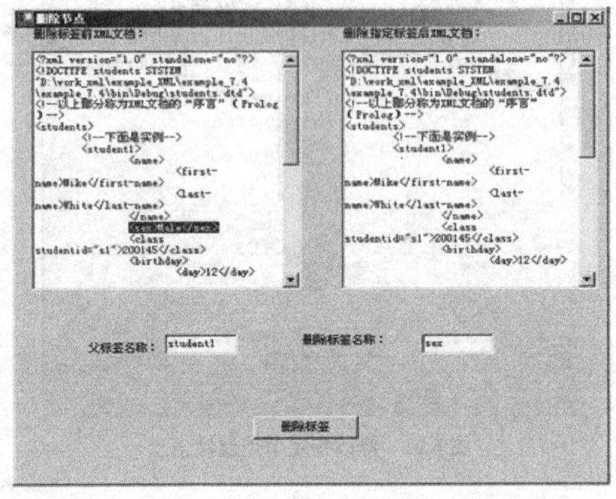

图 6.22　删除指定节点结果图

实验目的

巩固知识点——删除节点。在 XML 文档中删除节点是对 XML 文档的基本操作，我们知道 XML 文档是由不同类型的节点组成的，通过增加和删除不同类型的节点，就能很好地建立 XML 的文档内容。

实现思路

在 6.3.3 小节中讲述了处理节点的常用方法，其中使用了一个增加节点的例子，但是没有实现删除某个节点的例子，因此通过这个试验，我们将实现删除 XML 文档中的某个指定的节点。

删除孩子节点的代码的主要思路是：在找到父亲节点的情况下，去遍历父亲节点的孩子节点集合，然后比较各个孩子节点的名字是否与要删除的孩子节点的名字相同，如果相同，则得到孩子节点，否则，提示用户信息；然后，通过父亲节点的 removeChild 方法，将孩子节点删除。实现过程如下。

（1）新建.net 解决方案，名字可以自己取。

（2）在设计界面中添加如下控件：一个名字为 TextBox1 的文本框，一个名字为 TextBox2 的文本框，一个名字为 TextBox3 的文本框，一个名字为 TextBox4 的文本框；一个名字为 Label1 的标签，内容属性设置为“删除标签前 XML 文档”；一个名字为 Label2 的标签，内容属性设置为“删除指定标签后 XML 文档”；一个名字为 Label3 的标签，内容属性设置为“父标签名称”；一个名字为 Label4 的标签，内容属性设置为“删除标签名称”；一个名字为 button1 的命令按钮，标题属性设置为“删除标签”。界面设计如图 6.23 所示。

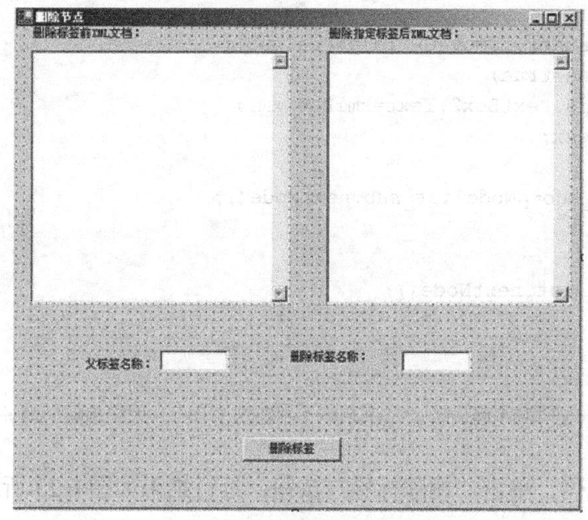

图 6.23　删除指定节点界面设计

（3）在设计界面中，双击 button1 按钮，进入代码编辑界面，在 button1 的单击事件下添加如下代码。

```
if(this.textBox3.Text=="")
{
    MessageBox.Show("请输入父节点的名字！");
    return;
}
if(this.textBox4.Text=="")
{
    MessageBox.Show("请输入删除节点的标签名字！");
    return;
}
bool done;
done=false;
String tagName;
String fatherName;
tagName=this.textBox3.Text;
fatherName=this.textBox4.Text;
IXMLDOMElement pRoot=xmlDoc.documentElement;
IXMLDOMNodeList pNodelist=pRoot.childNodes;
pNodelist.reset();
```

```
    IXMLDOMNode pFather;
    pFather=pNodelist.nextNode();
    while(pFather!=null)
    {
        if(pFather.nodeType==MSXML2.DOMNodeType.NODE_ELEMENT    &&    pFather.nodeName==
fatherName)
        {
            IXMLDOMNodeList pNodelist_sub=pFather.childNodes;
            pNodelist_sub.reset();
            IXMLDOMNode pNode_sub;
            pNode_sub=pNodelist_sub.nextNode();
            while(pNode_sub!=null)
            {
                if(pNode_sub.nodeType==MSXML2.DOMNodeType.NODE_ELEMENT && pNode_sub.nodeName
==tagName)
                {
                    pFather.removeChild(pNode_sub);
                    done=true;
                    this.textBox2.Text=xmlDoc.xml;
                    break;
                }
                pNode_sub=pNodelist_sub.nextNode();
            }
        }
        pFather=pNodelist.nextNode();
    }
    if(done==false)
    {
        MessageBox.Show("对不起，源 XML 文档中不存在这个节点，无法删除！");
    }
```

（4）编译并运行代码，单击“删除标签”按钮，运行结果如图 6.23 所示。

第7章 XML与数据库

XML是一种可扩展性的标注语言，它注重于数据的内容，而不关注数据的表现。通过XML，可以自由地发布数据、接收数据，从而实现数据的交换，达到数据共享的目的。数据库是数据的容器，它用于存储和管理大量的数据，因此，XML与数据库之间是相互关联的。一方面，有了数据库，基于XML的应用就有了强大的数据基地；而另一方面，有了XML，基于数据库的网络应用才能实现数据的交换。本章将介绍以下内容：

（1）XML技术与数据库的结合；

（2）XML的数据交换机制；

（3）XML的数据存取机制；

（4）XML的数据源对象；

（5）XML的数据交换技术。

7.1 XML技术与数据库发展

数据库起源于20世纪60年代，是专用于数据的存储与管理。有了数据库，应用程序与数据彼此互不依赖，分离开来。XML开始于20世纪90年代，是伴随着互联网的产生而发展起来的一种用于数据交换的技术。在深入学习XML与数据库的关键技术之前，本节主要讲解XML与数据库的发展、结合以及目前关系数据库对XML的支持。

7.1.1 数据库技术的发展

数据库的概念在20世纪60年代末才开始流行。在此之前，数据处理只使用数据文件或数据集。当数据库这个术语流行时，许多用户就将其文件改名为数据库而予以提升，而没有改动其性质使其包含非冗余度、数据独立性、相互联系件、安全保护以及实时存取等性能。可见任何新事物的成熟都必须经历一段过程，数据库的发展也不例外。

第一阶段为初等数据文件阶段，这时程序和数据混为一体，无法共享，基本是数据为应用程序所私有。

第二阶段为独立文件管理阶段，它是将数据组织成为文件，用文件管理系统对数据进行统一的管理，也就是说应用系统必须通过文件管理系统才能使用数据。

第三阶段为数据库管理阶段，在此阶段有3个典型的模型，即层次模型、网络模型和关系模型，以及最近兴起的面向对象的模型。

层次模型是以记录类型为节点的有向树或者森林，树的主要特征之一是除根节点外，任何节点只有一个父节点。可见层次模型只能表示一对多的关系，不能表示多对多的关系，在 XML 中如果采用这种模型，将能够充分体现 XML 文档的组织结构，但是层次模型不利于对数据进行维护。

网络模型克服了层次模型中的一些缺点，如多对多的关系，同时网络模型的结构复杂，数据的独立性差；关系模型是一种数学化的模型，它是将数据的逻辑结构归结为满足一定条件的二维表，因此可以表示为 R（f_1，f_2，f_3，f_4，…，f_n），也就是说现实世界的一个实体对应于表中的一条记录，它的最大的特色便是描述的一致性，对象之间的联系不是用指针表示，而是由数据本身通过公共值隐含的表达，并且可以用关系代数和关系运算来操作（即可以通过公共的字段来建立两个关系表之间的联系）。

面向对象的概念起源于程序语言，如 Simula 和 Smalltalk，并且这些想法被用于数据库是由于受到关系结构中的冗余和顺序查找的问题的启发。在 XML 中使用它，是由于它适应了复杂的 XML 文档的结构需要，并且避免了由于对数据进行维护而带来的效率问题。面向对象的数据库结构，使用面向对象的程序设计语言来开发，它通过组织与现实实体有关的数据将层次和网络方法的速度性和关系结构的灵活性结合起来。在关系结构中，每一个实体以数据记录和逻辑关系的形式来定义。

在面向对象的数据库中，数据以一系列的唯一对象的形式来定义，这些对象按照任何自然构成被组织成相同现象的组（称为对象类）。不同对象和类之间的关系通过复杂的连接来建立。一个对象的特性可以在数据库中以它的属性（称为状态）和一系列描述它的行为的操作（称为方法）来描述。这些数据被封装在一个对象中，这个对象被数据库中的唯一标识符来定义。无论描述它的特性的值发生怎样的改变，这个标识符仍然不变。例如，一个建筑对象的结构或者用途会随着时间的推移而改变，但是它的唯一标识符保持不变。一个自行车的关系模型仅仅是部件的列表，而面向对象的模型则清楚地描述了部件的具体信息，以至于它们的功能彼此相关，并且它的行为得到了清楚的表达。

7.1.2 XML 与数据库技术的结合

随着 Web 技术的不断发展，信息共享和数据交换的范围不断扩大，传统的数据库面临着这种挑战。我们知道，一方面，数据库技术的应用是建立在数据库管理系统基础上的，由于各数据库管理系统之间的异构性及其所依赖操作系统的异构性，严重限制了信息共享和数据交换范围；另一方面，数据库技术的语义描述能力差，大多通过技术文档表示，很难实现数据语义的持久性和传递性，而数据交换和信息共享都是基于语义进行的。对于数据交换的能力的要求，已经成为在网络时代的新的应用系统的一个重要要求。XML 的好处是数据的可交换性，同时在数据应用方面还具有如下优点：

（1）XML 文档为纯文本文件，不受操作系统、软件平台的限制，因而是透明的；

（2）XML 具有基于 DTD 或者 Schema 的自描述语义功能，容易描述数据的语义，这种描述能为计算机理解和自动处理；

（3）XML 不仅可以描述结构化数据，还可有效描述半结构化，甚至非结构化数据。

先看这样一种情况。

某个网上销售公司，它需要把产品数据库中的产品信息发布到网上，然后供客户浏览，并且在该公司的网站上也提供了对某个产品的具体信息的查询。

这是一个 XML 与数据库相结合的简单应用。在该实例中，XML 用于数据的发布，即通过数据库接口，把要发布的产品信息从数据库中提取出来，然后利用 DOM 接口，把这些要发布的信息组成 XML 文档发布到网上；数据库用于数据的存储与管理，即通过嵌入到 HTML 文档中的脚本查询语句，将该查询语句转化为标准的数据库查询语句，从数据库中提取出所要查询的产品信息，最后将这些产品信息以 XML 的形式发布到网络站点上供用户查询。

下面具体描述 XML 与关系数据库、面向对象数据库的结合。

1. XML 与关系数据库

通过数据库，可以存储大批量的数据，而且可以对这些数据进行有效的管理、快速信息检索、查询等。从数据库技术的发展来看，数据库技术的发展历经了网络型数据库、层次型数据库、关系数据库和面向对象数据库。虽然面向对象数据库融入了面向对象技术，而且是存储 XML 文档的理想的数据库，但是到目前为止，在各个领域使用最广的还是关系数据库。

关系数据库管理系统（RDBMS）采用二维表格作为存储数据的模型，如图 7.1 所示，一个数据库由许多表格组成，而每一个表格则由行和列组成，一般情况下，列被称作字段，用于表示组成数据有效信息的属性；行被称为元素，用于表示一条完整的数据记录。由于数据间的相关性可以通过表与表之间关键字（外键）来关联，由此产生了关系类型数据库。

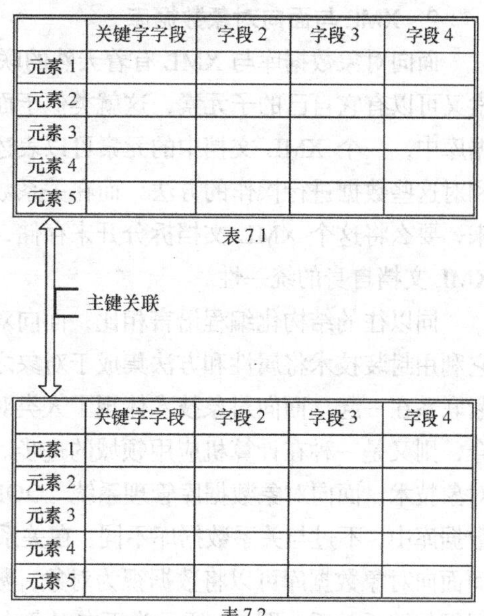

图 7.1　一个由两个关系表组成的数据库

关系数据库有自己的查询语言——结构化查询语言（Structured Query Language，SQL）。SQL 最初由 IBM 提出，后经不断发展，已于 1986 年成为业界标准并被广泛采用。SQL 是非过程性的，当 SQL 语句传送到数据库服务器后，服务器返回满足条件的结果或结果集（视具体查询项目而定）。一般情况下，大多数支持 SQL 的服务器系统均采用客户/服务器架构，现在又发展到更为先进的分布式处理架构。这样一来，SQL 服务器既可以接收客户应用程序发送的查询请求，也可以接收其他服务器的查询请求，这些服务器可以是其他 SQL 服务器，也可以是 XML 服务器。

数据库与 XML 文档不同，将不再扮演简单的数据容器。数据库可以相当灵活，因为可以存储在数据库中的不仅仅是单调而枯燥的数据，还有适合于应用需要的规则和模式。针对 XML 数据，一般有两种存储方式：一种是将其按结构层次拆分开来分别存于不同字段，另一种是将 XML 文档原封不动地存入数据库的大字段中。实际应用中，后者的应用环境将受到一定限制，因为关系数据库不能很好地处理大容量的结构化的信息和文本数据。当然，也可以将结构化的标注文本分解成尽可能小的部分，然后转换成数据库中的字段来存储，但是这样在数据库的检索、索引方面会增加许多额外的工作。至于前一种方式，因为关系型数据库并不能很好地支持层次、顺序、包含等在结构化标注语言中十分本质的关系，所以在开发中也仍有很多问题要解决。

一般利用关系数据库的表信息生成 XML 的 DTD 有以下几个步骤。

（1）对每个表，新建一个元素。

（2）对表中的每列，建立一个属性或只含 PCDATA 的子元素。

（3）对每个包含在（主键/外键）关系表中主键值的列，新建一个子元素。

一般利用 XML 的 DTD 生成关系数据库中的表结构有以下几个步骤：

（1）对于每种包含元素或者混合内容的元素类型，新建一个表格和一个主键字段；

（2）对于每个包含混合内容的元素类型，创建一个单独的表格，其中存放未解析的数据，通过父元素主键链接到父表格；

（3）对于元素的每个单值属性和只包含未解析数据内容、只出现一次的子元素，在该表格中创建一个字段，如果该子元素类型或者元素的属性是可选的，可以设置该字段为空值；

（4）对于每个多值属性和多次出现的子元素，创建一个单独的表格来存储数值，并且通过父元素主键链接到父表格；

（5）对每个有元素或者混合内容的子元素，通过父元素主键将父元素表格和子元素表格相连接。

2. XML 与面向对象数据库

面向对象数据库与 XML 有着天然的联系。在 XML 文档中，一个元素可以有子元素，而子元素又可以有它自己的子元素，这就类似于面向对象中的父类和子类之间的关系。在面向对象的数据库中，一个 XML 文档中的元素可以表述为继承了某个类型的子类，它有自己的属性（数据）和对这些数据进行操作的方法。而在关系数据库中，一个 XML 文档要么以大字段的形式保存起来，要么将这个 XML 文档拆分开来存储，这样不仅增加了存储这些数据的难度，而且没有顾及 XML 文档自身的统一性。

同以往的结构化编程语言相比，面向对象技术提供了一种同现实世界更加贴切的表达方式，它利用封装技术将属性和方法集成于对象之中，并且借助继承和派生的概念将对象及其子对象紧紧联系在一起。面向对象技术体现了人类对生存于其中的世界的认知过程，而同数据库技术的结合，则又是一种在计算机应用领域的进步。因而，面向对象数据库源于计算机编程语言中的面向对象技术。面向对象数据库管理系统（OODBMS）使得文本、图像、视频和空间数据可以存储在数据库中，不过与关系数据库不同：在关系数据库中，数据仅仅是数据，它不包含层次结构信息；而面向对象数据库可以将数据视为对象，数据是作为一个整体，包含了属性和方法，并能体现数据间的继承关系。图 7.2 所示为面向对象中类间的继承关系。

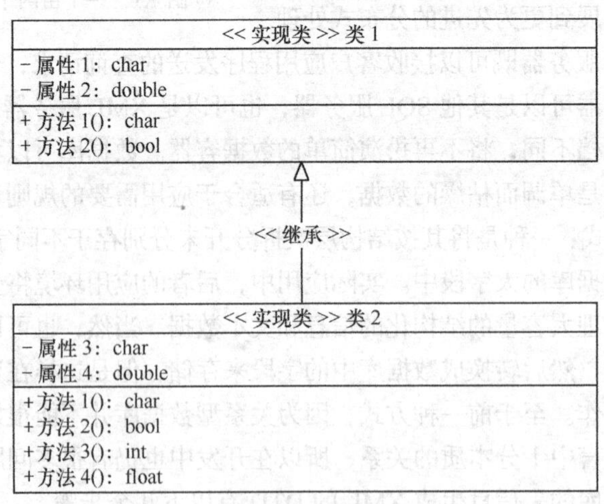

图 7.2　面向对象中类间的继承关系

尽管相比关系数据库而言，面向对象数据库以更符合现实世界的方式来存储和管理数据，更适合于存储类似于 XML 这样有着层次关系的数据。但是，事实证明，真正的面向对象数据库系统还有很长的路要走。这其中的原因是多方面的，比如面向对象技术较为复杂、面向对象数据库技术的工业化成熟程度不够高等，因而，作为一种折衷，利用现有的优势改造关系数据库并融入面向对象技术，即所谓的对象—关系数据库，则不失为上策。如今，IBM、Oracle、Informix 等知名厂商已经宣称其数据库产品支持面向对象技术。

前面提到，当 XML 同关系数据库相结合时，一般需要将 XML 文档按元素层次结构拆分后依次存入数据库中的相应字段。显然，这样一来，XML 文档的整体性将受到破坏，除非有一个预先设定的小程序对数据库中的数据进行整合，否则 XML 数据将变成一团糟。而面向对象数据库就不同了，因为此时 XML 将不再被拆分而是被描述成一个对象存入数据库，其优点显而易见，XML 数据的结构和语义信息可以完整地保留下来。XML 及其在各个领域的应用前景使得面向对象数据库重新受到广泛重视，一些针对 XML 的面向对象数据库纷纷推出，例如：Xhive 和 XML Repository 就是很好的例子。著名的 Object Design 公司也调整策略，将其面向对象数据库产品 ObjectStore 融入 XML Server 体系之中。值得一提的是，他们还将公司更名为 eXcelon，以便更好地体现该公司的战略部署。

7.2　XML 的数据交换与存储机制

XML 的数据交换是指利用 XML 这种标准格式来传递数据，达到数据共享的目的。XML 的数据存储是指将 XML 所传递的数据保存起来，目前有许多关于 XML 数据的存取方式，在本节中将详细介绍。

7.2.1　XML 的数据交换机制

XML 从整体上，可以分为 3 层结构，即数据表现层、数据组织层和数据交换层。在对数据表现层和数据组织层有了一个比较全面深入的了解后，最后再来看看 XML 的最底层——数据交换层。

XML 定义实际上是应用间传递数据的结构，而且这种结构的描述不是基于二进制的、只能由程序去判读的代码，而是一种简单的、能够用通用编辑器读取的文本。利用这种机制，程序员可以制定底层数据交换的规范，然后在此基础上开发整个系统的各个模块，而各模块之间传输的数据将是符合既定规则的数据。另外，XML 还允许为特定的应用制定特殊的数据格式，并且非常适合于在服务器与服务器之间传送结构化数据。

从应用的角度来看，XML 信息交换大致可分为数据发布、数据集成和交易自动化。

1. 数据发布

当今时代可以说是信息爆炸的时代，而互联网的出现又起到了推波助澜的作用，人们对信息的获取不再局限于读书看报，“到网上去冲浪”业已成为网迷们的口头语，并逐渐为越来越多的人所接受。在这种新生的环境下，业内人士不失时机地提出了“同一数据，多次出版”的解决方案。这种方式使只须制作和管理同一信息资源，就能够达到多种媒介出版和多种方式发布的目的。

先来看一下传统的信息发布方式——基于纸介质和 CD-ROM 的信息发布。虽然 CD-ROM 与纸张属于不同的介质，但是由于它们采用的数据格式基本一致，因此将它们归为一类。

早期制订的媒介无关的描述结构化信息的国际标准当属 SGML-ISO 8879 1996，但是 XML 的出现，使得跨媒体数据发布技术又向前发展了一步。2000 年 5 月 18 日，一个由数字印刷领域的知名厂家组成的所谓“按需印刷”组织（PODi）发布了“个性化印刷置标语言”（Personalized Print Markup Language, PPML）规范。这是一种基于 XML 的技术规范，主要用于带有可再利用内容文档的快速印刷。可以说，有了 XML，跨媒体、多介质的数据发布显得更是顺水推舟。

最值得一提的是基于 Web 的网上发布。HTML 作为 Internet 上 Web 网页描述语言已经为大家所熟知，而同 HTML 一脉相传的 XML 也可以在网上发布，当然需要配合样式信息（如 CSS 或 XSL），因为正如大家所知，XML 只是定义文档内容而不涉及具体表现。另外，一种更为直接的 Web 发布语言也已诞生，那就是 XHTML。XHTML 是一种基于 XML 的超文本置标语言，也就是说，将以前用 SGML 定义的 HTML 改为用 XML 重新定义。现在，XHTML 已经作为 W3C 的建议标准公布于众，相信在不久的将来会大有作为的。

2. 数据集成

如果说数据发布涉及的是服务器—浏览器形式的数据交换，那么，数据集成则是一种服务器—服务器之间的数据交换。

现实世界中，一个企业需要涉及各种应用，小到上下班打卡系统，大到人事管理系统、财务核算系统、库存管理系统等。一般情况下，各个系统可能是由不同的软件公司开发的，软件可能采用不同的技术、运行于不同的平台。但是企业的运作是一个整体，需要各个系统相互配合，于是应用系统间的数据交换接口就成为困扰信息主管的一大难题。于是，可能会出现这样的尴尬局面：月初，上下班打卡系统管理员将上月的员工考勤数据打包传送给人事部门（或用软盘或由网络发送），财务部门也将员工所在部门的销售业绩统计打包传送给人事部门，而后，人事干事运行一个批处理程序合并考勤数据和业绩统计，最后计算出员工工资。类似的情况几乎可以说比比皆是，但这是现实。企业缺乏一个顺畅的业务管理平台，不能将各部门的信息有机的集成在一起，势必造成管理上的混乱。

XML 是解决这一问题的强大法宝。再来分析一下这个假想的示例，其实，造成这种混乱局面的原因说到底，就是各个系统没有统一的数据结构约定。其后果不但是效率低下，而且信息冗余、重复开发也会造成资源的巨大浪费。在这种情况下，XML 将起到黏合剂的作用，通过它，使得各业务模块有机结合，数据交换畅通无阻，从整体达到理顺业务操作的目的。

同所有软件开发规范一样，实现数据集成也必须分步骤、有条理地进行。

首先，要对整个业务进行调整，摒弃不合理部分。

然后，对业务模式归纳总结并从中抽象出数据交换模型，当然是基于 XML 的数据交换模型，也就是说制定数据交换的 DTD 或 Schema。这是最基本的，但同时也是最为困难的一步。XML 消息流要符合企业的信息流，不要将 XML 看作是用来代替对象或者开发软件的新方法，它应该是一种表达层次结构信息并且在不同的应用系统间传输这种信息的有效途径。在制定 XML 数据交换模型中，一个易犯的错误是直接照搬原来的数据格式而仅仅将其逐字逐句地“翻译”成 XML，毕竟这是一个改造旧系统的“工程”，去粗存精方是上策。

最后一步，结合制定好的 XML 数据交换模型，运用 XML DOM、SAX 等技术编写应用程序，也可直接在原系统上进行改造。也许这是一件比较棘手的工作，毕竟任何新生事物和新技术的出现都会打破一些人的陈旧观念，但是好在学习 XML 及其应用开发技术并不是一件非常难的事情。

前面讲的是关于企业内部的 XML 数据集成，其实不同企业间的数据交换也是 XML 的用武之地。电子商务交易平台之间的 XML B2B 信息交换就是很好的例证。同企业内部的数据集成不同，企业间的 XML 数据集成需要由一个开放的、需要交易各方共同遵守的“法规”——基于 XML 的数据交换标准。目前全球电子商务的发展非常迅速，各种行业甚至跨行业的 XML 电子商务规范与框架层出不穷，其中比较有代表性的是：Ariba 的 cXML、IBM 的 tpaML、CommerceOne 的 xCBL 2.0、Microsoft 的 BizTalk 框架、CommerceNet 的 eCo 计划、RosettaNet 的 eConcert 计划与 PIP 规范集以及联合国 UN/CEFACT 小组和 OASIS 发起的 ebXML 计划。XML 技术的融入，使得企业间的交易不再局限于专网和特定的应用，而是可以在 Internet 上的不同系统间交换信息，不仅大大降低了成本，而且提高了数据的可持续性，从而保护了已有的投资。

3. 交易自动化

XML 也有助于提高应用的自动化程度。遵循共同的标准，使得应用程序开发商开发出具有一定自动处理能力的代理程序，从而提高工作效率。一个典型的应用是，开发这样一个智能代理程序。

首先，该程序向某电子商务交易系统发出一个供货商资料查询请求，在得到应答后，自动连接答复中提供的所有供货商站点。

然后，采购方平台根据交易系统平台返回的供货商资料（包含供货商的 URL 等），搜索预定商品的信息，并对获取到的不同供货商针对该商品的价格、质量、服务等信息按一定的商业规则进行比较。

第三，比价之后得出理想的结果，并自动向该供货商发出采购请求。

最后，供货商交易系统根据采购请求，处理订单，并返回采购方。

图 7.3 所示为这种自动交易的过程。

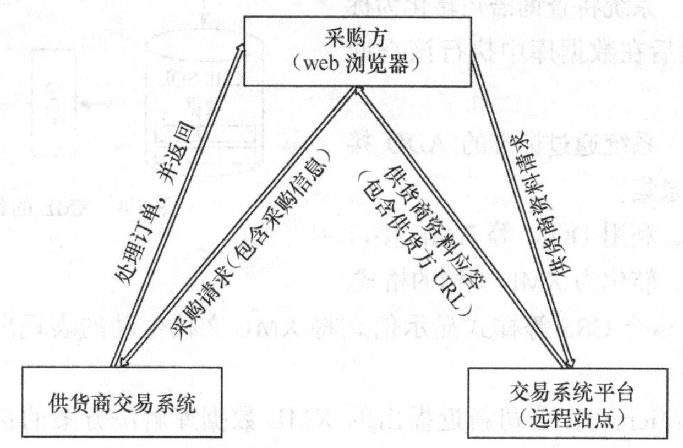

图 7.3　交易自动化

7.2.2　XML 的数据存取机制

XML 的数据存取是指如何保存和提取 XML 所包含的数据，XML 文档注重内容，而不注重表现形式。从某种角度讲，XML 本身就是一种数据的存取方式，更严格地讲，XML 本身是基于文件的数据存取方式。基于文件的存取方式是发展最早的、最为成熟的数据存取方式，现在，在大部分系统中，仍然使用基于文件的数据交换与存储方式。但是，基于文件的存取方式有其弊端，它不能适应当今网络化发展的要求，不能达到数据共享的目的，因此，基于数据库的数据存取方式正在代替基于文件的存取方式。

现在，不论是什么行业，大多数关键数据都是放置于数据库中进行管理的，一来目前数据库技术已经相当成熟，二来其管理功能非常强大。以往的数据库应用，基本上都是基于 C/S 模式，数据底层结构一般来说都是相对固定，也就是说，开发出来的应用程序是针对具体的数据结构，其应用范畴受到一定限制，开放性较差。而 XML 作为一种可扩展性置标语言，其自描述性使其非常适用于不同应用间的数据交换，而且这种交换是不以预先规定一组数据结构定义为前提，因此具备很强的开放性，具有广阔的应用前景。为了使基于 XML 的业务数据交换成为可能，就必须实现数据库的 XML 数据存取，并且将 XML 数据同应用程序集成，进而使之同现有的业务规则相结合。

XML 数据源多种多样，根据具体的应用，大概可分为下面 3 种：第 1 种是 XML 纯文本文档，第 2 种是关系型数据库，第 3 种则来源于其他各种应用数据，如邮件、目录清单、商务报告等。其中，第 1 种来源，即 XML 纯文本文档是最基本的也是最为简单的，将数据存储于文件中，其最大的优点在于可以直接方便地读取，或者加以样式信息在浏览器中显示，或者通过 DOM 接口编程同其他应用相连。第 2 种数据来源是对第 1 种来源的扩展，其目的是便于开发各种动态应用，其优点则在于通过数据库系统对数据进行管理，然后再利用服务器端应用（如 ASP、JSP、Servlet）等进行动态存取。这种方式最适合于当前最为流行的基于 3 层结构的应用开发。第 3 种数据由于来源广泛，因此需要具体情况具体对待。本小节的分析主要针对前两种数据来源进行分析。图 7.4 所示为 XML 的数据存取机制。

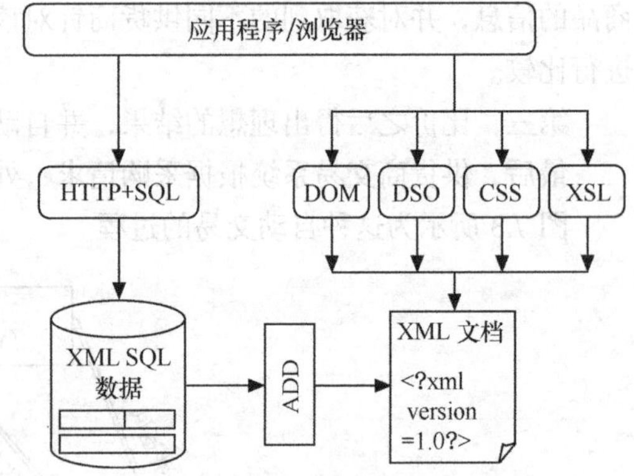

图 7.4　XML 的数据存取机制

图 7.4 中包含了如下信息：

（1）在客户端，通过内置的脚本查询语句，获取用户的查询信息，并将用户的查询信息发送到服务器端。

（2）在服务器端，系统将查询语句转化为标准的 SQL 语句，然后在数据库中执行该查询语句。

（3）在服务器端，系统通过标准的 ADO 接口获取查询的结果记录集。

（4）在服务器端，利用 DOM 等 XML 接口将获取的查询记录集，转化为 XML 文档的格式。

（5）在客户端，结合 CSS 等样式显示信息将 XML 文档生动的表现出来，并在浏览器中显示。

HTTP+SQL 是 Microsoft 公司新近提出的 XML 数据库解决方案的核心，其基本原理是通过基于 HTTP 的 URL 方式直接访问 SQL Server 数据库，并返回以 XML 或 HTML 数据格式的文档。

CSS 和 XSL 实际上通过给 XML 数据赋予一定的样式信息以使得其能够在浏览器中显示。CSS 技术早在 HTML3.2 中就得以实现，其关键是将 HTML 中的元素同预先定义好的一组样式类相关联以达到样式化的目的，而 XML 同样也支持这种技术。XSL 同 CSS 有些类似，不同之处在于它是通过定义一组样式模板将 XML 源节点转换成 HTML 文档或其他 XML 文档。XSL 实际上也是符合 XML 规范的，它提供了一套完整的类似控制语言的元素和属性，最终可完成各种各样的样式描述。

上一小节提到的 XML 信息交换类型，从某种意义上讲，都和数据库息息相关。先来看一下数据发布。如果有适当的浏览器（如 IE5.0），XML 可以直接显示。但是现实情况是，大量的信息不可能都以 XML 文档的形式存在。在实际应用中，需要从数据库中提取信息，动态生成 XML 页面，然后加以样式化并发送到客户端浏览器。至于数据集成，同样也离不开数据库。企业间交换的 B2B 数据往往来自于数据库，如产品目录、订单信息、用户资料等。B2B 应用在接收到 XML

数据后也可将其保存至数据库。最后，自动交易系统在得到不同供货商提供的商品价格、质量、服务等信息后，也可将其存入数据库，以便作为决策系统的数据来源。可见，数据库是存取 XML 数据的最重要的方式之一。

7.3 XML 数据源对象

把 XML 的数据来源称为 XML 的数据源。通常按照数据的存储方式，可以分为文件和数据库两个；按照数据的来源可以分为 XML 文档本身、数据库应用和行业各种数据 3 种。本小节简要介绍后面的 3 种数据来源。

1. XML 文档

XML 文档是 XML 的最主要的数据源。一个 XML 纯文档就是由各个数据节点构成，这些数据节点构成了树结构，并可以通过 DOM 进行存取。但这种方式不适合快速的检索数据，不能保证数据的安全性，不能进行权限控制等，更何况 XML 本身是作为互联网上传输数据的标准格式，它并不提供对数据的高效存取，但它的最大的优点在于可以直接方便地读取，或者加以样式信息在浏览器中显示，或者通过 DOM 接口编程同其他应用相连。在小型的应用系统中，这种基于文件形式的 XML 文档可以作为网络数据的主要来源。

2. 数据库

数据库从它诞生之日起，在数据存取方面就扮演了积极的角色。随着互联网的广泛应用，XML 将数据库中的数据作为其数据来源，已是大势所趋。

在前面已经详细地论述了 XML 与关系数据库、XML 与面向对象数据库的关系，故在这里不再做详细的讲解。数据库作为 XML 数据的重要来源，主要有以下优点：

（1）数据库是一种比较成熟的技术，在数据的安全性、数据的检索速度、数据的权限控制以及数据的备份方面有着它的优越性；

（2）通过数据库系统对数据进行管理，然后再利用服务器端应用（如 ASP、JSP、Servlet）等进行动态存取，这种方式最适合于当前最为流行的基于 3 层结构的应用开发；

（3）数据库更适合于大型的网络应用系统，当然对于小型的网络应用系统也游刃有余；

（4）数据库将应用程序与数据分离开来，更有利于提高数据的利用率；

（5）数据库一般由大型的数据库公司负责维护，这就减少了我们对系统进行维护的难度。

3. 行业数据

对于一些特殊的行业应用，行业数据是 XML 的主要数据源，例如邮件、目录清单、商务报告等。这些行业的应用数据，一般也是经过某种处理之后，转化为 XML 文档实现共享。

7.4 XML 数据交换技术

本节将详细介绍关于 XML 的数据交换技术。XML 数据交换就是将数据从 XML 中解析出来存储在数据库中，或者从数据库中抽取出数据生成 XML，以及 XML 数据在网络中的传输。目前已经有许多关于 XML 数据交换的技术，有的是在现有技术的基础上拓展对 XML 的支持，有的则属于 XML 的中间产品，有的则是比较完整的 XML 应用。

7.4.1 ADO 控件技术

ActiveX Data Objects （ADO）是 Microsoft 公司最新的数据访问技术。它被设计用来同新的数据访问层 OLE DB Provider 一起协同工作，以提供通用数据访问（Universal Data Access）。OLE DB 是一个低层的数据访问接口，用它可以访问各种数据源，包括传统的关系型数据库，以及电子邮件系统及自定义的商业对象，但是对于它的使用要用到许多 Windows 的接口函数，因而掌握它的难度相对来讲比较大一些。可是 ADO 确是在 OLE DB 基础上的更高层次的实现，它封装了一些烦琐的函数，而从面向对象的角度来提供了许多容易的对象，通过对象的属性和方法，便能轻松地使用这个组件。另外，对于以前的对象模型，如 DAO 和 RDO 是层次型的。也就是说一个较低的数据对象（如 Recordset）是几个较高层次的对象（如 Environment 和 QueryDef）的子对象，因此，在创建一个 QueryDef 对象的实例之前，不能创建 DAO Recordset 对象的实例；但 ADO 却不同，它定义了一组平面型顶级对象，最重要的 3 个 ADO 对象是 Connection, Recordset 和 Command。ADO 组件模型如图 7.5 所示。

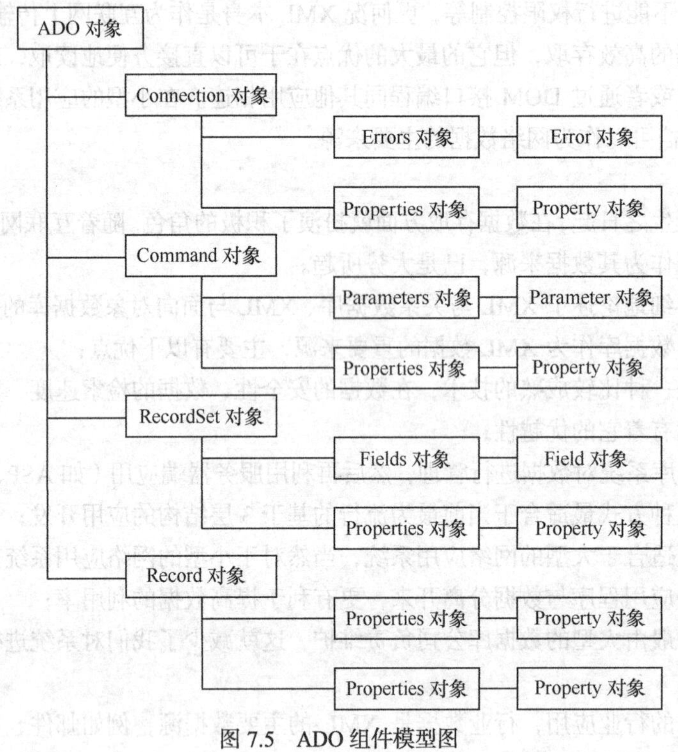

图 7.5 ADO 组件模型图

图 7.5 中包含了如下信息。

（1）ADO 对象主要包含有 4 个子对象，即 Connection 对象、Command 对象、RecordSet 对象和 Record 对象。

（2）Connection 对象、Command 对象、RecordSet 对象和 Record 对象都有 Properties 对象和 Property 对象，Properties 对象是集合对象，是 Property 对象的集合。Properties 对象和 Property 对象都用于描述和控制对象的属性和行为。

（3）Connection 对象用于建立应用程序和数据源的联系，它可以指定数据源的提供者、服务器名称、数据库名称等参数，以建立与数据库的关联。它包括 Errors 对象和 Error 对象，用于描述数据库连接过程中所产生的错误信息。

（4）Command 对象用于在建立连接的基础上，发出某个命令来操作数据源。例如，在数据源中添加、删除或更新数据，或者在表中以行的格式检索数据。它包括 Parameters 对象和 Parameter 对象，Parameters 对象是 Parameter 对象的集合对象，它们用于设置命令对象的命令参数。

（5）RecordSet 对象是集合对象，是记录对象的集合。它用于对检索中所获取的数据记录集进行操作，如增加、删除某行记录，或者修改某行记录来更新数据源等。它包含有 Fields 对象和 Field 对象，用于数据表的列字段进行操作和控制。

（6）Record 对象表示数据表中的某行记录，是 RecordSet 对象的某个元素对象。

对于 XML 来讲，一方面，ADO 可以从数据库中提取数据，然后利用 DOM 接口将该数据生成 XML 文档，另一方面，ADO 也提供了文档保存功能，通过它，可以将从数据库中提取的数据直接生成 XML 文档，简化了 XML 的应用。

7.4.2 HTTPXML 对象技术

开发者有时不得不使用 CGI 来进行浏览器和服务器之间的数据交换，即使 XML 在多数情况下可以很好地描述数据。于是，问题出现了。从信息交换的角度来讲，虽然 CGI 是完全能够满足要求的，但是，当 CGI 同 XML 一起使用时就会掩盖 XML 自身的一些优点，从而使得 XML 在信息交换方面的优势无处找寻。

幸好，Microsoft 公司对此已有一定的解决方案，它提供了一种更加有效的方法来传输 XML——XMLHTTP。XMLHTTP 是 Microsoft 公司的又一项基于 XML 的数据交换技术，主要用于在服务器与客户端交换 XML 数据。该技术源于 Microsoft 公司在其 XML DOM 实现中引入的一个重要对象——XMLHttpRequest（Microsoft.XMLHTTP），这个对象在 DOM 一章中没有介绍，它的主要功能是为客户端提供同 HTTP 服务器通信的协议支持。简而言之，它允许打开一个到服务器上的 HTTP 连接，然后发送和接收数据，并且利用 Microsoft XML DOM 对返回数据进行解析。

通过 XMLHTTP 对象可以进行 XML 数据交换，但也并不局限于此，其他格式的数据也是允许的。另外，通过同 XSL 相结合，XMLHTTP 提供了一种便捷方式发送结构化查询字串到服务器，然后将返回结果以多种方式在客户端显示。这种交换类型的标准模式是客户端发送一个 XML 格式的文本字符串到服务器，然后服务器将这个字符串装载入一个 XML DOM 对象中并进行解析，然后返回一段 HTML 给客户端，或者是另外一段 XML 代码到客户端让客户端的浏览器自己解释。尤其是当使用 DHTML 进行页面的动态显示时，用这种方式进行信息的传递是非常有效的。

下面的一个例子描述了 XMLHTTP 的上述功能。假定在服务器端已经有一个 XML 实例文档 students.xml。

```
<?XML version="1.0" encoding="GB2312" standalone="no"?>
<!--下面是实例-->
<students>
<student>
<name>wang lin</name>
<sex>Male</sex>
<class studentid="s1">200146</class>
<birthday>1983-3-2</birthday>
</student>
<student>
<name>wang na</name>
<sex>Female</sex>
```

```
<class studentid="s2">200145</class>
<birthday>1983-5-16</birthday>
</student>
</students>
```

下面的代码片段描述的是客户端发出请求界面，首先需要输入待查学生的姓名和班号，单击"查询"按钮后，程序执行查询函数。该函数首先创建一个 XMLHTTP 对象——XMLHTTP，和一个 XML DOM 对象——client，前者用于向服务器（http://localhost/Query.asp）发送 XML 数据（XMLHTTP.send（template.XMLDocument））和接收 XML 数据（XMLHTTP.responseXML.XML），具体代码如下：

```
<script language="JavaScript">
function QueryStudent()
{
  //生成一个 XMLHTTP 对象
  var XMLHTTP = new ActiveXObject("Microsoft.XMLHTTP");
  //得到当前 XML 文档的根节点
  var student = template.XMLDocument.documentElement;
  //XMLHTTP 对象在后台打开查询网页
  XMLHTTP.Open("POST", "http://localhost/Query.asp", false);
  //将查询的学生姓名赋给根元素第一个孩子节点的值
  student.childNodes.item(0).text = stuName.value;
  //将查询的学生班号赋给根元素第二个孩子节点的值
  student.childNodes.item(1).text = stuClassID.value;
  //将查询的学生发送到查询网页
  XMLHTTP.send(template.XMLDocument);
  //显示查询后的 XML 文档
  alert(XMLHTTP.responseXML.XML);
}
</script>
//以下页面设计部分，包括两个文本框和一个按钮
请输入待查联系人姓名:<input type="text" name="stuName">
请输入待查联系人公司:<input type="text" name="stuClassID">
<input type="Button" value="查询" onclick="QueryStudent()">
```

下面的代码片段（Query.asp）描述的则是服务器端的处理流程。首先创建两个 XML DOM 对象，一个对应于 XML 文档 student.xml（XMLStudent.load（Server.MapPath（"student.xml"））），另一个对应于是客户端传送的 XML 数据（queryStudent.load（Request））。然后程序根据传送的 XML 数据构建 XSL 查询参数并进行节点定位，如果匹配成功，返回客户端查询到的 XML 数据；否则返回"<result>查无此人!</result>"的 XML 数据。

具体代码如下：

```
Response.contentType = "text/XML"
//创建查询学生的 XML 文档对象
set queryStudent = Server.CreateObject("Microsoft.XMLDOM")
//创建学生列表的 XML 文档对象
set XMLStudent = Server.CreateObject("Microsoft.XMLDOM")
queryStudent.async = false
//查询学生文档对象加载查询 XML 文档
queryStudent.load(Request)
XMLStudent.async = false
```

```
//学生列表文档对象加载学生列表文档
XMLStudent.load(Server.MapPath("student.xml"))
//获得学生列表文档的根元素
set XMLRoot = XMLStudent.documentElement
//获得查询学生文档的根元素
set queryRoot = queryStudent.documentElement
//设置查询字符串
queryStr = "./学生[姓名= " & queryRoot.childNodes.item(0).text & " and 班号= " &
queryRoot.childNode.item(1).text & "]"
//在学生列表中选择该节点
 set resultClient = XMLRoot.selectSingleNode(queryStr)
if  isNull(resultClient) = false  then
//如果选择到了该节点，则表明查询出了这个学生，返回查询节点的 XML 文档
  Response.write(resultClient.xml)
Else
//如果没有选择到该节点，则不存在这个学生，返回无此人的 XML 文档
  Response.write("<result>查无此人!</result>")
end if
```

7.4.3　ODBC2XML 转换工具

ODBC2XML 是由 Intelligent Systems Research 开发的共享软件。在本质上它是一个 Windows 动态库 DLL，通过它所提供的类和接口，可以将数据从数据库中提取出来并转换成 XML 文档。

这个软件属于模板驱动，也就是说，将 SELECT 语句作为处理指令嵌入到模板中。它在使用时相当灵活，内嵌查询的返回结果可以直接作为元素或属性存在，甚至可以再次作为其他查询的参数，从而产生嵌套的 XML 文档。

由于它本身是一个免费的软件，在此不做过多的介绍。

7.4.4　XOSL 转换工具

XOSL（XML OLE DB Stylesheet Language）是由 Mey&Westphal RIPOSTE Software 开发的。同 ODBC2XML 类似，它实际上也是一个 Windows 动态库 DLL，它也提供了一组类和接口，利用这些接口可以将数据从数据库中提取出来，并转换成 XML 文档。不过它运用了 ADO 技术。

这个软件也属于模板驱动，只不过它利用特定的 XOSL 元素将查询语句嵌入到模板中。这一点同 ODBC2XML 是不同的。

同 XSL 一样，XOSL 也可以将用户编写的 XML 代码从一种表现形式转换成其他表现形式。但是不同之处在于，XSL 是将 XML 转换成 XML 或 HTML 文件，而 XOSL 则是将任何表格式数据转换成 XML 文档。

下面给出 XOSL 的编程示例，仍以所熟悉的一段 XML 文档为例：

```
<?XML version="1.0" encoding="GB2312" standalone="no"?>
<!--下面是实例-->
<students>
<student>
<name>wang lin</name>
<sex>Male</sex>
<class studentid="s1">200146</class>
<birthday>1983-3-2</birthday>
```

```
</student>
<student>
<name>wang na</name>
<sex>Female</sex>
<class studentid="s2">200145</class>
<birthday>1983-5-16</birthday>
</student>
</students>
```

如果用基于 ADO 技术的 XML 数据交换时，当然，已经有了这么一个学生信息的数据库 STUDENTS 和一个 StudentInfo 表。通常给出的 ASP 代码如下所示，该代码直接输出上述 XML 文档：

```
<% Response.ContentType="text/XML" %>
<?XML version="1.0" encoding="GB2312" ?>
<students>
//创建 ADO 连接对象
<% Set cConn = Server.CreateObject("ADODB.Connection")
   //通过连接对象打开数据库
   cConn.Open "STUDENTS","sa", ""
   //从数据库的 StudentInfo 表中执行查询语句，得到记录集
   Set rsData = cConn.Execute("select * from StudentInfo")
   //开始顺序浏览记录
   do while not rsData.Eof
%>
<student>
  //生成一条记录的 NAME 字段的元素
  <name><%=rsData("Name")%></name>
  //生成一条记录的 SEX 字段的元素
  <sex><%=rsData("Sex")%></sex>
  //生成一条记录的 CLASSID 字段的元素
  <class><%=rsData("ClassID")%></class>
  //生成一条记录的 BIRTHDAY 字段的元素
  <birthday><%=rsData("Birthday")%></birthday>
</student>
//一条记录生成完成后，进入下一条记录
<% rsData.MoveNext
  Loop
   //浏览完毕，关闭数据集
   rsData.Close
   Set rsData = nothing
%>
</students>
```

可以看到，用 ADO 技术非常烦琐，下面用 XOSL 编写代码，可以达到同样的效果，代码如下：

```
//将 xosl 元素插入到模板中，实现特定的功能
<xosl>
  <students>
//将 command 元素插入到模板中，实现查询功能，它有两个属性，一个用于设置记录集，一个用于连接数据库
    <command source="select * from StudentInfo" connectionstring="STUDENTS">
      <student>
//生成一条记录的 Name 字段的元素
```

```
          <name>!Name</name>
    //生成一条记录的 Sex 字段的元素
          <sex>!Sex</sex>
    //生成一条记录的 ClassID 字段的元素
          <class>!ClassID</class>
    //生成一条记录的 Birthday 字段的元素
          <birthday>!Birthday</birthday>
        </联系人>
      </command>
    </students>
</xosl>
```

通过对上面代码的分析，可以得出以下结论：

（1）XSOL 转换工具生成 XML 文档同基于 ADO 技术生成 XML 文档相比，更加简洁，更加方便，也更易于理解；

（2）将该 XOSL 代码同前面的 XML 文档相比较，可以发现，二者极为相像，区别只是前者嵌入了一些特定的元素和 SQL 命令；

（3）XOSL 的出现对于开发 XML 的数据库应用非常有效。

7.4.5 WDDX Web 分布式数据交换

WDDX（Web Distributed Data Exchange）即网络分布式数据交换。它是一种基于 XML 的技术，有了它即使是再复杂的数据也都可以在 Web 应用程序间相互交换，进而构建所谓的“网络联盟”。WDDX 对网络联盟的支持是通过在 Web 系统之间提供一种简单而又透明的带子以传输数据来完成的。利用这个技术，一个采用 Perl 构建的动态 Web 站点可以非常方便地同基于其他平台的 Web 系统交换数据库数据甚至数据库事务和过程，而不论这种异构系统采用的是 ASP 还是 ColdFusion，反之亦然。可见，这种技术本身是架构在异构分布式系统之间的。

本来 Allaire 发布 WDDX 的目的是用来解决在 Web 应用间传输关键数据。需要特别指出的是，最初，Simeon Simeonov-Allaire 的语言技术设计师创造了 WDDX，用以解决在 ColdFusion 中遇到的分布计算问题。后来，这项工作进一步发展，演变成为一种跨语言的框架结构，并且最终导致了 WDDX SDK 和 WDDX.org 的诞生。WDDX SDK 是由一位独立 Web 开发者——Nate Weiss 开发成功的，当然其成功是同 Allaire 以及其他一些第三方的大力支持分不开的。

WDDX 并不是一种正式的标准，并且尚未提交给 W3C 或其他标准组织。但这并不是说，WDDX 没有利用价值。相反，它具有光明的应用前景：

（1）它是一种免费软件，可以被自由地使用和发布；

（2）它是基于标准的技术（如 XML 1.0）来制定的；

（3）它对于分布式 Web 应用具有巨大的推动作用，有着令人憧憬的未来。

WDDX 具有如下鲜明的优点：

（1）它可以给 Web 开发者带来好处，它允许开发者在 Web 上任意交换结构化数据而不必直接编写 XML；

（2）它使得在不同 Web 应用环境（如 JavaScript、Perl、ASP/COM 等）之间可以自由的交换数据，达到数据的共享；

（3）它使得开发者能够集中精力处理应用规则和算法，而不必关心不同应用的语言环境。

WDDX 由两大部分组成，第 1 部分是根据 XML 1.0 DTD 规范制定的一种语言独立的数据描述，第 2 部分是为那些使用 WDDX 的语言而制定的一组模块。熟悉 Web 应用的人都知道，目前 Web 领域几乎所有的标准的开发环境（如 Perl、ASP、Java、JavaScript 等）都包含内在的数据结构，如数组、记录集和数据对。于是 WDDX 为每一种语言提供了一个模块，可以自动地将这些内在数据结构加以序列化或者翻译成一种精练的基于 XML 的描述。

WDDX 的开发需要借助 WDDX SDK。WDDX SDK 是一个软件开发包，它允许 Web 应用开发者使用 WDDX 开发分布式 Web 应用和 Web 网络联盟。WDDX SDK 同时也是一种自由免费软件，可以在 WDDX 的网站（http://www.wddx.org/）上下载并使用它。关于 WDDX SDK 的详细信息，读者可以查询给出的网站，值得提出的是，它包含了一些模块，用以提供对多语言的支持，也就是说它本身是一个中间件。

WDDX 不仅适合网络应用，也适合非网络应用或 Windows 应用。将 WDDX 同组件技术相结合，开发者可以使用任何流行的 Windows 应用开发环境（包括 Visual Basic、Delphi、C++、Java 等）进行分布式数据访问和数据存储的应用开发。

7.5 一个简单的 XML 与数据库的应用

在学习了上面 4 节的理论知识之后，现在给出一个简单的应用程序实例。该实例采用 SQL Server 2000 数据库，基于.Net 2003 开发环境，应用 C#编程语言，利用 ADO 和 DOM 技术。该实例的具体功能是，将数据库中的一个简单表生成一个 XML 文档，并显示出来。在 SQL Server 2000 中，建立数据库 STUDENTS，并建立一个简单的 students 表，表结构如图 7.6 所示。输入表记录后，如图 7.7 所示。

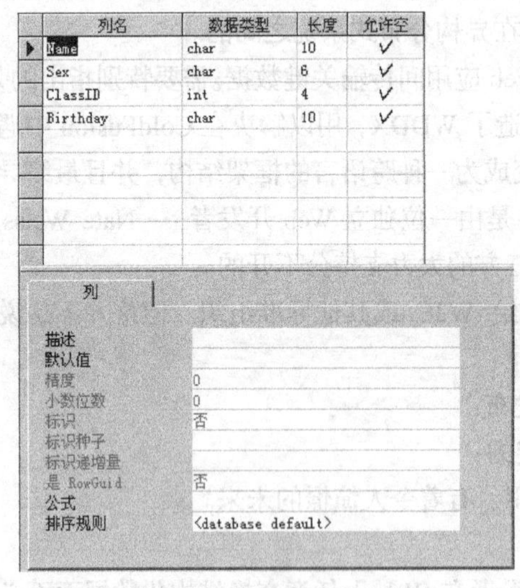

列名	数据类型	长度	允许空
Name	char	10	✓
Sex	char	6	✓
ClassID	int	4	✓
Birthday	char	10	✓

图 7.6 students 表的表结构

Name	Sex	ClassID	Birthday
wang lin	Male	200146	1983-3-2
wang na	Female	200145	1983-5-16

图 7.7 students 表的表记录

该实例代码如下：

```
//声明 ADODB 连接对象
ADODB._Connection pConn;
//声明 ADODB 记录集对象
ADODB._Recordset pRS;
```

```
//声明 SQL 选择字符串
String pSelStr;
//声明数据库用户名称
String pUser;
//声明数据库用户密码
String pPSW;
//声明服务器名称
String sname;
//声明数据库名称
String dbname;
//声明 DOM 文档对象
IXMLDOMDocument XMLDoc;
//该按钮实现从数据库生成 XML 文档
private void button1_Click(object sender, System.EventArgs e)
{    // Connect2DB()为连接 SQL SERVER2000 数据库函数
    if(this.Connect2DB())
    {     //实例化文档对象
          XMLDoc=new DOMDocument40Class();
          IXMLDOMProcessingInstruction pPI;
          pPI=XMLDoc.createProcessingInstruction("XML","version='1.0'      encoding=
'GB2312' standalone='no'");
          XMLDoc.appendChild(pPI as IXMLDOMNode);
          IXMLDOMComment pComment;
          pComment=XMLDoc.createComment("下面是实例");
          XMLDoc.appendChild(pComment as IXMLDOMNode);
          //声明文档根元素，对应于该数据表 students
          IXMLDOMElement pElement;
          //声明子元素
          IXMLDOMElement pElementChild;
          //声明文本节点
          IXMLDOMText pText;
          //创建根元素
          pElement=XMLDoc.createElement("students");
          //将根元素加入到文档对象树中
          XMLDoc.appendChild(pElement as IXMLDOMNode);
          //声明字段计数器
          int count;
          //将记录游标置于开始
          pRS.MoveFirst();
          while(pRS.EOF==false)
          {  //一条记录开始时，字段计数器置零
             count=0;
             //创建与这条记录相应的子元素
             pElement=XMLDoc.createElement("student");
             //循环该条记录的所有字段，创建子元素
             foreach(ADODB.Field pField in pRS.Fields)
             {  //创建一个字段的子元素
                pElementChild=XMLDoc.createElement(pField.Name);
                //创建该字段值的文本元素
                pText=XMLDoc.createTextNode(pRS.get_Collect(count). ToString());
```

```
                //将文本元素加入到字段元素下
                pElementChild.appendChild(pText as IXMLDOMNode);
                //字段计数器加 1
                count++;
                //将该字段元素加入到该记录元素之下
                pElement.appendChild(pElementChild as IXMLDOMNode);
            }
            //将该记录元素加入到根元素之下
            XMLDoc.documentElement.appendChild(pElement as IXMLDOMNode);
            //下一条记录
            pRS.MoveNext();
        }
        //保存生成的 XML 文档
        XMLDoc.save(Application.StartupPath+"//"+"test.xml");
        MessageBox.Show("生成成功! ");
        //关闭记录集与连接对象
        pRS.Close();
        pConn.Close();
    }
}
private bool Connect2DB()
{
    try
    {   //实例化连接对象
        pConn=new ConnectionClass();
        //实例化记录集对象
        pRS=new ADODB.RecordsetClass();
        //设置数据库名称、服务器名称、用户名、密码、选择字符串
        dbname="STUDENTS";
        sname="ASUS-0B43427"+"\\"+"JT";
        pUser="sa";
        pPSW="sa";
        pSelStr="SELECT * From students";
        //打开连接
        pConn.Open("Provider=SQLOLEDB.1;Server="+sname+";Initial Catalog="+dbname,
pUser,pPSW,-1);
        //打开记录集
        pRS.Open(pSelStr,pConn,ADODB.CursorTypeEnum.adOpenDynamic,ADODB.LockTypeEnum.
adLockOptimistic,-1);
        return true;
    }
    catch
    {
        return false;
    }
}

private void button2_Click(object sender, System.EventArgs e)
{
  //显示生成的 XML 文档
    this.textBox1.Text=XMLDoc.xml;
```

}

当用户单击“从数据库表生成 XML 文档”按钮后，运行结果如图 7.8 所示。

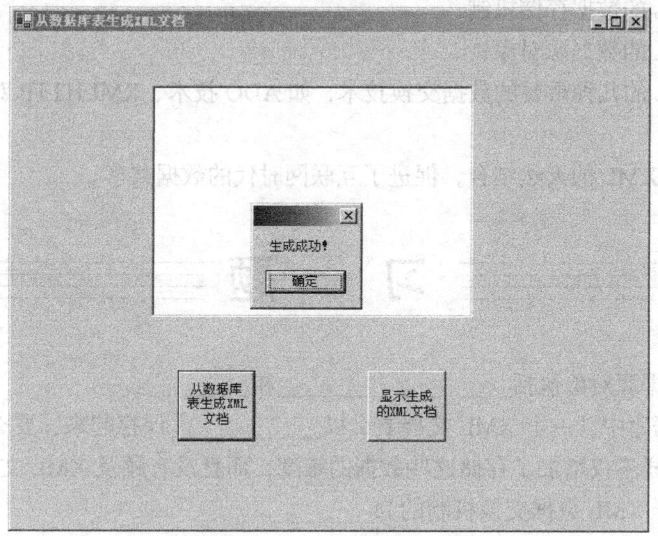

图 7.8 单击“从数据库表生成 XML 文档”按钮的运行结果图

然后单击“显示生成的 XML 文档”按钮，运行结果如图 7.9 所示。

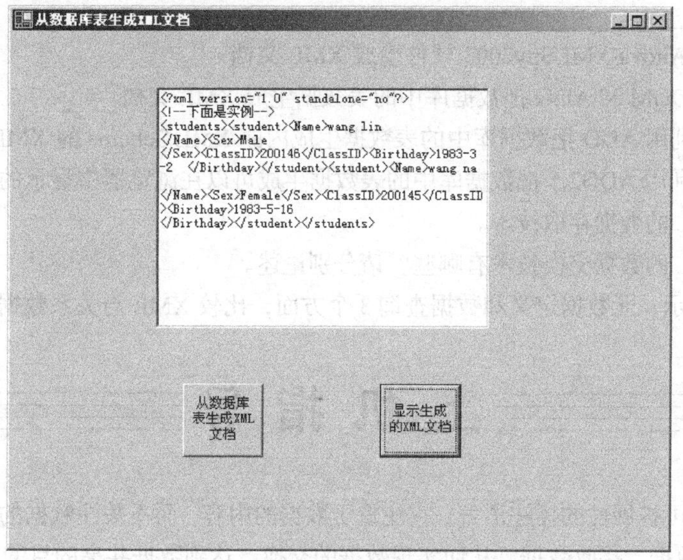

图 7.9 单击“显示生成的 XML 文档”按钮的运行结果图

小 结

本章主要介绍了 XML 与数据库的基本知识，读者应该掌握以下内容：

（1）了解 XML 与数据库的发展状况；

（2）知道目前著名的数据库软件对 XML 的支持，如 SQL Server 2000、SQL Server 2005、

ORACLE 10g 等；

（3）理解 XML 的数据交换机制；

（4）理解 XML 的数据存储机制；

（5）了解 XML 的数据源对象；

（6）了解 XML 的几种重要的数据交换技术，如 ADO 技术、XMLHTTP 对象技术、XOSL 转换工具等；

（7）数据库与 XML 的天然结合，促进了互联网时代的数据共享。

习　题

1．XML 的数据源对象包括________、________和________。

2．在关系数据库中，一个 XML 文档要么以___________保存起来，要么将这个 XML 文档________存储，这样不仅增加了存储这些数据的难度，而且没有顾及 XML 文档自身的统一性。

3．下面不属于 XML 数据交换机制的为________。

A．数据发布　　　　　　　　　　　　B．ADO 技术

C．交易自动化　　　　　　　　　　　D．数据集成

4．利用数据库中的数据生成 XML 文档是当前数据交换发展的趋势之一，下面选项不能体现这个说法的是__________。

A．利用 Altova XMLSpy2003 软件生成 XML 文档

B．结合 DOM 和 ADO 把数据库中的表数据生成 XML 文档

C．直接利用 ADO 把数据库中的表数据生成内嵌 XML Schema 的 XML 实例文档

D．直接利用 ADO2.5 把数据库中的表数据生成可以在浏览器中显示的 XML 文档

5．描述 XML 的数据存取技术。

6．目前 XML 的数据交换技术有哪些？请分别论述。

7．从数据表示、元数据定义和数据查询 3 个方面，比较 XML 与关系数据库的不同点。

上 机 指 导

XML 是一种可扩展性的标注语言，它注重于数据的内容，而不关注数据的表现。通过 XML，可以自由的发布数据、接收数据，从而实现数据的交换，达到数据共享的目的；数据库是数据的容器，它用于存储和管理大量的数据。本章讲述了数据库的基本概念、XML 技术与数据库的结合、XML 的数据交换机制、XML 的数据存取机制、XML 的数据源对象以及 XML 的数据交换技术。本节将通过上机操作，巩固本章所学的知识点。

实验一：使用 SQL Server 2000 创建数据库

实验内容

在 SQL Server 2000 中建立数据库“STUDENTS”，并在数据库中建立表，设计表结构（包括字段名称和数据类型等）和添加表记录。

实验目的

巩固知识点——数据库的创建。数据库专用于数据的存储与管理。有了数据库，应用程序与数据彼此互不依赖，分离开来。关系数据库管理系统（RDBMS）采用二维表格作为存储数据的模型。一个数据库由许多表格组成，而每一个表格则由行和列组成，一般情况下，列被称作字段，用于表示组成数据有效信息的属性，行被称为元素，用于表示一条完整的数据记录。数据间的相关性可以通过表与表之间关键字（外键）来关联。

SQL Server 2000 是 Microsoft 公司推出的 SQL Server 数据库管理系统。这个版本继承了 SQL Server 7.0 版本的优点同时又比它增加了许多更先进的功能，如 Internet 集成，可伸缩性和可用性，企业级数据库功能，可以在多个站点上安装、部署、管理和使用、以及数据仓库等。本实验就是让读者学会在 SQL Server 2000 中建立数据库。

实现思路

在本实验中，我们利用 SQL Server 2000 创建数据库。

（1）安装 SQL Server 2000，在此不再赘述。

（2）运行 SQL Server 2000 程序。如果 SQL Server 服务没有启动，应先启动该服务，具体步骤为：依次选择“开始”|“程序”|“Microsoft SQL Server”|“服务管理器”命令，在弹出的窗口中选择服务器为安装时注册的服务名，服务为 SQL Server，然后选择【开始/继续】按钮。如果 SQL Server 服务已经启动，则具体步骤为：依次选择“开始”|“程序”|“Microsoft SQL Server”|“企业管理器”命令。

（3）在打开的企业管理器窗口中，依次展开目录树“Microsoft SQL Server”→“SQL Server 组”→服务器。

（4）在服务器目录下，用鼠标右击“数据库”选项，弹出数据库属性界面。

（5）在新弹出的数据库属性界面中，输入数据库的名称“STUDENTS”，然后单击“确定”按钮，如图 7.10 所示。

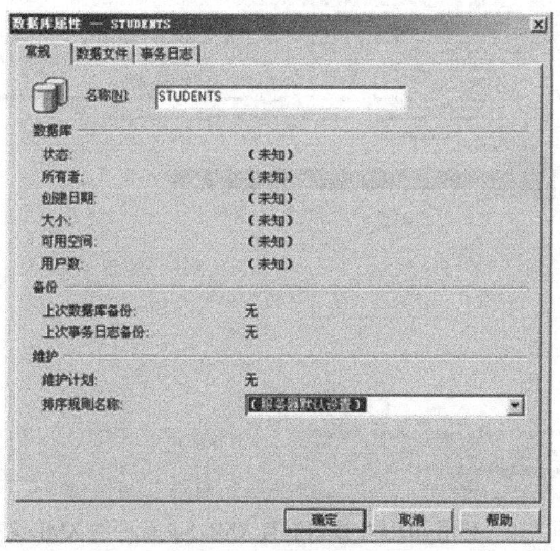

图 7.10　创建数据库

（6）新建的数据库“STUDENTS”出现在“数据库”目录下。用鼠标右击新建的数据库，在弹出的快捷菜单中，选择“新建”｜【表(T)...】命令。

（7）在弹出的窗口中，依次输入新建表的字段，如图 7.11 所示。

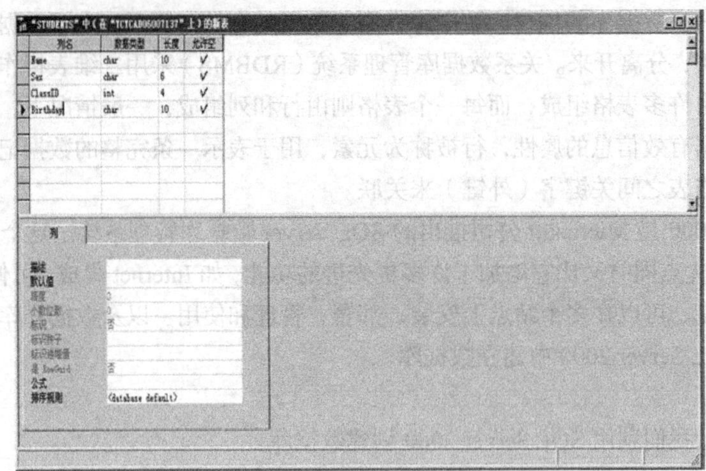

图 7.11　创建数据表

（8）关闭该窗口，并保存表名为“students”，然后就可以在表中添加数据记录了（见图 7.7）。

实验二：使用 ADO 操作 SQL Server 2000 数据库并生成 XML 文档

实验内容

使用 ADO 控件访问数据库“STUDENTS”，然后利用 ADO 的新技术来自动生成内嵌有 XML Schema 的 XML 文档。在 Atova XML Spy2006 中打开自动生成的 XML 文档，如图 7.12 所示。

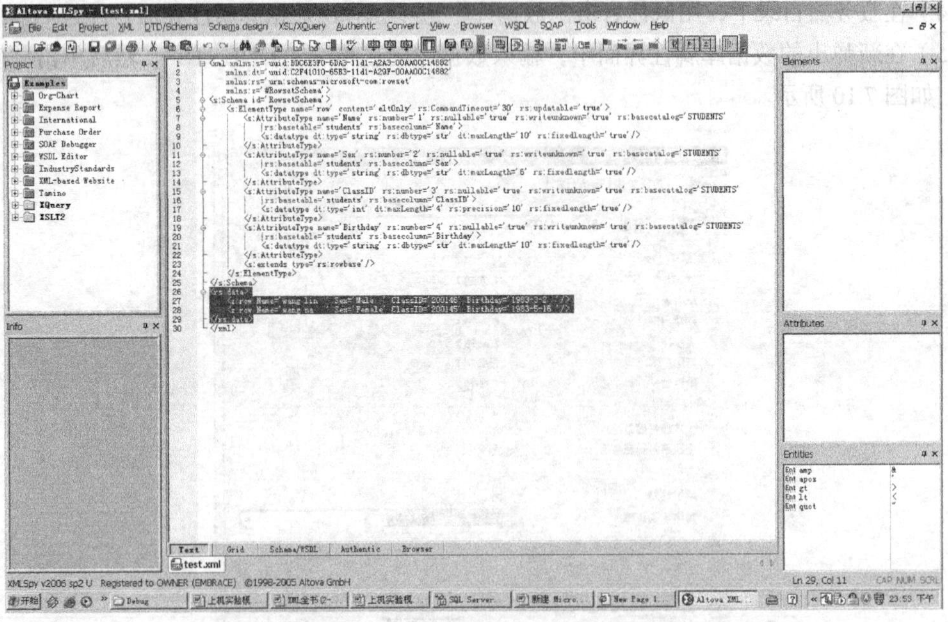

图 7.12　利用 ADO 生成内嵌有 XML Schemal 的 XML 文档

实验目的

巩固知识点——ADO 控件的使用。ADO 是 Microsoft 公司最新的数据访问技术。它被设计用来同新的数据访问层 OLE DB Provider 一起协同工作，以提供通用数据访问（Universal Data Access）。本实验通过基本的 ADO 操作来访问 SQL Server 2000 关系数据库，然后利用 ADO 的新技术自动生成内嵌有 XML Schema 的 XML 文档。

实现思路

在本实验中，我们利用在本章实验一中所创建的数据库“STUDENTS”，然后使用 ADO 控件操作该数据库，来获取到表 students 中的所有记录，并利用 ADO 的 save 方法，将该表数据存储为 XML 文档。实现过程如下：

（1）在 C#中建立工程，名字自取；

（2）建立如图 7.8 所示的窗口界面；

（3）双击“从数据库表生成 XML 文档”按钮，打开代码视图界面；

（4）在该按钮的单击事件中添加如下代码：

```
try
 {
    pConn=new ConnectionClass();
    pRS=new ADODB.RecordsetClass();
    dbname="STUDENTS";
    sname="YCYCAD06007137"+"\\"+"JT";
    pUser="sa";
    pPSW="sa";
    pSelStr="SELECT * From students";
    pConn.Open("Provider=SQLOLEDB.1;Server="  +  sname  +  ";Initial  Catalog="  +
dbname,pUser,pPSW,-1);
    pRS.Open(pSelStr,pConn,ADODB.CursorTypeEnum.adOpenDynamic,ADODB.LockTypeEnum.
adLockOptimistic,-1);
 }
 catch
 {
    MessageBox.show("无法连接数据库！");
 }
 pRS.Save(Application.StartupPath+"//"+"test.xml",ADODB.PersistFormatEnum.adPersist
XML);
 MessageBox.Show("生成成功！");
 pRS.Close();
 pConn.Close();
```

（5）运行代码，显示“生成成功”的提示。在 Atova XML Spy2006 中打开自动生成的 XML 文档，运行效果如图 7.12 所示。

实验三：使用 ADO 操作数据库并利用 DOM 生成 XML 文档

实验内容

利用 ADO 从数据库中提取数据，然后利用 DOM 接口将该数据生成 XML 文档，使得 XML 文档结构与内容完美结合。运行效果如图 7.13 所示。

实验目的

巩固知识点——ADO 控件和 DOM。DOM 是文档对象模型，是 W3C 制定的一整套与平台无关的接口规范；ADO 是 Microsoft 公司制定的一整套数据库访问的与平台无关的接口规范，因此，ADO 和 DOM 是天然的结合。因为对于 XML 来讲，一方面，ADO 可以从数据库中提取数据，然后利用 DOM 接口将该数据生成 XML 文档（本实验就要实现）；另一方面，ADO 也提供了文档保存功能，通过它，可以将从数据库中提取的数据直接生成 XML 文档，简化了 XML 的应用（正如本章实验二所讲的）。

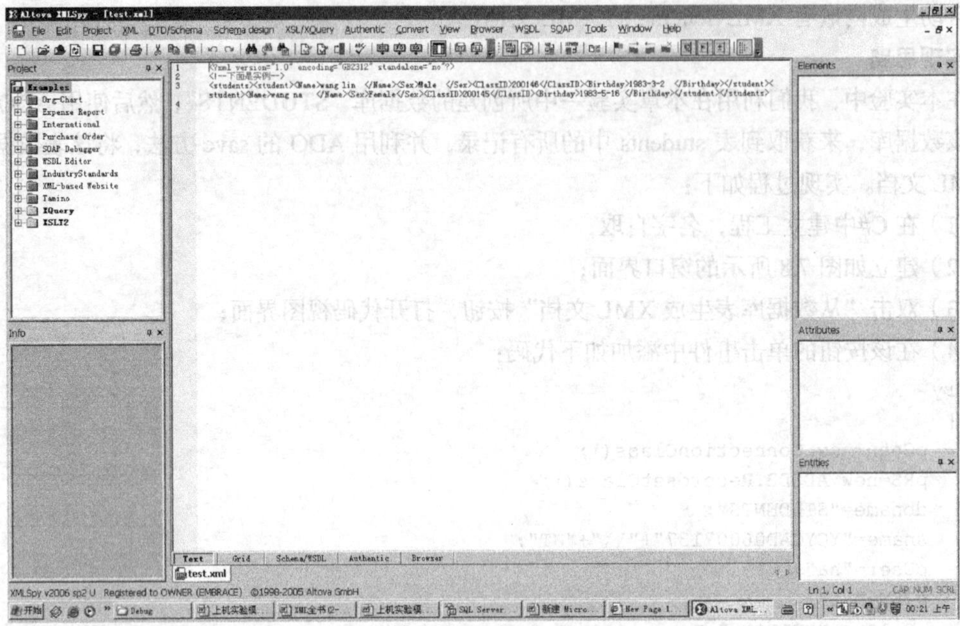

图 7.13　利用 ADO 和 DOM 生成的 XML 文档

实现思路

在本实验中，我们要利用本章实验一中所建立的数据库，然后利用 ADO 技术读取数据库中的 students 表记录，再利用 DOM 技术，生成 XML 文档。实现过程如下：

（1）在 C#中建立工程，名字自取；

（2）建立如图 7.8 所示的窗口界面；

（3）双击“从数据库表生成 XML 文档”按钮，打开代码视图界面；

（4）在该按钮的单击事件中添加如下代码：

```
if(this.Connect2DB())
{
    xmlDoc=new DOMDocument40Class();
    IXMLDOMProcessingInstruction pPI;
    pPI=xmlDoc.createProcessingInstruction("xml","version='1.0' encoding='GB2312'
standalone='no'");
    xmlDoc.appendChild(pPI as IXMLDOMNode);
    IXMLDOMComment pComment;
    pComment=xmlDoc.createComment("下面是实例");
    xmlDoc.appendChild(pComment as IXMLDOMNode);
    IXMLDOMElement pElement;
    IXMLDOMElement pElementChild;
    IXMLDOMText pText;
    pElement=xmlDoc.createElement("students");
    xmlDoc.appendChild(pElement as IXMLDOMNode);
    int count;
    pRS.MoveFirst();
    while(pRS.EOF==false)
    {
      count=0;
      pElement=xmlDoc.createElement("student");
      foreach(ADODB.Field pField in pRS.Fields)
```

```
            {
              pElementChild=xmlDoc.createElement(pField.Name);
              pText=xmlDoc.createTextNode(pRS.get_Collect(count).ToString());
                pElementChild.appendChild(pText as IXMLDOMNode);
                count++;
              pElement.appendChild(pElementChild as IXMLDOMNode);
                //                   MessageBox.Show(pField.Name);
            }
            xmlDoc.documentElement.appendChild(pElement as IXMLDOMNode);
            pRS.MoveNext();
        }
        xmlDoc.save(Application.StartupPath+"//"+"test.xml"); MessageBox.Show("生成成功!");
        pRS.Close();
        pConn.Close();
    }
```

(5) 在该程序中添加数据库连接函数，代码如下：

```
private bool Connect2DB()
{
    try
    {
        pConn=new ConnectionClass();
        pRS=new ADODB.RecordsetClass();
        dbname="STUDENTS";
        sname="YCYCAD06007137"+"\\"+"JT";//服务器的名字
        pUser="sa";
        pPSW="sa";
        pSelStr="SELECT * From students";
        pConn.Open("Provider=SQLOLEDB.1;Server=" + sname + ";Initial Catalog=" +
dbname,pUser,pPSW,-1);
        pRS.Open(pSelStr,pConn,ADODB.CursorTypeEnum.adOpenDynamic,ADODB.LockTypeEnum.
adLockOptimistic,-1);
        return true;
    }
    catch
    {
        return false;
    }
}
```

(6) 在该程序中添加应用及定义变量如下：

```
using MSXML2;
using ADODB;
private System.Windows.Forms.TextBox textBox1;
private System.Windows.Forms.Button button1;
private System.Windows.Forms.Button button2;
ADODB._Connection pConn;
ADODB._Recordset pRS;
String pSelStr;
String pUser;
String pPSW;
String sname;
String dbname;
IXMLDOMDocument xmlDoc;
```

(7) 运行该程序，单击“从数据库表生成 XML 文档”按钮，提示“生成成功”的信息。

(8) 在 Atova XML Spy2006 中打开“test.xml”，效果如图 7.13 所示。

第 8 章 XML 与正则表达式

正则表达式（Regular Expression）处理文本和模式匹配问题实用、高效，因此 XML 也引入了对正则表达式的支持。本章将着重讲述正则表达式在 XML 中的应用。

8.1 正则表达式在 XML 中的应用

正则表达式可以用于指定字符串模式。在 XML 范畴内，主要使用在以下几个方面。

- XML Schema
- XPath 2.0
- XSLT 2.0

8.1.1 在 XML Schema 中的应用

正则表达式可以在验证时，指定字符串匹配模式。以下示例代码演示了正则表达式的使用。

```
<xs:element name="root">
  <xs:simpleType>
    <xs:restriction base="xs:string">
      <xs:pattern value="[a-z]{3}[0-9]{3}"/>
    </xs:restriction>
  </xs:simpleType>
</xs:element>
```

上面的代码定义了一个匹配模式“[a-z]{3}[0-9]{3}”。以下代码所示的元素可以通过验证。

```
<root>abc123</root>
```

8.1.2 在 XPath 2.0 中的应用

正则表达式可以用于 XPath 2.0 中的 3 个函数——matches(),replace()和 tokenize()。以下 XSLT 代码中使用了这 3 个函数。

```
<?xml version='1.0'?>
<xsl:stylesheet version="2.0" xmlns:xsl="http://www.w3.org/1999/XSL/Transform">
  <xsl:template match="/">
    <xsl:value-of select="matches('2007-03-01','\d{4}-\d{2}-\d{2}')"/>
    <xsl:value-of select="replace('2007-03-01','(\d{4})-(\d{2})-(\d{2})','$2/$3/$1')"/>
    <xsl:value-of select="tokenize('2007-03-01','-')"/>
  </xsl:template>
</xsl:stylesheet>
```

代码说明：

- matches('2007-03-01','\d{4}-\d{2}-\d{2}')将返回 true。
- replace('2007-03-01','(\d{4})-(\d{2})-(\d{2})','$2/$3/$1')将返回字符串“03/01/2007”。
- tokenize('2007-03-01','-')将返回序列(‘2007’,’03’,’01’)。

8.1.3　在 XSLT 2.0 中的应用

正则表达式在 XSLT 2.0 的应用主要是在元素<xsl:analyze-string>中。以下示例代码演示了正则表达式在该元素中的使用。

```
<xsl:analyze-string select="root" regex="[0-9]+">
  <xsl:matching-substring>
    <xsl:value-of select="."/>
  </xsl:matching-substring>
  <xsl:non-matching-substring>
    <xsl:text>non-letter</xsl:text>
  </xsl:non-matching-substring>
</xsl:analyze-string>
```

8.2　XML 正则表达式简介

许多编程语言都支持正则表达式。尽管这些语言中的正则表达式基本结构一样，但是其语法并不完全相同。XML 正则表达式与 Perl 中正则表达式十分相似。事实上，XML 正则表达式正是以 Perl 正则表达式为蓝本来定义的。本节将简要讲述 XML 正则表达式的基本语法结构。

8.2.1　元字符和普通字符

正则表达式的定义是以字符为基本单位的。字符又可以分为元字符和普通字符两类。元字符是指在正则表达式中表示特殊含义的字符。元字符包括“.”、“\”、“?”、“*”、“+”、“|”、“{”、“}”、“^”、“$”、“[”、“]”。

普通字符是指除元字符外的所有 Unicode 字符。普通字符匹配其本身，当然如果在使用时，flags 标志含有“i”，那么普通字符还可以匹配其大写或小写形式。

元字符中的“.”用于匹配任何单字符（除换行符外）。当 flags 标志含有“s”时，“.”将匹配包括换行符在内的所有字符。

元字符“^”和“$”用于匹配输入字符串的开始和结束。默认情况下，这里的开始和结束是指整个字符串的开头和结尾。当 flags 标志含有“m”时，整个字符串在换行符处，被看做一行的结束，在换行符的下个字符处，看做另一行的开始。

例如，正则表达式“^The”，可匹配字符串“The”；正则表达式“doc$”，匹配字符串“doc”。

8.2.2　量词

量词用来指定字符出现次数。量词的形式主要有“?”、“*”、“+”、“{}”。

- 元字符“?”作为量词出现，用来匹配 0 个或 1 个字符。例如 A?，表示 0 个或一个字符“A”。
- 元字符“*”作为量词出现，用来匹配 0 个或多个字符。例如 A*，表示 0 个或多个字符“A”。
- 元字符“+”作为量词出现，用来匹配 1 个或多个字符。例如 A+，表示 1 个或多个字符“A”。

• 元字符“{”和“}”作为量词出现，用来匹配指定个数的字符，其形式有三种情况。例如，A{3}表示匹配 3 个字符“A”；A{3,}表示匹配 3 个或更多个字符“A”；A{3,5}表示匹配 3 个到 5 个字符“A”。

数量词在用于匹配字符串时，默认遵循贪婪原则。贪婪原则是指，尽可能多地匹配字符。例如字符串“Function(p),(OK)”，如果使用正则表达式“\(.*\)”进行匹配，则得到字符串“(p),(OK)”；若欲得到“(p)”，则必须取消数量词的贪婪原则，此时只需要为数量词后追加另外一个数量词“?”即可。如上面的正则表达式应该改为“\(.*?\)”。

需要注意的是，是否采用贪婪原则，不会影响 matches()函数的返回结果，因为它只用来确定是否匹配；但是却影响函数 replace()和 tokenize()，还会影响 XSLT 元素<xsl:analyze-string>。

8.2.3 字符转义与字符类

元字符在正则表达式中有特殊含义。如果需要使用其原义，则需要用到字符转义。字符转义使用字符“\”来实现。其语法模式为：“\”+元字符。例如，“\.”表示普通字符“.”；“\.xml”匹配字符串“.xml”；而普通字符“\”需要使用“\\”来表示。

字符类是可选的字符集合。字符转义是实现字符类的一种模式。字符转义实现的字符类可以分为两类，一类为单字符匹配，另一类为多字符匹配。单字符匹配是指字符集合中仅含有一个字符，而多字符匹配是指字符集合中含有多个字符。

单字符匹配有以下几种。

• “\n”，用于匹配换行符（x0A）。

• “\r”，用于匹配回车符（x0D）。

• “\t”，用于匹配制表符（x09）。

• 元字符“.”、“\”、“?”、“*”、“+”、“|”、“{”、“}”“^”、“$”、“[”、“]”可加分别加前缀字符“\”来实现转义，表示字符本身。

多字符匹配有以下几种。

• “\s”，用于匹配空白符。正如前面所说，空白符包括空格（x20）、制表符（x09）、回车符（x13）、换行符（x0A）。

• “\i”，用于匹配可作为 XML 元素和属性名称中第一个字符的字符。包括所有的字母字符、“:”和“_”。例如，matches("_","\i")将返回 true，而 maches("?","\i")将返回 false。

• “\c”，用于匹配可作为 XML 命名规范的字符，或者说可用于 XML 元素或属性名称的字符。例如，matches(".","\c")将返回 true，而 matches("","\c")将返回 false。

• “\d”，用于匹配数字。例如，matches("1","\d")将返回 true，而 matches("a","\d")将返回 false。

• “\w”，用于匹配可用作组成单词的字符。例如，matches("Z","\w")将返回 true，而 matches("?","\d")将返回 false。

以上字符类均为 XML 正则表达式内置的字符集合。除此之外，还可以使用“[ ]”来自定义字符类。例如，[az]可用于匹配字符 a 或 z，[a-z]用于匹配字符“a”到字符“z”的任意字符，[a-z0-9]用于匹配字符“a”到字符“z”或字符“0”到字符“9”中的任意字符。

“[ ]”实际上定义了某个范围内的字符。如果需要表示该范围之外的字符集合，可以使用字符“^”。例如，[^az]可用于表示除“a”到“z”之外的所有 Unicode 字符。需要注意，这里的“^”与行首匹配符“^”的区别。行首匹配符必须出现在正则表达式的开头，而表示补集的“^”必须出现在“[ ]”之内。

8.2.4 字符组的使用

XML 的正则表达式中还可以利用“( )”来对正则表达式分组。可以使用量词来修饰分组，这极大地扩展了正则表达式的功能。例如，“Hello,Hello,World”可以匹配正则表达式“(Hello,){2}”。

在 XPath 的函数中可以使用$1、$2、$3…$n 来引用与相应分组匹配的字符串。例如，replace("1234dd"," (\d{4})(\w{2})","$2$1")将返回字符串“dd1234”。

在 XSLT 2.0 元素<xsl:analyze-string>中，可以利用函数 regex-group()来引用分组。以下代码为一个示例程序片段。

```
<xsl:analyze-string select="$string" regex="(\d+)([a-z]+)">
  <xsl:matching-substring>
    <match>
      <whole>
        <xsl:value-of select="regex-group(0)"/>
      </whole>
      <number>
        <xsl:value-of select="regex-group(1)"/>
      </number>
      <string>
        <xsl:value-of select="regex-group(2)"/>
      </string>
    </match>
  </xsl:matching-substring>
</xsl:analyze-string>
```

8.2.5 正则表达式分支

可以利用“|”来创建多个正则表达式分支。例如，“\d{4}|\w{4}”可以看做两个正则表达式——“\d{4}”和“\w{4}”，匹配其中任何一个正则表达式的字符串都被认为匹配整个正则表达式。如果该字符串两个正则表达式分支都匹配，那么将被处理为匹配第一个正则表达式分支。

小 结

本章讲述了 XML 正则表达式的基础知识。XML 正则表达式基于 Perl 正则表达式的原型，但跟 Perl 的正则表达式又不完全相同。尤其要注意的是，XML 正则表达式增加了两个自己的字符类“\i”和“\c”。XML 正则表达式可用于 XML Schema、Xpath 2.0 和 XSLT 2.0。对于 Xpath 2.0 和 XSLT 2.0 来说，虽然只有少数几个函数和元素，但是却极大地扩展了 XML 的功能。Xpath 1.0 和 XSLT 1.0 并不支持正则表达式。量词的匹配，默认遵循贪婪原则，但需要注意如何将其转化为非贪婪。

习 题

1．正则表达式可以用于 XPath 2.0 中的 3 个函数是________、________和________。

2．XML 正则表达式是基于________正则表达式的原型。

3．元字符________和________用于匹配输入字符串的开始和结束。默认情况下，这里的开始和结束是指整个字符串的开头和结尾。

4．XML 的正则表达式中还可以利用________来对正则表达式分组。可以使用量词来修饰分组，这极大地扩展了正则表达式的功能。

上 机 指 导

实验一：使用正则表达式获取指定元素所有属性的集合

实验内容

在 Eclipse 集成开发环境中，新建 Java 项目，并新建一个 Java 工具类，写一个方法用来完成使用正则表达式获取指定元素所有属性的集合的功能。

实验目的

熟悉 Eclipse 集成开发环境的使用，熟悉正则表达式的使用，熟悉 Java 语言与 XML 文件的综合使用。

实验思路

在本实验中，利用 Eclipse 集成开发环境创建 Java 项目，并新建处理 XML 文件的工具类。

（1）打开 Eclipse 集成开发环境。

（2）选择 File→New→Java Project 菜单，在弹出的 New Java Project 对话框的 Project Name 输入框当中输入项目的名称：PatternTest，单击“Finish”按钮，完成 Java Project 的创建。

（3）右键单击项目的 src 文件夹，选择 new→Class 菜单，在弹出的 New Java Class 对话框中的 Name 输入框中输入 Java 类的名称：XmlUtils，单击“Finish”按钮。如图 8.1 所示。

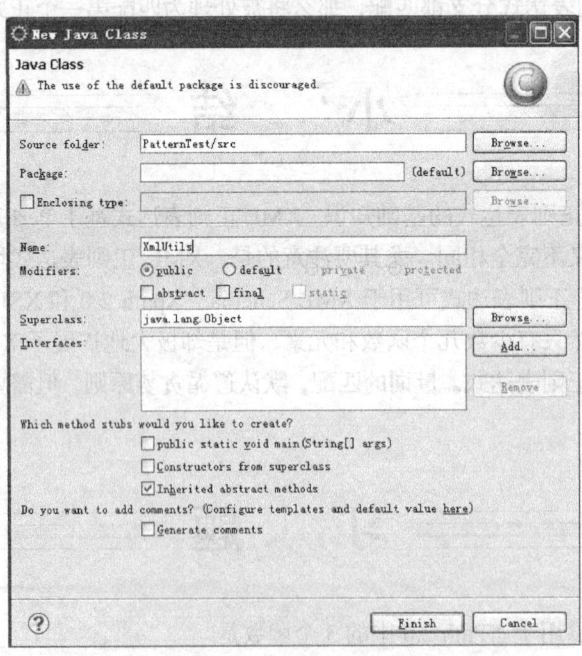

图 8.1　创建 XmlUtils 类

（4）编辑 getAttributes 方法，源代码如下：

```
/**
     * 在给定的元素中获取所有属性的集合.该元素应该从 getElementsByTag 方法中获取
     * @param elementString String
     * @return HashMap
     */
    public HashMap<String,String> getAttributes(String elementString){
     HashMap hm = new HashMap<String,String>();
     Pattern p = Pattern.compile("<[^>]+>");
     Matcher m = p.matcher(elementString);
     String tmp = m.find()?m.group():"";
     p = Pattern.compile("(\\w+)\\s*=\\s*\"([^\"]+)\"");
     m = p.matcher(tmp);
     while(m.find()){
       hm.put(m.group(1).trim(),m.group(2).trim());
     }
     return hm;
    }
```

实验二：采用 JS 正则表达式验证 XML 文件结构

实验内容

综合正则表达式的强大功能，就可以进行一些复杂的数据结构的描述。采用 JS 正则表达式的方式来验证 XML 文件的结构。

实验目的

了解正则表达式如何进行一些复杂的数据结构的描述。

实验思路

在本实验中，需要新建被验证的 XML 文件：examples.xml，以及采用 JS 正则表达式进行验证的 HTML 文件：examples.htm。

（1）新建 examples.xml 文件，源代码如下：

```
/*** examples.xml ***/
<?xml version="1.0" encoding="gb2312"?>
<root  xmlns:xsi="http://www.w3.org/2001/xmlSchema-instance"  xsi:noNamespaceSchema
Location="examples.xsd">
<user>
<name>test</name>
<email>moonpiazza@hotmail.com</email>
<ip>127.0.0.1</ip>
<color>#000000</color>
</user>
<user>
<name>guest</name>
<email>guest@371.net</email>
<ip>202.102.224.25</ip>
<color>#FFFFFF</color>
</user>
</root>
```

（2）其中 examples.xsd 源代码如下：

```
/*** examples.xsd ***/
<?xml version="1.0" encoding="gb2312"?>
<xsd:schema xmlns:xsd="http://www.w3.org/2001/xmlSchema">
```

```
<xsd:element name="root" type="Root"/>
<xsd:complexType name="Root">
<xsd:sequence>
<xsd:element name="user" type="User" minOccurs="0" maxOccurs="unbounded" />
</xsd:sequence>
</xsd:complexType>
<xsd:complexType name="User">
<xsd:sequence>
<xsd:element name="name" type="xsd:string"/>
<xsd:element name="email" type="Email" />
<xsd:element name="ip" type="IP" />
<xsd:element name="color" type="Color" />
</xsd:sequence>
</xsd:complexType>
<xsd:simpleType name="Email">
<xsd:restriction base="xsd:string">
<xsd:pattern value="([a-zA-Z0-9_\-\.] )@((\[[0-9]{1,3}\.[0-9]{1,3}\.[0-9]{1,3}\.]|
(([a-zA-Z0-9\-] \.) ))([a-zA-Z]{2,4}|[0-9]{1,3})(\]?)"/>
</xsd:restriction>
</xsd:simpleType>
<xsd:simpleType name="IP">
<xsd:restriction base="xsd:string">
<xsd:pattern value="(25[0-5]|2[0-4][0-9]|[0-1]{1}[0-9]{2}|[1-9]{1}[0-9]{1}|[1-9])\.
(25[0-5]|2[0-4][0-9]|[0-1]{1}[0-9]{2}|[1-9]{1}[0-9]{1}|[1-9]|0)\.(25[0-5]|2[0-4][0-9]|
[0-1]{1}[0-9]{2}|[1-9]{1}[0-9]{1}|[1-9]|0)\.(25[0-5]|2[0-4][0-9]|[0-1]{1}[0-9]{2}|[1-9
]{1}[0-9]{1}|[0-9])"/>
</xsd:restriction>
</xsd:simpleType>
<xsd:simpleType name="Color">
<xsd:restriction base="xsd:string">
<xsd:pattern value="#?([a-f]|[A-F]|[0-9]){3}(([a-f]|[A-F]|[0-9]){3})?"/>
</xsd:restriction>
</xsd:simpleType>
</xsd:schema>
```

（3）examples.htm 源代码如下：

```
/*** examples.htm ***/
<SCRIPT LANGUAGE="javascript">
function validate()
{
var oxml ;
var nParseError;
var sReturnVal;
oxml = new ActiveXObject("MSxml2.DOMDocument.4.0") ;
oxml.async = false ;
oxml.validateOnParse = true;
oxml.load("examples.xml") ;
nParseError = oxml.parseError.errorCode ;
sReturnVal = "" ;
if (0 != nParseError)
{
sReturnVal = sReturnVal "代码：" oxml.parseError.errorCode "\n" ;
sReturnVal = sReturnVal "错误原因：" oxml.parseError.Reason "\n" ;
sReturnVal = sReturnVal "错误字符串：" oxml.parseError.srcText "\n" ;
sReturnVal = sReturnVal "错误行号" oxml.parseError.line "\n" ;
```

```
sReturnVal = sReturnVal "错误列数: " oxml.parseError.linepos "\n" ;
}
else
{
sReturnVal = sReturnVal "验证通过! "
}
alert(sReturnVal);
}
function window.onload()
{
validate();
}
</SCRIPT>
```

实验三：JS 正则表达式判断是否为数字

实验内容

用 JS 正则表达式判断用户输入的字符串是否为数字。

实验目的

熟悉正则表达式的使用。

实验思路

在本实验当中，需要新建一个用于测试的 HTML 文件：test.html，编辑此 test.html 文件，源代码如下：

```
<!DOCTYPE HTML PUBLIC "-//W3C//DTD HTML 4.01//EN" "http://www.w3.org/TR/html4/strict.dtd">
<html>
    <head>
        <meta http-equiv="Content-Type" content="text/html; charset=GB2312" />
        <title>Untitled Document</title>
    </head>
    <body>
        <input type="text" id="myInput" value="" />
        <input type="button" value="确定" id="myButton" />
    </body>
</html>
        <script language="JavaScript" type="text/javascript">
        function $(obj){
            return document.getElementById(obj);
        }
        function checkIsInteger(str)
        {
                //如果为空，则通过校验
            if(str == "")
             return true;
            if(/^(\-?)(\d+)$/.test(str))
              return true;
            else
              return false;
         }
         String.prototype.trim = function()
        {
                return this.replace(/(^[\s]*)|([\s]*$)/g, "");
```

```
}
$("myButton").onclick=function(){
    if(checkIsInteger($("myInput").value.trim())){
        alert("成功");
    }else{
        alert("只能是数字");
    }
}
</script>
```

第 9 章 XML 在 Java 中的典型应用

在很多情况下，XML 不是单独使用的，需要和其他开发工具配合应用，才能发挥其强大功能，本章讲解 XML 与 Java 的配合使用，在下一章将介绍它和.NET 语言的配合使用。

9.1 用 JDOM 解析 XML 文档

JDOM 是 Java 中最常用的解析 XML 文档的方法。该方法的创始人为 Jason Hunter，其集成了 DOM 解析的简单易用和 SAX 解析的性能优越两大优点。要想使用该方法解析 XML 文档，需要首先下载一个 Java 包 org.jdom。下载的网址为 http://www.jdom.org。

9.1.1 准备工作

将下载的 JDOM 的压缩文件解压，在 jdom-1.0\build 文件夹下可以得到解析 XML 文档所需的 jar 包——jdom.jar。在 Eclipse 中新建一个项目，假设其名为 JDOM，将 jdom-jar 加入到该项目的 Build Path 中，如图 9.1 所示。

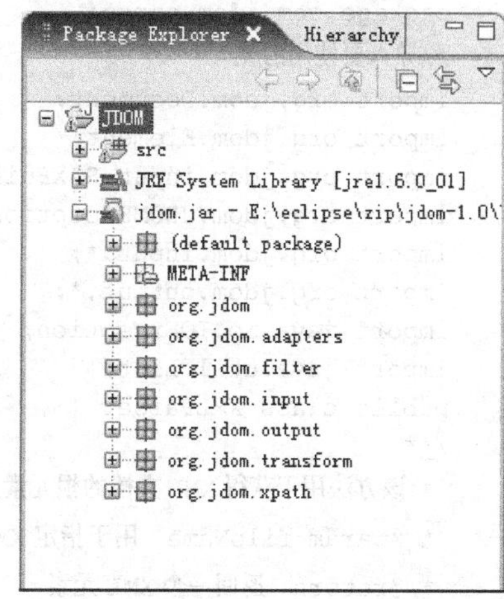

图 9.1 将 jdom-jar.jar 加入到 Java 项目中

用来解析的 XML 文档如下。

```
<?xml version="1.0"?>
<people>
  <person id="001">
    <name>Jack</name>
    <age>25</age>
    <dept>Development</dept>
  </person>
  <person id="002">
    <name>Alex</name>
    <age>22</age>
    <dept>Management</dept>
  </person>
  <person id="003">
    <name>Martin</name>
    <age>25</age>
    <dept>Development</dept>
  </person>
  <person id="004">
    <name>Mike</name>
    <age>22</age>
```

```
    <dept>testing</dept>
  </person>
  <person id="005">
    <name>John</name>
    <age>23</age>
    <dept>Management</dept>
  </person>
  <person id="006">
    <name>Lina</name>
    <age>22</age>
    <dept>testing</dept>
  </person>
</people>
```

9.1.2 创建 Java 类

根据前面所学知识，一个 XML 文档可以看做树形结构。JDOM 解析也是将 XML 文档按照树形结构来分析。

首先，JDOM 可以将整个 XML 文档转换为一个 document 对象，相当于 XML 文档根节点，这与 XSLT 中的 document()函数非常类似。获得该对象所用到的类为 SAXBuilder。

接着，可以利用上面得到的 document 节点的 getRootElement()方法，得到 XML 文档的根元素。这里要注意根元素和根节点的区别。

根元素提供了 getChildren()方法，可以获得子节点。注意这里的子节点相当于 XPath 轴中子轴的概念。属性并不在子轴上，因此不能使用 getChildren()方法获得属性。要获得属性，应该使用的方法为 getAttribute(String attributeName)；可以通过 getAttributeValue(String attributeName)来获得属性的值。

根元素也是一个普通的元素，所以对于其他的元素节点，也具有根元素所具有的方法。

现欲解析上一小节的 XML 文档，并输出所有人员信息，相应的 Java 类如下。

```
package com.jdom.parse;
//导入要使用的类
import org.jdom.Document;
import org.jdom.Element;
import org.jdom.input.SAXBuilder;
import org.jdom.JDOMException;
import org.jdom.input.*;
import org.jdom.output.*;
import java.io.IOException;
import java.util.List;
public class XMLParser {
/**
  * 该方法用于获得 XML 文档的根元素，注意是根元素，不是根节点
  * @param fileName  用于指定 XML 文档的文件名，其路径有可能是相对路径，也可能是绝对路径
  * @return  返回一个 XML 元素
  */
  public Element getRoot(String fileName){
    Document doc = null;
    //创建解析对象
     SAXBuilder sax = new SAXBuilder(false);
    try{
```

```
      //解析 XML 文档，建立节点树，并返回根节点
        doc = sax.build(fileName);
      }catch(JDOMException e){
       e.printStackTrace();
      }catch(IOException ex){
       ex.printStackTrace();
      }
      //获得根元素
      Element root = doc.getRootElement();
      return root;
    }
    /**
     * 该方法用于获得所有人员的信息
     * @param root 一个 XML 文档的根元素对象
     */

    public void getPeopleInformation(Element root){
        //获得根元素下所有名为“person”的子节点，这些节点被存储在 List 中
        List list = root.getChildren("person");
        //对 List 中的节点进行循环处理
        for (int i=0; i<list.size();i++){
             //获得第 i 个 person 节点
             Element person = (Element)list.get(i);
             //获得当前 person 节点的第一个名为“name”的子节点的文本内容
             String name = person.getChild("name").getText();
             //获得当前 person 节点的名为“id”的属性的值
             String id = person.getAttributeValue("id");
             //获得当前 person 节点的第一个名为“age”的子节点的值，XML 文档中所有节点值都是以字符
             //串形式存储的
             String age = person.getChild("age").getText();
             //获得当前 person 节点的第一个名为“dept”的子节点的值
             String dept = person.getChild("dept").getText();
             //打印上述信息
             System.out.print("person:" + name);
             System.out.print(" id:" + id);
             System.out.print(" age:" + age);
             System.out.print(" dept:" + dept);
             System.out.println();
        }
    }
    public static void main(String args[]){
        //建立 XMLParser 类实例
        XMLParser  parser = new XMLParser();
        //调用输出方法
       parser.getPeopleInformation(parser.getRoot("F:/project/code/chapter9/9-1.xml"));
    }
}
```

输出结果如下所示。

```
person:Jack id:001 age:25 dept:Development
person:Alex id:002 age:22 dept:Management
person:Martin id:003 age:25 dept:Development
```

```
person:Mike id:004 age:22 dept:testing
person:John id:005 age:23 dept:Management
person:Lina id:006 age:22 dept:testing
```

说明：结合前面所学到的 XML 的知识，要正确理解这里的节点和元素的区别。另外，要明白 getChildren()函数并非只得到元素节点。

9.2 用 JDOM 处理 XML 文档

上一节的内容，简要介绍了如何使用 JDOM 来解析 XML 文档。本节将讲述如何使用 JDOM 来处理 XML 文档。

9.2.1 创建 XML 文档

对于 JDOM 处理 XML 文档来说，所需要做的准备工作也是将 jdom.jar 导入到项目的 Build Path 中。对于每一个元素，都有 addContent()函数来为元素添加内容；setAttribute()函数为元素设置属性；remove()函数来删除元素内的节点。

现有 5 本书，书名分别为大江东去、东周列国、先秦故事、三晋之家、巴山夜雨。可以利用 JDOM 为以上信息创建一个 XML 文档。相应的 Java 类如下。

```
package com.jdom.parse;
//导入要使用的类
import org.jdom.Document;
import org.jdom.Element;
import org.jdom.Attribute;
import org.jdom.Comment;
import org.jdom.JDOMException;
import org.jdom.output.XMLOutputter;
import org.jdom.output.Format;
import java.io.FileWriter;
public class XMLHandler {
    //定义根元素
    Element rootElement = null;
    //定义文档对象，也就是根节点
    Document doc = null;
    /**
     * 该方法用于创建根元素
     * @param books 存储了元素名称的数组
     */
    public void createRootElement(String[] books){
        //创建根元素，根元素的名称为“books”
        rootElement = new Element("books");
        //创建注释节点注释节点没有名称，只有内容
        Comment comment = new Comment("The sample class for Handling XML");
        //将注释节点加入到根元素的内容中
        rootElement.addContent(comment);
        //对 books 数组进行循环操作
        for (int i=0 ; i<books.length ; i++){
            //创建元素<book>
```

```
            Element book = new Element("book");
            //将当前数组元素作为<book>元素的值
            book.addContent(books[i]);
            //创建一个属性 id，该属性的值为数组元素的 index
            Attribute id = new Attribute("id",new Integer(i).toString());
            //将属性 id 添加到元素<book>中，注意，此处使用的是 setAttribute()方法，而不是
            //addAttribute()方法
            book.setAttribute(id);
            //将<book>元素添加到根元素中
            rootElement.addContent(book);
        }
    }
    /**
     * 该方法用于将所创建的对象输出到 XML 文件中
     * @param fileName 输出目标的文件名称
     */
    public void outputXML(String fileName){
        //创建根节点，参数为根元素
        Document doc = new Document(rootElement);
        //创建 XML 输出对象
        XMLOutputter outer = new XMLOutputter();
        //创建输出格式对象
        Format format = Format.getPrettyFormat();
        //输出格式的缩进字符为两个空格
        format.setIndent("  ");
        try{
            //因为输出内容中含有汉字，所以输出格式的字符编码应设为 GB2312
            format.setEncoding("GB2312");
            //为 XML 输出对象指定输出格式
            outer.setFormat(format);
            //创建写文件对象
            FileWriter writer = new FileWriter(fileName);
            //将根节点输出到 XML 文档
            outer.output(doc,writer);
            //关闭输出流
            writer.close();
        }catch(Exception e){
            e.printStackTrace();
        }
    }
    public static void main(String[] args){
        XMLHandler handler = new XMLHandler();
        String[] books = {"大江东去","东周列国","先秦故事","三晋之家","巴山夜雨"};
        handler.createRootElement(books);
        handler.outputXML("F:/project/code/chapter19/sample.xml");
    }
}
```

运行程序，会在相应的目录下生成 sample.xml 文件。查看该文件，其内容如下所示。

```
<?xml version="1.0" encoding="GB2312"?>
<books>
  <!--The sample class for Handling XML-->
```

```
  <book id="0">大江东去</book>
  <book id="1">东周列国</book>
  <book id="2">先秦故事</book>
  <book id="3">三晋之家</book>
  <book id="4">巴山夜雨</book>
</books>
```

9.2.2 删除和修改节点

对 XML 文档进行处理的另一个重要方面就是删除和修改文档中的节点。下面代码演示了删除、修改 XML 文档内容的 Java 示例程序。

```
package com.jdom.parse;
import org.jdom.Document;
import org.jdom.Element;
import org.jdom.Attribute;
import org.jdom.Comment;
import org.jdom.JDOMException;
import org.jdom.input.SAXBuilder;
import org.jdom.output.XMLOutputter;
import org.jdom.output.Format;
import java.io.FileWriter;
import java.io.IOException;
public class XMLMender {
    private Document doc = null;
    public void setRootNode(String fileName){
        //创建解析对象
         SAXBuilder sax = new SAXBuilder(false);
        try{
        //解析 XML 文档，建立节点树，并返回根节点
         doc = sax.build(fileName);
        }catch(JDOMException e){
         e.printStackTrace();
        }catch(IOException ex){
         ex.printStackTrace();
        }
    }
    public void mendXML(){
     if (doc != null){
         //获得根元素
         Element rootElement = doc.getRootElement();
         //删除根元素下第一个内容节点
         rootElement.removeContent(0);
         //删除根元素下第一个<book>元素
         rootElement.removeChild("book");
         //删除根元素下第一个<book>元素的 id 属性
         rootElement.getChild("book").setAttribute("id","0");
         //获得第 8 个内容节点，并修改其内容
         Element element = (Element)rootElement.getContent(7);
         element.removeContent();
         element.addContent("韩、赵、魏");
         }else{
```

```
            return;
        }

    }
    public void outputXML(String fileName){
        //创建 XML 输出对象
        XMLOutputter outer = new XMLOutputter();
        //创建输出格式对象
        Format format = Format.getPrettyFormat();
        //输出格式的缩进字符为两个空格
        format.setIndent("  ");
        try{
            //因为输出内容中含有汉字，所以输出格式的字符编码应设为 GB2312
            format.setEncoding("GB2312");
            //为 XML 输出对象指定输出格式
            outer.setFormat(format);
            //创建写文件对象
            FileWriter writer = new FileWriter(fileName);
            //将根节点输出到 XML 文档
            outer.output(doc,writer);
            //关闭输出流
            writer.close();
        }catch(Exception e){
            e.printStackTrace();
        }
    }
    public static void main(String[] args){
        XMLMender mender = new XMLMender();
        mender.setRootNode("F:/project/code/chapter19/sample.xml");
        mender.mendXML();
        mender.outputXML("F:/project/code/chapter19/result.xml");
    }
}
```

该示例程序演示了删除 XML 文档中的<book>元素和修改<book>元素的 id 属性的值。需要注意以下问题。

- 每次删除子节点，父元素的剩余节点的位置会重新排列。
- 内容节点的位置是从 0 开始，而不是从 1 开始。
- 内容节点的意义相当于 XPath 中的 child::node()的概念。这在判断内容节点的位置时，相当有用。
- 修改后的节点树，需要输出到 XML 文档，以保存修改结果。

生成的 result.xml 文件如下所示。

```
<?xml version="1.0" encoding="GB2312"?>
<books>
  <!--The sample class for Handling XML-->
  <book id="0">东周列国</book>
  <book id="2">先秦故事</book>
  <book id="3">韩、赵、魏</book>
  <book id="4">巴山夜雨</book>
</books>
```

9.3 用 JAXB 解析 XML

JAXB 是 Java Architecture for XML Binding 的缩写形式。JAXB 最常用的功能就是与 Schema 文件的结合。Schema 定义了 XML 文档的架构，JAXB 依据 XML Schema 文档，可以产生一系列的 Java Bean 类。通过操作这些 Java Bean 的实例对象，来实现操作 XML 文档。这样，即使对 XML 不熟悉的开发者也能够很容易地掌握这种处理方法。

对于读取 Excel 文档，本章采用的是开源项目 JXL。JXL 可以很方便地实现对 Excel 文档的读取、修改、写入操作。

9.3.1 下载与安装 JAXB

JAXB 已经被集成到了 Java Web Service Development Pack（JWSDP），读者在 Sun 的官方网站上可以很容易获得。当然，也可以获得独立的 JAXB。在本书编写时，其最新版本为 JAXB RI 2.1.3，下载地址为 https://jaxb.dev.java.net/2.1.3。将 JAXB 2.1.3 下载到本地磁盘，并进行安装。

在 Linux 下，可以通过以下命令进行安装。

```
java -jar JAXB2_20070413.jar
```

在 Windows 下，可以通过双击文件进行安装。在安装时需要注意的是，其“License Agreement”界面需要将右端的滑动块拖动到最下端，以查看所有 License，才能继续安装，如图 9.2 所示。安装过程只是解压缩的过程，解压缩的文件被置于 JAXB 压缩文件的同一目录下，如图 9.3 所示。

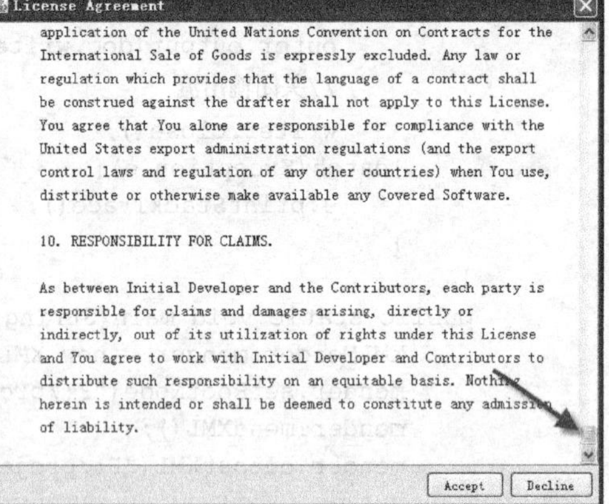

图 9.2 “License Agreement”界面

在 JAXB 的解压缩文件夹中，含有 lib 子文件夹，该文件夹下存储了在开发时可能用到的 jar 文件，如图 9.4 所示。

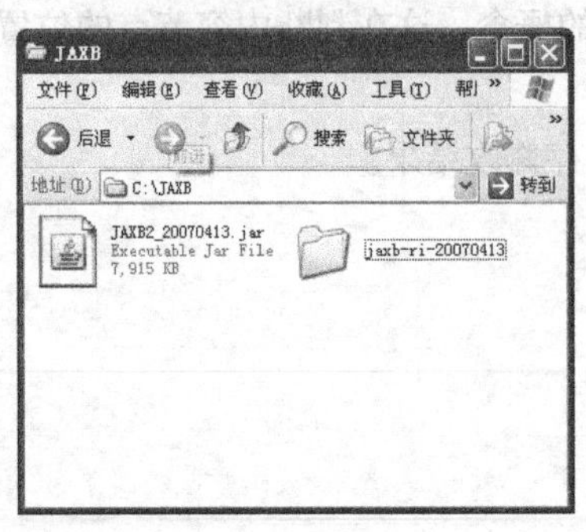

图 9.3 存放目录

图 9.4 lib 子文件夹

在本例中使用的.jar 文件包括 jaxb1-impl.jar,jaxb-api.jar,jaxb-impl.jar,jaxb-xjc.jar 和 jsr173_1.0_ api.jar。

9.3.2 XJC 简介

XJC 是 JAXB 提供的一个工具。该工具可以将 XML Schema 文档编译为具体的 Java Bean 类。该工具提供了两种版本，Windows 版本——xjc.bat 和 Linux（UNIX）版本——xjc.sh。可以在 Jaxb 的解压文件夹下找到这两个文件，如图 9.5 所示。可以利用如下命令来将 XML Schema 文档映射为 Java 类。

```
C:\JAXB\jaxb-ri-20070413\bin>xjc  folder.xsd  -p  target
```

在上述命令中，folder.xsd 是要进行编译的 XML Schema 文档；-p 是 xjc 命令的可选项，用于指定生成的 Java 类的包名。在上例中，包名为“target”。执行该命令，在命令提示行下将显示如图 9.6 所示的编译过程。

图 9.5　XJC 文件

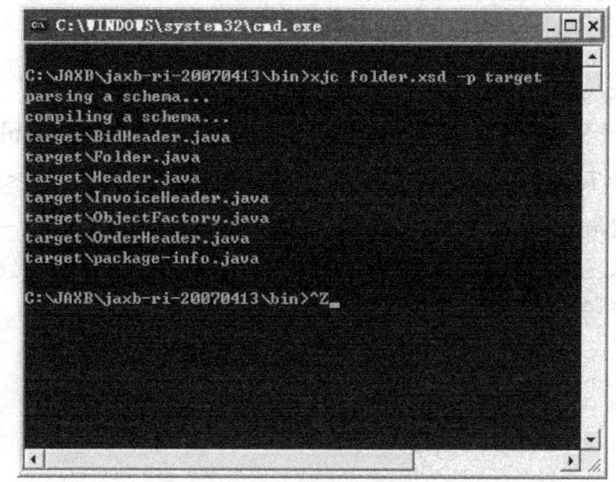

图 9.6　编译过程

编译完成后，在当前目录下生成了一个新的文件夹“target”。该文件夹下存储了新生成的 Java 类。

9.3.3 JXL 简介

JXL（Java Excel API）是一个成熟的、开源的 Excel 处理项目。Java 开发者可以利用该项目便利地实现读取、修改、写入 Excel 表格。该项目对中文支持良好。其最新版本的下载地址为 http://sourceforge.net/project/showfiles.php?group_id=79926。该项目下载后是一个名为“jexcelapi”的压缩包。在解压后的文件夹中，可以找到名为“jxl.jar”的 Java 存档文件。该文件包含了 JXL 处理 Excel 文档时所需的支持类。

9.3.4 查看用来映射的 XML Schema 文档

用来生成 Java 类的一个典型的 XML Schema 文档如下所示。

```
<?xml version="1.0"?>
<xsd:schema xmlns:xsd="http://www.w3.org/2001/XMLSchema">
  <xsd:element name="Tables" type="tablesType"/>
  <xsd:complexType name="tablesType">
    <xsd:sequence>
      <xsd:element name="Table" type="tableType" minOccurs="1" maxOccurs="unbounded"/>
    </xsd:sequence>
```

```
  </xsd:complexType>
  <xsd:complexType name="tableType">
    <xsd:sequence>
      <xsd:element name="Value" type="valueType" minOccurs="0" maxOccurs="unbounded"/>
      <xsd:element name="Default" type="xsd:string" fixed=""/>
      <xsd:element name="Error" type="xsd:string" fixed="Unknown key for [enter table group here]:"/>
    </xsd:sequence>
    <xsd:attribute name="TableNumber" type="xsd:integer"/>
  </xsd:complexType>
  <xsd:complexType name="valueType">
    <xsd:simpleContent>
      <xsd:extension base="xsd:string">
        <xsd:attribute name="Key" type="xsd:string"/>
      </xsd:extension>
    </xsd:simpleContent>
  </xsd:complexType>
</xsd:schema>
```

该 Schema 文档的实例 XML 文档的根元素为<Tables>，<Tables>元素含有多个<Table>元素，每个<Table>元素含有多个<Value>子元素、一个<Default>元素、一个<Error>元素和一个 TableNumber 属性。<Value>元素含有一个属性 Key。一个 XML 实例文档如下所示。

```
<?xml version="1.0" encoding="UTF-8" standalone="yes"?>
<Tables>
    <Table TableNumber="1">
        <Value Key="001">AUS</Value>
        <Value Key="002">NZ</Value>
        <Default>default</Default>
        <Error>Unkown</Error>
    </Table>
    <Table TableNumber="2">
        <Value Key="001">AU</Value>
        <Value Key="002">NZ</Value>
        <Default>default</Default>
        <Error>Unkown</Error>
    </Table>
    <Table TableNumber="3">
        <Value Key="001">LOCAL</Value>
        <Value Key="002">OVERSEAS</Value>
        <Value Key="003">TRANSFER</Value>
        <Default>default</Default>
        <Error>Unkown</Error>
    </Table>
<Tables>
```

该 XML 文档实际上是一张字典表，每一个<Table>元素中含有多个<Value>子元素，每个<Value>子元素都有一个 Key 属性，通过 TableNumber 和 Key 属性，可以唯一确定一个值。

9.4 项目开发

经过上一节的准备工作，本节将进行实际的开发工作。

9.4.1 创建项目

创建项目的工作，可以分为以下几个步骤。

（1）在 Eclipse 中新建一个 Java 项目，例如，JAXB，并为该项目创建源代码包，如 com. jaxb。

（2）在项目目录下创建 lib 文件夹，将 jaxb1-impl.jar,jaxb-api.jar,jaxb-impl.jar,jaxb-xjc.jar, jsr173_1.0_api.jar 和 jxl.jar 复制至 lib 目录。

（3）将 lib 目录下所示文件导入项目的 Build Path 中。

创建好的项目在 Eclipse 中的显示如图 9.7 所示。

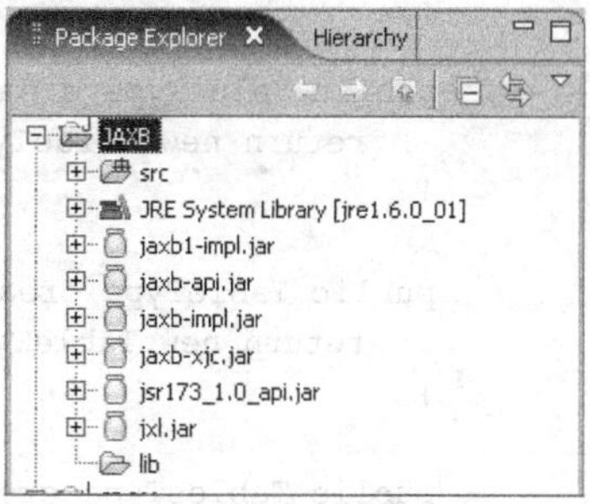

图 9.7　项目结构

9.4.2 利用 XJC 生成 Java 类

在这里，利用 XJC 生成 Java 类，可以利用 Ant 来建立一个任务，以免每次都使用命令提示符。在项目目录下创建一个简单的 build.xml 文档，如下所示。

```
<?xml version="1.0"?>
<project default="main">
  <property name="srcDir"  location="xsd"/>
  <property name="destDir" location="."/>
  <property name="jarDir"  location="lib"/>
  <taskdef name="xjc" classname="com.sun.tools.xjc.XJCTask">
     <classpath>
       <fileset dir="${jarDir}" includes="*.jar"/>
     </classpath>
  </taskdef>
  <target name="main">
    <xjc schema="${srcDir}/conversionTable.xsd" destdir="${destDir}" package="xmlObjects"/>
  </target>
</project>
```

代码说明：

- <property name="srcDir" location="xsd"/>定义 XML Schema 文件的存储路径。
- <property name="destDir" location="."/>定义生成的 Java 类的存储路径。
- <property name="jarDir"　location="lib"/>定义 classpath 的路径。注意，此处的 classpath 只用作执行 XJC 命令时使用。
- <taskdef name="xjc" classname="com.sun.tools.xjc.XJCTask">定义一个任务。
- <xjc schema="${srcDir}/conversionTable.xsd" destdir="${destDir}" package="xmlObjects"/>用来执行 XJC 任务。destdir 属性用于定义生成的 Java 类的存放路径；package 属性用于定义生成的 Java 类的包名。

说明：为了简单起见，该 build.xml 文件中所定义的所有目录都是相对目录。

运行该 build.xml 文档，将自动为 XML Schema 文档生成 Java 类。下面的四段代码演示了生成的 Java 类。以下 Java 类代码省略了自动生成的注释语句。

该 Java 类提供了一个对象工厂，可以利用该对象工厂方便地得到各 Schema 文档中的对象。

```
package xmlObjects;
import javax.xml.bind.JAXBElement;
import javax.xml.bind.annotation.XmlElementDecl;
import javax.xml.bind.annotation.XmlRegistry;
import javax.xml.namespace.QName;
```

```
@XmlRegistry
public class ObjectFactory {

    private final static QName _Tables_QNAME = new QName("", "Tables");

    public ObjectFactory() {
    }

    public ValueType createValueType() {
        return new ValueType();
    }

    public TableType createTableType() {
        return new TableType();
    }

    public TablesType createTablesType() {
        return new TablesType();
    }

    @XmlElementDecl(namespace = "", name = "Tables")
    public JAXBElement<TablesType> createTables(TablesType value) {
        return new JAXBElement<TablesType>(_Tables_QNAME, TablesType.class, null, value);
    }

}
```

下面的 Java 类对应 Schema 文档中的 TablesType 类型。

```
package xmlObjects;

import java.util.ArrayList;
import java.util.List;
import javax.xml.bind.annotation.XmlAccessType;
import javax.xml.bind.annotation.XmlAccessorType;
import javax.xml.bind.annotation.XmlElement;
import javax.xml.bind.annotation.XmlType;

@XmlAccessorType(XmlAccessType.FIELD)
@XmlType(name = "tablesType", propOrder = {
    "table"
})
public class TablesType {
    @XmlElement(name = "Table", required = true)
    protected List<TableType> table;

    public List<TableType> getTable() {
        if (table == null) {
            table = new ArrayList<TableType>();
        }
        return this.table;
    }

}
```

下面的 Java 类对应 Schema 文档中的 TableType 类型。

```
package xmlObjects;

import java.math.BigInteger;
import java.util.ArrayList;
import java.util.List;
import javax.xml.bind.annotation.XmlAccessType;
import javax.xml.bind.annotation.XmlAccessorType;
import javax.xml.bind.annotation.XmlAttribute;
import javax.xml.bind.annotation.XmlElement;
import javax.xml.bind.annotation.XmlType;

@XmlAccessorType(XmlAccessType.FIELD)
@XmlType(name = "tableType", propOrder = {
    "value",
    "_default",
    "error"
})
public class TableType {

    @XmlElement(name = "Value")
    protected List<ValueType> value;
    @XmlElement(name = "Default", required = true)
    protected String _default;
    @XmlElement(name = "Error", required = true)
    protected String error;
    @XmlAttribute(name = "TableNumber")

    protected BigInteger tableNumber;
    public List<ValueType> getValue() {
        if (value == null) {
            value = new ArrayList<ValueType>();
        }
        return this.value;
    }

    public String getDefault() {
        return _default;
    }

    public void setDefault(String value) {
        this._default = value;
    }

    public String getError() {
        return error;
    }

    public void setError(String value) {
        this.error = value;
    }

    public BigInteger getTableNumber() {
        return tableNumber;
    }

    public void setTableNumber(BigInteger value) {
```

```
        this.tableNumber = value;
    }

}
```

下面的 Java 类对应 Schema 文档中的 ValueType 类型。

```
package xmlObjects;
import javax.xml.bind.annotation.XmlAccessType;
import javax.xml.bind.annotation.XmlAccessorType;
import javax.xml.bind.annotation.XmlAttribute;
import javax.xml.bind.annotation.XmlType;
import javax.xml.bind.annotation.XmlValue;

@XmlAccessorType(XmlAccessType.FIELD)
@XmlType(name = "valueType", propOrder = {
    "value"
})
public class ValueType {

    @XmlValue
    protected String value;
    @XmlAttribute(name = "Key")
    protected String key;

    public String getValue() {
        return value;
    }

    public void setValue(String value) {
        this.value = value;
    }

    public String getKey() {
        return key;
    }

    public void setKey(String value) {
        this.key = value;
    }
}
```

9.4.3 存储了字典表的 Excel 文档

字典表数据以 Key-Value 的形式存储在 Excel 文档中。可能的存储形式有以下两种。

- 每个 Key 对应一个 Value 值，如图 9.8 所示。
- 每个 Key 对应多个 Value 值，如图 9.9 所示。

	A	B
1	KEY	Value
2	K001	GOOD
3	K002	BAD
4	K003	DESTORY
5	K004	LOST
6	K005	FORGET

图 9.8 对应单个 Value 值

	A	B	C
1	KEY	Value	Value
2	Y001	GOOD	mm
3	Y002	BAD	cm
4	Y003	DESTORY	dm
5	Y004	LOST	m
6	Y005	FORGET	km

图 9.9 对应多个 Value 值

根据这两种情况可知，对于每一种 Key-Value 的组合，都需要生成一个<Table>元素。也就是说，对于第一种情况，需要生成一个<Table>元素；对于第二种情况，需要生成两个<Table>元素。除此之外，还要考虑一个 Excel 文档含有多个 Sheet 的情况。

综合以上情况，从 Excel 文件中取出数据并将其转换为 XML 文档的 Java 类如下所示。

```
package com.jaxb;

import jxl.NumberCell;
import jxl.JXLException;
import jxl.LabelCell;
import jxl.Sheet;
import jxl.Cell;
import jxl.JXLException;
import jxl.Workbook;
import java.io.*;
import java.math.BigInteger;
import java.util.List;
import java.io.FileOutputStream;
import javax.xml.bind.Element;
import javax.xml.bind.JAXB;
import javax.xml.bind.JAXBContext;
import javax.xml.bind.JAXBElement;
import javax.xml.bind.JAXBException;
import javax.xml.bind.Marshaller;
import javax.xml.bind.Unmarshaller;
import xmlObjects.*;

public class Excel2XML {
    private void transform(String fileName){
        Workbook workbook = null;
        try{
            //将文件要进行转换的 Excel 文档读入文件流
            InputStream is = new FileInputStream(fileName);
            //获得 Workbook 对象
            workbook = Workbook.getWorkbook(is);
            TablesType tables = createTables();
            //获得 tables 对象的 talbeList 属性
            List<TableType> tableList = tables.getTable();
            int tableNumber = 0;
            //对 workbook 中的每个 Sheet 进行循环操作，生成 Java 实例
            for  (int  sheetnumber  =  0  ;sheetnumber<workbook.getNumberOfSheets();
sheetnumber++){
                Sheet sheet = workbook.getSheet(sheetnumber);
                int columnCount = sheet.getColumns();
                int rowCount = sheet.getRows();
                int recordCount = rowCount - 1;
                for (int i=1;i<columnCount;i++){
                    tableNumber++;
                    TableType table = createTable(tableNumber);
                    List<ValueType> valueList = table.getValue();
                    table.setDefault("default");
                    table.setError("Unknown key ");
                    for (int j=1;j<rowCount;j++){
                        String key_string = sheet.getCell(0, j).getContents();
                        String value_string = sheet.getCell(i, j).getContents();
                        ValueType value = createValue(value_string,key_string);
                        valueList.add(value);
```

```
                    }
                    tableList.add(table);
                }
            }
            ObjectFactory factory = new ObjectFactory();
            //创建以 tables 为根元素的 JAXBElement
            JAXBElement jaxbElement = factory.createTables(tables);
            //将 jaxbElement 输出到 XML 文档
            JAXB.marshal( jaxbElement, new FileOutputStream(new File("xml\\Tables.xml")));
            //关闭 workbook 对象
            workbook.close();
        }
        catch(IOException e){
            e.printStackTrace();
        }
        catch(JXLException e){
            e.printStackTrace();
        }
    }
    public TablesType createTables(){
        return  new TablesType();
    }
    public TableType createTable(int table_number){
        TableType table = new TableType();
        table.setTableNumber(BigInteger.valueOf((long)table_number));
        return  table;
    }
    public ValueType createValue(String value_string,String key_string){
        ValueType value = new ValueType();
        value.setKey(key_string);
        value.setValue(value_string);
        return value;
    }
    public static void main(String[] args){
        Excel2XML javaExcel = new Excel2XML();
        javaExcel.transform("excel\\Tables.xls");
    }
}
```

注意，JAXB 2.1 相对于以前的版本，可以直接利用 JAXB 类的静态方法将 Java 对象输出为 XML 文档。这需要另一步操作的辅助——首先在 jre 的 lib 目录下创建一个名为 endorsed 的文件夹，并将 jaxb-api.jar 复制到该文件夹下。一个典型的目录如下所示。

```
C:\Program Files\Java\jre1.6.0_01\lib\endorsed
```

转换后的 XML 文档如下所示。

```
<?xml version="1.0" encoding="UTF-8" standalone="yes"?>
<Tables>
    <Table TableNumber="1">
        <Value Key="K001">GOOD</Value>
        <Value Key="K002">BAD</Value>
        <Value Key="K003">DESTORY</Value>
        <Value Key="K004">LOST</Value>
        <Value Key="K005">FORGET</Value>
        <Default>default</Default>
        <Error>Unknown key </Error>
    </Table>
    <Table TableNumber="2">
        <Value Key="Y001">GOOD</Value>
        <Value Key="Y002">BAD</Value>
```

```
        <Value Key="Y003">DESTORY</Value>
        <Value Key="Y004">LOST</Value>
        <Value Key="Y005">FORGET</Value>
        <Default>default</Default>
        <Error>Unknown key </Error>
    </Table>
    <Table TableNumber="3">
        <Value Key="Y001">mm</Value>
        <Value Key="Y002">cm</Value>
        <Value Key="Y003">dm</Value>
        <Value Key="Y004">m</Value>
        <Value Key="Y005">km</Value>
        <Default>default</Default>
        <Error>Unknown key </Error>
    </Table>
</Tables>
```

小　　结

本章讲述了 JDOM 和 JAXB 的使用。JAXB 所处理的对象是 XML Schema，而 JDOM 则是针对 XML 文档。JAXB 的处理方式比 JDOM 具有更大的灵活性、更加强大的功能。JXL 可以很方便地读取 Excel 文档的内容，本章将 JXL 与 JAXB 结合使用，以便将 Excel 文档的内容转换为 XML 文档。

在 JAXB 的处理过程中，XJC 是一个非常关键的步骤。如果需要使用 Ant 来执行 XJC，需要注意，JAXB 的版本和 Eclipse 的版本都会影响 build.xml 中 XJC 任务的定义语法。

习　　题

1. 对于 JDOM 处理 XML 文档来说，所需要做的准备工作也是将 jdom.jar 导入到项目的 Build Path 中。对于每一个元素，都有________函数来为元素添加内容；________函数为元素设置属性；________函数来删除元素内的节点。

2. JDOM 可以将整个 XML 文档转换为一个________对象，相当于 XML 文档根节点，这与 XSLT 中的________函数非常类似。获得该对象所用到的类为________。

3. ________是 JAXB 提供的一个工具。该工具可以将 XML Schema 文档编译为具体的 Java Bean 类。

4. ________是一个成熟的、开源的 Excel 处理项目。

上 机 指 导

实验一：DOM 解析 XML

实验内容

采用 DOM 解析器解析 XML 文件。

实验目的

熟悉 XML 与 Java 语言的配合使用，并了解如何使用 DOM 的方式来解析 XML 文件。

实验思路

在本实验中，使用 Eclipse 集成开发环境。

（1）打开 Eclipse 集成开发环境，新建 Java 工程：DocumentParse。

（2）在工程的 src 目录下，新建 XML 文件：account.xml。编辑 account.xml 文件，源代码如下：

```
<?xml version="1.0" encoding="gbk"?>
<Accounts>
<Account type="by0003">
<code>100001</code>
<pass>123</pass>
<name>李四</name>
<money>1000000.00</money>
</Account>
<Account type="hz0001">
<code>100002</code>
<pass>123</pass>
<name>张三</name>
<money>1000.00</money>
</Account>
</Accounts>
```

（3）在工程的 src 目录下，新建 Java 类：DocumentParseUtil.java，源代码如下：

```
public class DocumentParseUtil {
    static StringBuffer sbf = new StringBuffer();
    private Document docuemnt;//XML 文件的 document
    private DocumentBuilder db;
    private DocumentBuilderFactory dbf;
    private Element elment;         //根节点
    public String content;                  //XML 文件内容
    public DocumentParseUtil(File file) {
        try {
            this.dbf = DocumentBuilderFactory.newInstance();
            this.db = dbf.newDocumentBuilder();
            // 解析 xml 文件
            this.docuemnt = db.parse(file);
            // 获得根节点
            elment = docuemnt.getDocumentElement();
        } catch (ParserConfigurationException e) {
            e.printStackTrace();
        } catch (SAXException e) {
            e.printStackTrace();
        } catch (IOException e) {
            e.printStackTrace();
        }
    }
    /**
     * @description: 这里使用了递归的方法获取 xml 文件中的某个节点下的内容
     * @author:Administrator
     * @return:String
```

```
    */
    public static String printstr(Node node, String nodeName) {
        // nodeName 的子节点
        NodeList nodelist = null;
        nodelist = node.getChildNodes();
        if (nodeName.equals(node.getNodeName())) {
            for (int i = 0; i < nodelist.getLength(); i++) {
                // nodelist.item(i).getTextContent()获得子节点的内容
                sbf.append(nodelist.item(i).getTextContent()).append(",");
            }
        } else {
            if (nodelist != null) {
                for (int i = 0; i < nodelist.getLength(); i++) {
                    Node tmp = nodelist.item(i);
                    printstr(tmp, nodeName);
                }
            }
        }
        return sbf.toString();
    }

    public static void main(String[] args) {
        File f = new File("src/account.xml");
        DocumentParseUtil jx = new DocumentParseUtil(f);
        printstr(jx.elment, "code");
        System.out.println(sbf.toString());
    }
}
```

实验二：SAX 解析 XML

实验内容

使用 SAX 解析器解析 XML 文件。

实验目的

基于 DOM 的解析器的核心是在内存中建立和 XML 文档相对应的树形结构，使用 DOM 解析器的好处是，可以方便地操作内存中的树的节点来处理 XML 文档，获取自己所需要的数据。但 DOM 解析的不足之处在于，如果 XML 文件较大，或者只需要解析 XML 文档一部分数据，此时就会占用大量的内存空间。和 DOM 解析不同的是，SAX 解析器不在内存中建立和 XML 文件相对应的树状结构数据，SAX 解析器的核心是事件处理机制，具有占有内存少、效率高等特点。熟悉掌握 SAX 解析器的使用，并与 DOM 解析的方式进行比较。

实验思路

在本实验中，使用 Eclipse 集成开发环境。

（1）打开 Eclipse 集成开发环境，新建 Java 工程：SAXParse。

（2）在工程的 src 目录下，新建 XML 文件：music.xml，源代码如下：

```
<?xml version="1.0" encoding="utf-8"?>
<musices>
    <music>
        <name>Hello</name>
        <size>8622</size>
    </music>
```

```
    <music>
        <name>World</name>
        <size>2000</size>
    </music>
</musices>
```

（3）在工程的 src 目录下，新建 Java 类：SAXHandler.java，源代码如下：

```
public class SAXHandler extends DefaultHandler {
    private boolean isName = false;
    private boolean isSize = false;
    private String myname;
    private String mysize;
    @Override
    public void characters(char[] ch, int start, int length) throws SAXException {
        super.characters(ch, start, length);
        if (isName) {
            myname = new String(ch, start, length);
        }
        if (isSize) {
            mysize = new String(ch, start, length);
        }
    }
    // XML文档开始时回调
    @Override
    public void startDocument() throws SAXException {
        super.startDocument();
    }
    // XML元素开始时回调
    @Override
    public void startElement(String uri, String localName, String name, Attributes
attributes) throws SAXException {
        super.startElement(uri, localName, name, attributes);
        if (name.equals("name")) {
            isName = true;
            System.out.println("one");
        } else if (name.equals("size")) {
            isSize = true;
            System.out.println("second");
        }
    }
    // XML文档结束时回调
    @Override
    public void endDocument() throws SAXException {
        super.endDocument();
    }
    // XML元素结束时回调
    @Override
    public void endElement(String uri, String localName, String name) throws
SAXException {
        // TODO Auto-generated method stub
        super.endElement(uri, localName, name);
        if (name.equals("name")) {
            System.out.println(myname);
        } else if (name.equals("size")) {
            System.out.println(mysize);
```

```
        }
    }
    public static void main(String[] args) throws Exception {
        SAXParserFactory sf = SAXParserFactory.newInstance();
        SAXParser sp = sf.newSAXParser();
        SAXHandler reader = new SAXHandler();
        sp.parse(new File("src/music.xml"), reader);
    }
}
```

实验三：DOM4J 解析 XML

实验内容

使用 DOM4J 解析 XML 文件。

实验目的

熟悉 XML 与 Java 语言的配合使用，并了解如何使用 DOM4J 的方式来解析 XML 文件。

实验思路

本实验中，采用 Eclipse 集成开发环境。

（1）打开 Eclipse 集成开发环境，新建 Java 工程：DOM4JParse。

（2）在工程的 src 目录下，新建 XML 文件：student.xml，源代码如下：

```
    <?xml version="1.0" encoding="GBK"?>
<doc>
    <person id="1" sex="m">
        <name>zhangsan</name>
        <age>32</age>
        <adds>
            <add code="home">home add</add>
            <add code="com">com add</add>
        </adds>
    </person>
    <person id="2" sex="w">
        <name>lisi</name>
        <age>22</age>
        <adds>
            <add ID="22" id="23" code="home">home add</add>
            <add ID="23" id="22" code="com">com add</add>
            <add id="24" code="com">com add</add>
        </adds>
    </person>
</doc>
```

（3）将下载得到的 dom4j-1.6.1.jar 和 jaxen-1.1-beta-6.jar 加入到该项目的 Build Path 中。

（4）在工程的 src 目录下，新建 Java 类：TestDom4J，源代码如下：

```
public class TestDom4j {
    /**
     * 获取指定 xml 文档的 Document 对象，xml 文件必须在 classpath 中可以找到
     *
     * @param xmlFilePath xml 文件路径
     * @return Document 对象
     */
    public static Document parse2Document(String xmlFilePath) {
        SAXReader reader = new SAXReader();
```

```
        Document document = null;
        try {
            InputStream in = TestDom4j.class.getResourceAsStream(xmlFilePath);
            document = reader.read(in);
        } catch (DocumentException e) {
            System.out.println(e.getMessage());
            System.out.println("读取 classpath 下 xmlFileName 文件发生异常，请检查
CLASSPATH 和文件名是否存在！");
            e.printStackTrace();
        }
        return document;
    }

    public static void testParseXMLData(String xmlFileName) {
        //产生一个解析器对象
        SAXReader reader = new SAXReader();
        //将 xml 文档转换为 Document 的对象
        Document document = parse2Document(xmlFileName);
        //获取文档的根元素
        Element root = document.getRootElement();
        //定义个保存输出 xml 数据的缓冲字符串对象
        StringBuffer sb = new StringBuffer();
        sb.append("通过 Dom4j 解析 XML,并输出数据:\n");
        sb.append(xmlFileName + "\n");
        sb.append("-----------------遍历 start----------------\n");
        //遍历当前元素(在此是根元素)的子元素
        for (Iterator i_pe = root.elementIterator(); i_pe.hasNext();) {
            Element e_pe = (Element) i_pe.next();
            //获取当前元素的名字
            String person = e_pe.getName();
            //获取当前元素的 id 和 sex 属性的值并分别赋给 id,sex 变量
            String id = e_pe.attributeValue("id");
            String sex = e_pe.attributeValue("sex");
            String name = e_pe.element("name").getText();
            String age = e_pe.element("age").getText();
            //将数据存放到缓冲区字符串对象中
            sb.append(person + ":\n");
            sb.append("\tid=" + id + " sex=" + sex + "\n");
            sb.append("\t" + "name=" + name + " age=" + age + "\n");

            //获取当前元素 e_pe(在此是 person 元素)下的子元素 adds
            Element e_adds = e_pe.element("adds");
            sb.append("\t" + e_adds.getName() + "\n");

            //遍历当前元素 e_adds(在此是 adds 元素)的子元素
            for (Iterator i_adds = e_adds.elementIterator(); i_adds.hasNext();) {
                Element e_add = (Element) i_adds.next();
                String code = e_add.attributeValue("code");
                String add = e_add.getTextTrim();
                sb.append("\t\t" +  e_add.getName()  + ":" + " code=" + code  + "
value=\"" + add + "\"\n");
            }
```

```
            sb.append("\n");
        }
        sb.append("-----------------遍历 end----------------\n");
        System.out.println(sb.toString());


        System.out.println("----------通过 XPath 获取一个元素----------");
        Node node1 = document.selectSingleNode("/doc/person");
        System.out.println("输出节点:" +
                "\t"+node1.asXML());

        Node node2 = document.selectSingleNode("/doc/person/@sex");
        System.out.println("输出节点:" +
                "\t"+node2.asXML());

        Node node3 = document.selectSingleNode("/doc/person[name=\"zhangsan\"]/age");
        System.out.println("输出节点:" +
                "\t"+node3.asXML());

        System.out.println("\n----------XPath 获取 List 节点测试------------");
        List list = document.selectNodes("/doc/person[name=\"zhangsan\"]/adds/add");
        for(Iterator it=list.iterator();it.hasNext();){
            Node nodex=(Node)it.next();
            System.out.println(nodex.asXML());
        }

        System.out.println("\n----------通过 ID 获取元素的测试----------");
        System.out.println("陷阱：通过 ID 获取，元素 ID 属性名必须为"大写 ID"，小写的"id"会认
为是普通属性！");
        String id22 = document.elementByID("22").asXML();
        String id23 = document.elementByID("23").asXML();
        String id24 = null;
        if (document.elementByID("24") != null) {
            id24= document.elementByID("24").asXML();
        } else {
            id24 = "null";
        }

        System.out.println("id22=  " + id22);
        System.out.println("id23=  " + id23);
        System.out.println("id24=  " + id24);
    }


    public static void main(String args[]) {
        testParseXMLData("/person.xml");
    }
}
```

第 10 章 XML 在 C#中的典型应用

XML 文档对象模型（DOM）是 XML 数据访问的核心对象。本章通过简要介绍 C#中的 DOM 对象，学习如何在 C#中实现代码与 XML 文件的交互，其中包括 C#文件的获取、节点的编辑等，旨在加深对 XML 文件的认识。

10.1 C#中的 XML DOM

在学习一门开发技术前，首先应从理论上了解这门技术，然后再通过实践，深入了解其实际应用，这才是学习技术的好方法。本节将先从 C#中的理论知识入手，让读者首先了解 C#中的 DOM。

10.1.1 XML DOM 的操作对象 XmlDocument

XmlDocument 被称为 XML 对象，是 C#处理 XML 文件的核心对象。使用此对象，可以加载 XML 文件，也可以操作 XML 文件中的所有节点，使用 XmlDocument 对象提供的方法，可轻松实现对 XML 文件的内容进行增、删、改、查询等各种操作。

使用 XmlDocument 读取的 XML 文件，会暂时保存在内存中，这大大提高了 XML 文件的读取速度。所以 XmlDocument 对象的主要作用就是实现 XML 文件的快速编辑。

10.1.2 使用 XML 文件分析 XmlDocument 中的对象

本节通过解剖一个 XML 文件，逐步分析 XmlDocument 中有关 XML 文件的对象。下面是一个常见的 XML 文件。

```
<?xml version="1.0" encoding="utf-8" ?>
<UserInfo>
  <User id="1">
    <name>张三</name>
    <city>北京</city>
    <address>朝阳东三环</address>
  </User>
  <User id="2">
    <name>王五</name>
    <city>上海</city>
```

```
    <address>浦东新技术开发区</address>
  </User>
  <User id="3">
    <name>刘大</name>
    <city>深圳</city>
    <address>福田商业中心</address>
  </User>
</UserInfo>
```

- 整个 XML 文件：XmlDocument 对象用来读取整个 XML 文档，表示从根节点开始的所有数据。
- 任意节点：节点是 XML 文件的基本对象。在 C#中，XmlNode 表示节点对象。
- 元素：元素一般没有子节点，只有内容。在 C#中，用 XmlElement 表示元素。
- 属性：属性是区分节点的标识。如“id”就是 User 节点的属性。在 C#中，XmlAttribute 表示属性对象。
- 文本：文本用来表示元素的值，如“北京”就是<city>元素的文本。在 C#中，XmlText 表示文本对象。

10.1.3　使用 DOM 对象获取 XML 文件

XmlDocument 对象可以加载文件，也可以编辑文件，由于其作用于内存，具有高速读取的特性，所以很多时候使用此对象来获取服务器上的 XML 文件。实例的演示步骤如下。

（1）创建一个网站，命名为“XmlDomReadSample”。

（2）设计页面的布局如图 10.1 所示。

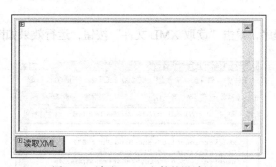

图 10.1　读取 XML 文件的设计界面

（3）双击“读取 XML 文件”按钮打开代码视图，在其 Click 事件中，编写读取 XML 文件的代码如下所示。

```
protected void Button1_Click(object sender, EventArgs e)
{
    //创建 XML 对象
    XmlDocument mydom = new XmlDocument();
    //加载 XML 文件
    mydom.Load(Server.MapPath("Student.xml"));
    //显示 XML 文件内容
    TextBox1.Text = mydom.InnerXml.ToString();
}
```

如果使用 InnerText 属性，则只读出 XML 文件的内容，而不包括其节点元素。

（4）XmlDocument 对象存在于专门的 XML 命名空间中，在视图的最上方一定要添加对此命名空间的引用。引用代码如下所示。

```
using System.Xml;
```

（5）在网站根目录下，添加一个 XML 文件 Students.xml，内容如下所示。

```
<?xml version="1.0" encoding="utf-8" ?>
<UserInfo>
  <User id="1">
    <name>张三</name>
    <city>北京</city>
    <address>朝阳东三环</address>
  </User>
  <User id="2">
    <name>王五</name>
    <city>上海</city>
    <address>浦东新技术开发区</address>
  </User>
<User id="3">
    <name>刘大</name>
    <city>深圳</city>
    <address>福田商业中心</address>
  </User>
</UserInfo>
```

（6）按 F5 键运行程序，单击“读取 XML 文件”按钮，运行效果如图 10.2 所示。

图 10.2　读取 XML 文件的显示结果

10.1.4　使用 DOM 对象获取 XML 文件中的指定节点

XML 文件中，可通过属性来标识节点的唯一性，本例就利用属性这个特点，学习如何获取指定的某个节点。实例的演示步骤如下。

（1）在网站根目录下，添加一个新的 Web 窗体，命名为“getNode”。

（2）设计页面的布局如图 10.3 所示。

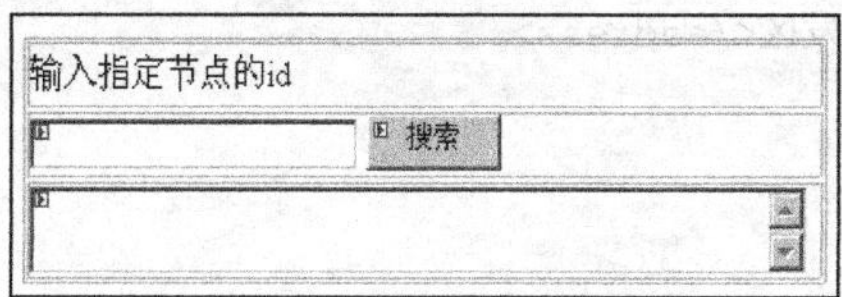

图 10.3　getNode 的界面布局

（3）双击“搜索”按钮打开代码视图，在其 Click 事件中，编写获取指定节点的代码如下所示。

```
protected void Button1_Click(object sender, EventArgs e)
{
    //创建 XML 对象
    XmlDocument mydom = new XmlDocument();
    //加载 XML 文件
    mydom.Load(Server.MapPath("~/StudentID.xml"));
    try
    {
        //获取指定 id 的元素
        XmlElement myele = mydom.GetElementById(TextBox2.Text);
        //显示指定的节点
        TextBox1.Text = myele.InnerXml;
    }
    catch (Exception ce)
    {
        //捕获发生的错误
        TextBox1.Text = ce.Message;
    }
}
```

如果使用上述代码，则 XML 文件中，必须包含 id 属性。

（4）在网站根目录下，添加名为“StudentsID.xml”的文件，文件内容如下所示。

```
<?xml version="1.0" encoding="utf-8" ?>
<!DOCTYPE UserInfo [
  <!ELEMENT User ANY>
  <!ELEMENT Person ANY>
  <!ELEMENT name EMPTY>
  <!ELEMENT city EMPTY>
  <!ELEMENT address EMPTY>
  <!ATTLIST User id ID #REQUIRED>
]>

<UserInfo>
  <User id="1">
    <name >张三</name>
    <city>北京</city>
    <address>朝阳东三环</address>
  </User>
```

```
  <User id="2">
    <name>王五</name>
    <city>上海</city>
    <address>浦东新技术开发区</address>
  </User>
  <User id="3">
    <name>刘大</name>
    <city>深圳</city>
    <address>福田商业中心</address>
  </User>
</UserInfo>
```

不是这里定义了 id 属性，其就是 ID 类型的字段，还必须在架构定义中指定此属性为 ID 类型。如本例的“<!ATTLIST User id ID #REQUIRED>”语句。

（5）按 F5 键运行程序，在上面的文本框内输入要搜索的节点 id 为“1”，单击“搜索”按钮，程序运行效果如图 10.4 所示。

图 10.4　读取指定节点的效果

10.1.5　使用 DOM 对象改变 XML 文件的数据顺序

除了可以使用 DOM 来读取 XML 文件，还可以对 XML 文件的节点进行增、删、改、排列顺序。本节将通过一个简单的排序实例，学习如何操作 XML 文件中的某个节点。实例的演示步骤如下。

（1）在网站根目录下，添加一个新的 Web 窗体，命名为“EditNode”。

（2）设计编辑节点的界面如图 10.5 所示。其中搜索按钮可参考上一节例子的代码。

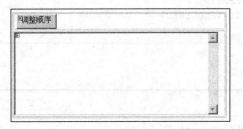

图 10.5　EditNode 的界面布局

（3）双击“调整顺序”按钮打开代码视图，编写修改节点的代码如下所示。

```
protected void Button2_Click(object sender, EventArgs e)
{
    //创建 XML 对象
    XmlDocument mydom = new XmlDocument();
    //加载 XML 文件
    mydom.Load(Server.MapPath("~/Student.xml"));
    //创建新节点
    XmlNode newnode = mydom.CreateNode(XmlNodeType.Element, "userinfo", "");
    newnode.AppendChild(mydom.ChildNodes[1].LastChild);
    //找到要替换的节点
    XmlNode oldnode = mydom.ChildNodes[1];
    //实现替换
    mydom.ReplaceChild(newnode, oldnode);
    //显示更新后的节点
    TextBox2.Text = mydom.ChildNodes[1].ChildNodes[0].InnerXml;
}
```

（4）按 F5 键运行程序，单击“调整顺序”按钮，查看第一个节点是否发生了变化。运行效果如图 10.6 所示。

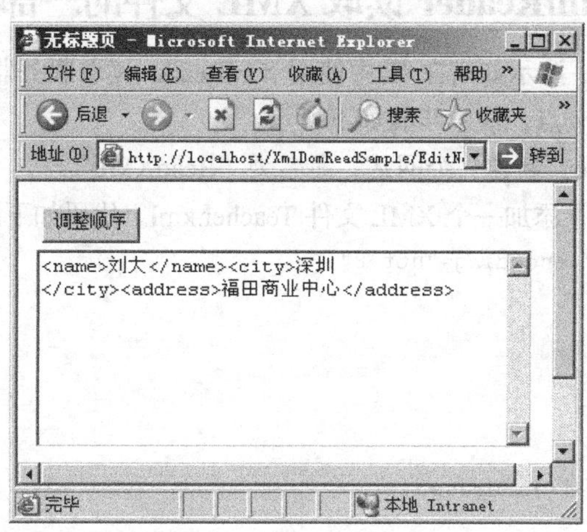

图 10.6　调整顺序的结果

10.2　XML 文件读取器——XmlReader

使用 XML DOM 可以读取 XML 文件，但其速度比不上 XmlReader 对象。本节将介绍如何使用 XmlReader 对象，实现 XML 文件的读取。

10.2.1　XmlReader 的作用

XmlReader 用来读取 XML 文件，与大部分读取器一样，其支持只进式读取，即 Xml Reader 是只读类型，不允许编辑 XML 文件。XmlReader 还有一个特点就是不缓存被读取的数据，这也是其与 XmlDocument 对象的一大区别。

XmlReader 可以读取整个 XML 文件，也可以从指定的节点开始，只读取 XML 文件中的某一部分。使用 XmlReader 读取 XML，主要实现以下功能。

- 可检查 XML 节点的名称，为某一部分数据的读取提供便利。
- 可检查 XML 文档的格式，有利于页面的安全。
- 可验证 XML 文档的架构，对不符合验证的 XML 文件，给出警告信息。
- 可根据条件，选择指定的数据，提高读取的速度。

10.2.2 对 XML 的验证

XmlReader 不仅可以读取文件，还能对 XML 文件中的节点和数据进行验证。其主要验证功能通过 XmlReaderSettings 实现，下面列举了几种常用的检查属性。

- CheckCharacters：是否允许读取器检查字符。
- ConformanceLevel：设置检查 XML 文档数据格式的级别。
- IgnoreComments：是否忽略注释文本。
- IgnoreWhitespace：是否忽略文档中的空白处。
- IgnoreProcessingInstructions：是否忽略处理指令。

10.2.3 使用 XmlReader 读取 XML 文件的一部分

本节将通过一个实例，演示如何在 C#中使用 XmlReader 读取服务器上的 XML 文件，从根目录开始读取，仅读取一个节点。演示步骤如下所示。

（1）打开 Visual Studio，新建一个网站，命名为“ReadXML”。

（2）在网站根目录下，添加一个 XML 文件 Teacher.xml。代码如下所示。

```
<?xml version="1.0" encoding="utf-8" ?>
<UserInfo>
  <User id="aaa">
    <name>张三</name>
    <city>北京</city>
    <age>23</age>
    <address>朝阳东三环</address>
  </User>
  <User id="bbb">
    <name>王五</name>
    <city>上海</city>
    <age>53</age>
    <address>浦东新技术开发区</address>
  </User>
  <User id="ccc">
    <name>刘大</name>
    <city>深圳</city>
    <age>33</age>
    <address>福田商业中心</address>
  </User>
</UserInfo>
```

（3）在 Default.aspx 中，设计页面的布局如图 10.7 所示。

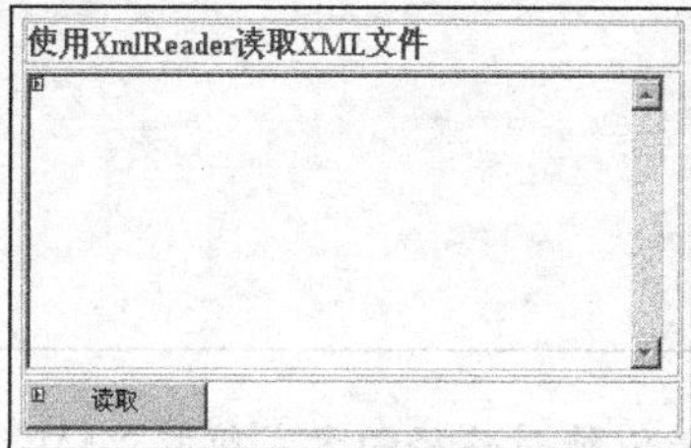

图 10.7　ReadXML 的布局

（4）双击“读取”按钮，切换到代码视图，实现 XML 读取的代码如下所示。

```
protected void Button1_Click(object sender, EventArgs e)
{
    string str = "";
    //创建验证，并设置验证的属性
    XmlReaderSettings xmlrs = new XmlReaderSettings();
    xmlrs.ConformanceLevel = ConformanceLevel.Fragment;
    //忽略注释
    xmlrs.IgnoreComments = true;
    //忽略空白处
    xmlrs.IgnoreWhitespace = true;
    //开始读取文件
    XmlReader xmlr = XmlReader.Create(Server.MapPath("~/Teacher.xml"), xmlrs);
    try
    {
        //开始读取
        xmlr.Read();
        //从根元素开始读取
        xmlr.ReadStartElement("UserInfo");
        //第一个子元素
        xmlr.ReadStartElement("User");
        //读取 name 元素
        xmlr.ReadStartElement("name");
        str = str + xmlr.ReadString() + "";
        xmlr.ReadEndElement();
        //读取 city 元素
        xmlr.ReadStartElement("city");
        str = str + xmlr.ReadString();
        xmlr.ReadEndElement();
        //读取 age 元素
        xmlr.ReadStartElement("age");
        str = str + xmlr.ReadString();
        xmlr.ReadEndElement();
        //读取 address 元素
        xmlr.ReadStartElement("address");
        str = str + xmlr.ReadString();
        xmlr.ReadEndElement();
        xmlr.ReadEndElement();
        TextBox1.Text = str;
        xmlr.Close();
    }
    catch (Exception ex)
```

```
        {
            //关闭读取器
            xmlr.Close();
        }
    }
```

Server.MapPath 是以绝对路径的方式获取 XML 文件的路径。

（5）添加对 XML 命名空间的引用，代码如下所示。

```
using System.Xml;
```

（6）按 F5 键运行程序，读取 XML 文件后的效果如图 10.8 所示。

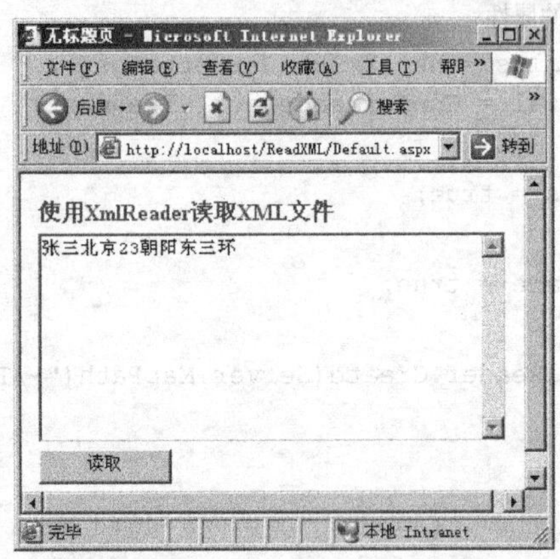

图 10.8　读取 XML 文件一部分后的效果

10.2.4　使用 XmlTextReader 读取整个 XML 文件

XmlTextReader 类是对 XmlReader 类的扩展，也是提供一个 XML 文件的只进读取器。本例通过一个实例，演示如何使用 XmlTextReader 获取整个 XML 文件，演示步骤如下所示。

（1）打开 Visual Studio，新建一个网站，命名为 textReaderXml。

（2）在网站根目录下，添加一个 Teacher.xml 文件，内容同上一节。

（3）打开 Default.aspx 文件，设计窗体的默认布局，如图 10.9 所示。

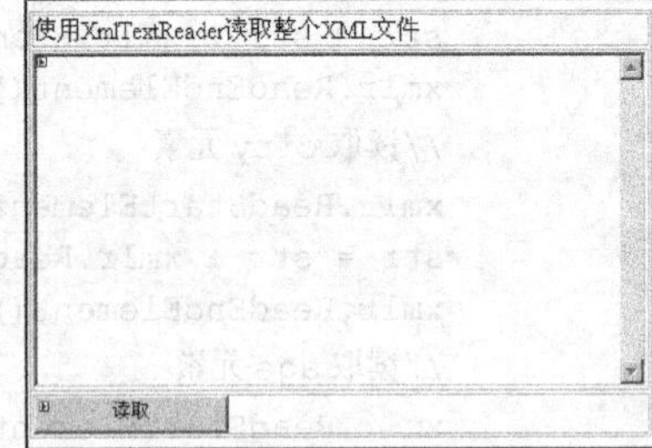

图 10.9　textReader Xml 的布局

（4）双击“读取”按钮，打开代码视图，编写读取整个文件的代码如下所示。

```
protected void Button1_Click(object sender, EventArgs e)
{
    //创建读取器
    XmlTextReader txtreader=new XmlTextReader(Server.MapPath("~/Teacher.xml"));
    try
    {
        //忽略空格
```

```
        txtreader.WhitespaceHandling = WhitespaceHandling.None;
        string str = "";
        //开始读取 XML 文件
        while (txtreader.Read())
        {
            //判断节点类型
            switch (txtreader.NodeType)
            {
                case XmlNodeType.Element://元素
                    str +="<" +txtreader.Name+">";
                    break;
                case XmlNodeType.Text://文本
                    str += txtreader.Value;
                    break;
                case XmlNodeType.EndElement://元素结束标志
                    str += "</" + txtreader.Name + ">";
                    break;
            }
        }
        //文本框的内容
        TextBox1.Text = str;
        //关闭读取器
        txtreader.Close();
    }
    catch (Exception ex)
    {
        //捕获错误时，一定要关闭读取器
        txtreader.Close();
    }
}
```

一定要使用错误捕获语句“try..catch”，因为如果读取器不能关闭，将影响 XML 文件的修改。

（5）按 F5 键运行程序，单击“读取”按钮，运行效果如图 10.10 所示。

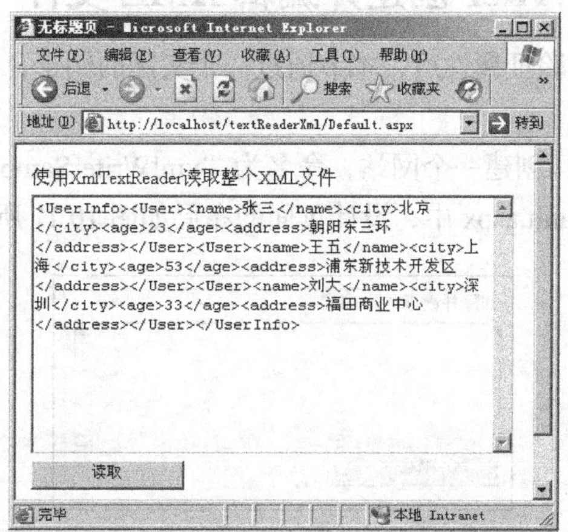

图 10.10　读取整个 XML 文件后的效果

10.3　XML 文件编写器——XmlWriter

XML 文件编写器的主要作用就是快速创建 XML 文件，然后在文件中添加内容。本节将介绍 XML 编写过程中的一些注意事项，并通过实例学习如何使用 XmlWriter 编写 XML 文件。

10.3.1　XmlWriter 的作用

XmlWriter 主要的作用是创建 XML 文件，然后根据实际情况，验证 XML 文件的内容，最后完成文件的内容编写。

XmlWriter 的主要作用如下所示。

- 检查 XML 文档中文本、元素和节点等数据的正确性。
- 检查 XML 文档的格式。
- 能转换 XML 的编码，支持纯文本的输出。
- 可以合并多个 XML 文件，然后导出到一个文件中。
- 利用 XmlWriter 提供的方法，可输出符合规范的各种 XML 数据元素。

10.3.2　XmlWriter 对 XML 文件的验证

为了可以生成一个格式良好的 XML 文件，XmlWriter 和 XmlReader 一样，可以验证文件或字符串的格式。在编写器中，使用 XmlWriterSettings 来验证这些内容。

XmlWriterSettings 的主要验证设置如下所示。

- CheckCharacters：设置是否需要进行字符检查。
- Encoding：设置输出的 XML 流使用的编码。
- Indent：输出文本时，指定元素是否需要缩进。
- IndentChars：元素如果缩进，使用的缩进符号。
- NewLineChars：设施分行时使用的字符。
- NewLineOnAttributes：设置属性是否在新的一行中创建。

10.3.3　用 XmlWriter 创建并编辑 XML 文件

了解了编写器的作用和验证属性后，本节通过一个实际的例子，演示编写器的应用过程。详细步骤如下所示。

（1）打开 Visual Studio，创建一个网站，命名为“xmlWriterSample”。

（2）在默认生成的 Default.aspx 中，设计页面的布局如图 10.11 所示。

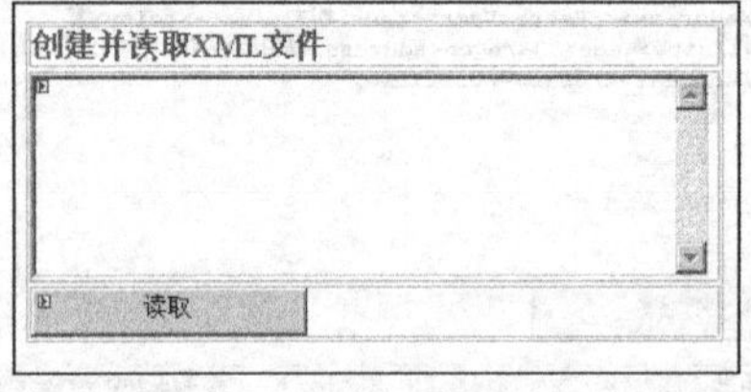

图 10.11　xmlWriterSample 的布局

（3）双击“读取”按钮，切换到代码视图，在 Page_Load 事件中，编写用 XmlWriter 创建 XML 文件的代码，如下所示。

```
protected void Page_Load(object sender, EventArgs e)
{
    if (!Page.IsPostBack)
    {
        //设置编写文件的验证属性
        XmlWriterSettings xws = new XmlWriterSettings();
        xws.Indent = true;
        xws.IndentChars = ("    ");
        xws.ConformanceLevel = ConformanceLevel.Fragment;
        //创建编写器
        XmlWriter xwr = XmlWriter.Create(Server.MapPath("student.xml"), xws);
        try
        {
            //开始编写实际内容
            xwr.WriteStartElement("UserInfo");
            xwr.WriteStartElement("User");
            xwr.WriteElementString("name", "张三");
            xwr.WriteEndElement();
            xwr.WriteStartElement("User");
            xwr.WriteElementString("name", "王五");
            xwr.WriteEndElement();
            xwr.WriteEndElement();
            //刷新缓冲区，并关闭编写器
            xwr.Flush();
            xwr.Close();
        }
        catch (Exception ex)
        {
            xwr.Close(); //捕获错误时，要关闭编写器
        }
    }
}
```

每次程序运行时，都会生成一个初始化的 XML 文件。

（4）在“读取”按钮的 Click 事件中，编写用 XmlReader 读取 XML 文件的代码，如下所示。

```
protected void Button1_Click(object sender, EventArgs e)
{
    //读取指定位置的文件
    XmlReader xr = XmlReader.Create(Server.MapPath("~/student.xml"));
    //开始读取
    xr.Read();
    //读取所有内容
    TextBox1.Text = xr.ReadInnerXml();
    //关闭读取器
    xr.Close();
}
```

（5）按 F5 键运行程序，程序运行的效果如图 10.12 所示。

（6）关闭运行着的程序，刷新网站根目录，可以发现多了一个 student.xml 文件，其内容如下所示。

```
<UserInfo>
    <User>
        <name>张三</name>
    </User>
    <User>
        <name>王五</name>
    </User>
</UserInfo>
```

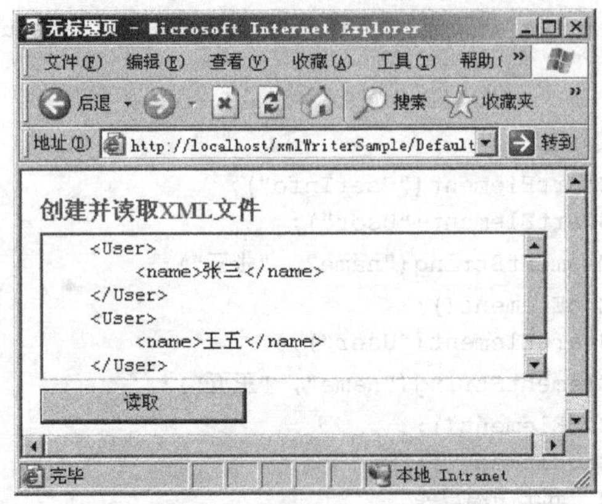

图 10.12　生成的 XML 文件

10.4　XML 与 DataSet 的交互

XML 的一大优势在于简便的数据表示能力，而在.NET 中，大部分来自数据库的数据，都通过 DataSet 存储，因为其有一次读取，多次使用的优点。为了提高网络数据传输能力，经常需要在 DataSet 和 XML 文件之间进行一些转换。本节通过实例学习如何实现这些转换。

10.4.1　将 XML 文件转化为 DataSet 数据集

在 Visual Studio 中，提供了很多数据控件（如 GridView、DataList 等），这些控件都提供一个属性 DataSource，用其可以很方便地将控件与数据源绑定，直接显示数据库中的数据。如果数据由一个 XML 文件组成，那该如何绑定到这些数据控件上呢？下面的例子将通过一个转换过程，实现 XML 文件的数据绑定。演示步骤如下。

（1）打开 Visual Studio，新建一个网站，命名为“XMLDataSet”。

（2）在根目录下，添加一个 XML 文件 students.xml，内容如下所示。

```
<?xml version="1.0" encoding="utf-8" ?>
<Userdata>
  <user>
    <name>张三</name>
    <age>22</age>
```

```
      <address>北京海淀</address>
      <code>100087</code>
    </user>
    <user>
      <name>王晓</name>
      <age>22</age>
      <address>北京东城</address>
      <code>100045</code>
    </user>
    <user>
      <name>吴元</name>
      <age>22</age>
      <address>北京朝阳</address>
      <code>100031</code>
    </user>
    <user>
      <name>胡美</name>
      <age>35</age>
      <address>山东济南</address>
      <code>250013</code>
    </user>
  </Userdata>
```

（3）在网站根目录下，添加一个 Web 窗体，命名为“Xml2DataSet”。

（4）设计页面的布局如图 10.13 所示。

XML2DataSet		
Column0	Column1	Column2
abc	abc	abc
abc	abc	abc
abc	abc	abc
abc	abc	abc
abc	abc	abc

图 10.13　XmL2DataSet 的布局

（5）双击页面空白处，切换到叶面的 Page_Load 事件中，编写转换 XML 文件的代码，如下所示。

```
protected void Page_Load(object sender, EventArgs e)
{
    if (!Page.IsPostBack)
    {
        //创建数据集
        DataSet myds = new DataSet();
        //获取文件名称
        string filename = Server.MapPath("~/students.xml");
        //读取 XML 文件
        myds.ReadXml(filename);
        //将 DataSet 绑定到 GridView 中显示
        GridView1.DataSource = myds.Tables[0];
        GridView1.DataBind();
```

```
        }
    }
```

（6）按 F5 键运行程序，通过数据控件显示的数据如图 10.14 所示。

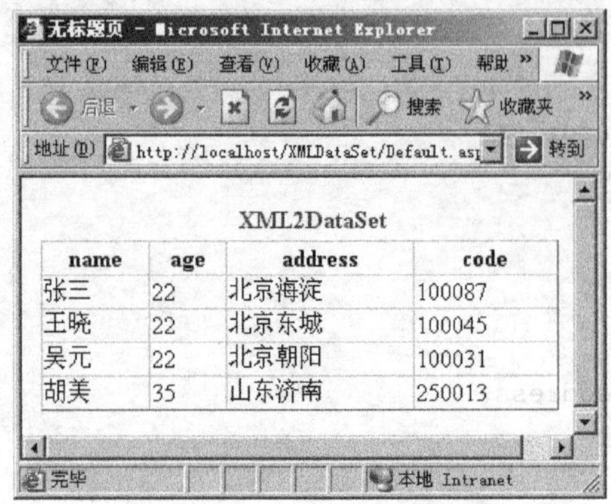

图 10.14　最终 XML 数据的绑定效果

10.4.2　将 DataSet 数据集转换为 XML 文件

DataSet 是一个功能强大的数据集，其不仅具有从数据库中读取数据的功能，还具有缓存数据、导出数据的一些灵活方法。WriteXml 方法就是 DataSet 提供的导出 XML 文件的方法；还有一个方法 WriteXmlSchema，用来导出数据的架构到 XML 文件中。

本例将学习如何把数据库中的数据，通过 DataSet 导出到 XML 文件中。实例的演示步骤如下所示。

（1）在 SQL Sever 中，创建一个测试数据库 Student。数据库的结构如表 10.1 所示。

表 10.1　　Student 数据库的结构

字段名称	字段类型	字段说明
id	Int（自增长）	唯一标识
name	nchar(10)	学生姓名
age	nchar (10)	学生年龄
city	nchar (10)	学生所在城市
address	nchar (20)	学生的地址
code	nchar (10)	学生的电话

（2）在数据库中，添加一个名为“StudentInfo”的表，并添加如表 10.2 所示的数据。

表 10.2　　StudentInfo 数据库的记录

name	age	city	address	code
小张	20	北京	北京朝阳	88888888
小李	21	山东	山东济南	66666666
小王	22	上海	上海浦东	77777777
小孙	23	北京	北京海淀	99999999

（3）回到 Visual Studio 的工作界面，在网站根目录下，添加一个新窗体“DataSet2XML”。

（4）设计转换界面的布局，如图 10.15 所示。

将dataSet导出到XML

Column0	Column1	Column2
abc	abc	abc
abc	abc	abc
abc	abc	abc
abc	abc	abc
abc	abc	abc

SqlDataSource - SqlDataSource1

导出

图 10.15　DataSet2XML 的布局

（5）在页面中添加一个数据源控件 SqlDataSource，并利用其可视化工具，连接数据库中的 StudentInfo 表，最终设计的数据源控件配置代码，如下所示。

```
<asp:SqlDataSource ID="SqlDataSource1"
runat="server" ConnectionString="<%$ ConnectionStrings:ClubConnectionString %>"
SelectCommand="SELECT * FROM [StudentInfo]"></asp:SqlDataSource>
```

（6）将数据控件 GridView1 和 SqlDataSource1 绑定到一起，主要是通过设置 GridView1 的 DataSourceID 属性，此时 GridView1 的代码如下所示。

```
    <asp:GridView   ID="GridView1"   runat="server"   AutoGenerateColumns="False"
Width="406px" DataSourceID="SqlDataSource1">
        <Columns>
            <asp:BoundField  DataField="id"  HeaderText="id"  InsertVisible="False"
ReadOnly="True"
                SortExpression="id" />
            <asp:BoundField DataField="name" HeaderText="name" SortExpression="name" />
            <asp:BoundField DataField="age" HeaderText="age" SortExpression="age" />
            <asp:BoundField DataField="city" HeaderText="city" SortExpression="city" />
            <asp:BoundField DataField="address" HeaderText="address" SortExpression=
"address" />
            <asp:BoundField DataField="code" HeaderText="code" SortExpression="code" />
        </Columns>
    </asp:GridView>
```

（7）此时页面的效果如图 10.16 所示。

将dataSet导出到XML

id	name	age	city	address	code
0	abc	abc	abc	abc	abc
1	abc	abc	abc	abc	abc
2	abc	abc	abc	abc	abc
3	abc	abc	abc	abc	abc
4	abc	abc	abc	abc	abc

SqlDataSource - SqlDataSource1

导出

图 10.16　绑定数据后的页面布局

（8）在“导出”按钮的 Click 事件中，编写实现导出的代码，如下所示。

```
protected void Button1_Click(object sender, EventArgs e)
```

```
{
    //创建数据集
    DataSet myds = new DataSet();
    SqlDataAdapter   myda   =   new   SqlDataAdapter(SqlDataSource1.SelectCommand,
SqlDataSource1.ConnectionString);
    //填充数据集
    myda.Fill(myds);
    //导出
    myds.WriteXml(Server.MapPath("~/Student.xml"));
}
```

（9）按 F5 键运行程序，运行效果如图 10.17 所示。

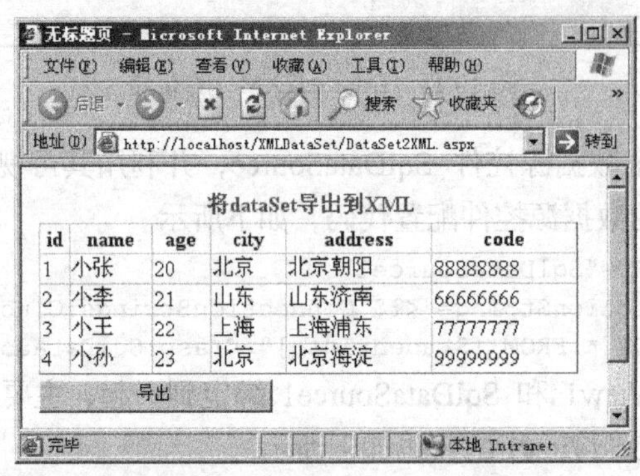

图 10.17　DataSet2XML 的布局

（10）单击“导出”按钮，然后关闭程序。刷新网站的目录，会发现多了一个 XML 文件。最终生成的 XML 文件如下所示。

```
<?xml version="1.0" standalone="yes"?>
<NewDataSet>
  <Table>
    <id>1</id>
    <name>小张      </name>
    <age>20       </age>
    <city>北京      </city>
    <address>北京朝阳      </address>
    <code>88888888  </code>
  </Table>
  <Table>
    <id>2</id>
    <name>小李      </name>
    <age>21       </age>
    <city>山东      </city>
    <address>山东济南      </address>
    <code>66666666  </code>
  </Table>
  <Table>
    <id>3</id>
    <name>小王      </name>
    <age>22       </age>
    <city>上海      </city>
    <address>上海浦东      </address>
```

```
    <code>77777777 </code>
  </Table>
  <Table>
    <id>4</id>
    <name>小孙        </name>
    <age>23       </age>
    <city>北京        </city>
    <address>北京海淀       </address>
    <code>99999999 </code>
  </Table>
</NewDataSet>
```

小　　结

本章从 C#操作 XML 文件的基础讲起，分析了 XML 文件中各个元素在 C# 中的统一名称。这些名称非常重要，其决定了使用什么对象来操作 XML 文件，如操作元素就得用 XmlElement 对象，操作节点就使用 XmlNode 对象。

本章还介绍了 XML 的读取器和编写器，学习实现字符串和 XML 文件的交互。最后介绍的 DataSet 和 XML，是 C#中数据处理的关键技术；本章通过两个例子，学习了如何实现 DataSet 和 XML 的转换。

习　　题

1．________被称为 XML 对象，是 C#处理 XML 文件的核心对象。使用此对象，可以加载 XML 文件，也可以操作 XML 文件中的所有节点，使用 XmlDocument 对象提供的方法，可轻松实现对 XML 文件的内容进行增、删、改、查询等各种操作。

2．使用 XML DOM 可以读取 XML 文件，但其速度比不上________对象。

3．XmlReader 不仅可以读取文件，还能对 XML 文件中的________和________进行验证。

4．________类是对 XmlReader 类的扩展，也是提供一个 XML 文件的只进读取器。

5．________主要的作用是创建 XML 文件，然后根据实际情况，验证 XML 文件的内容，最后完成文件的内容编写。

6．XML 的一大优势在于简便的数据表示能力，而在.NET 中，大部分来自数据库的数据，都通过________存储，因为其有一次读取，多次使用的优点。

上 机 指 导

实验一：XmlDocument 对象操作 XML 文件

实验内容

XmlDocument 对象操作 XML 文件的增删改查。

实验目的

熟悉 XML 与 C#语言的配合使用，并了解如何使用 XmlDocument 对象来对 XML 文件保存的数据进行增删改查。

实验思路

在本实验中，要使用 Visual Studio 集成开发环境。

（1）打开 Visual Studio，新建一个网站，命名为“TestXml”。

（2）在网站根目录下，添加一个 XML 文件 books.xml，源代码如下：

```
<?xml version="1.0" encoding="UTF-8"?>
<books>
  <book>
    <name>哈里波特</name>
    <price>10</price>
    <memo>这是一本很好看的书。</memo>
  </book>
  <book id="B02">
    <name>三国演义</name>
    <price>10</price>
    <memo>四大名著之一。</memo>
  </book>
  <book id="B03">
    <name>水浒</name>
    <price>6</price>
    <memo>四大名著之一。</memo>
  </book>
  <book id="B04">
    <name>红楼</name>
    <price>5</price>
    <memo>四大名著之一。</memo>
  </book>
</books>
```

（3）新建一个 C#文件 Program.cs，源代码如下：

```
using System;
using System.Collections.Generic;
using System.Text;
using System.Xml;
namespace TestXml
{
    class Program
    {
        static void Main(string[] args)
        {
```

```
        XmlElement theBook = null, theElem = null, root = null;
        XmlDocument xmldoc = new XmlDocument();
        try
        {
            xmldoc.Load("Books.xml");
            root = xmldoc.DocumentElement;
            //--- 新建一本书开始 ----
            theBook = xmldoc.CreateElement("book");
            theElem = xmldoc.CreateElement("name");
            theElem.InnerText = "新书";
            theBook.AppendChild(theElem);
            theElem = xmldoc.CreateElement("price");
            theElem.InnerText = "20";
            theBook.AppendChild(theElem);
            theElem = xmldoc.CreateElement("memo");
            theElem.InnerText = "新书更好看。";
            theBook.AppendChild(theElem);
            root.AppendChild(theBook);
            Console.Out.WriteLine("--- 新建一本书开始 ----");
            Console.Out.WriteLine(root.OuterXml);
            //--- 新建一本书完成 ----
            //--- 下面对《哈里波特》做一些修改。 ----
            //--- 查询找《哈里波特》----
            theBook = (XmlElement)root.SelectSingleNode("/books/book[name='哈里波特']");
            Console.Out.WriteLine("--- 查找《哈里波特》 ----");
            Console.Out.WriteLine(theBook.OuterXml);
            //--- 此时修改这本书的价格 -----
            theBook.GetElementsByTagName("price").Item(0).InnerText = "15";//get
ElementsByTagName 返回的是 NodeList，所以要跟上 item(0)。另外，GetElementsByTagName("price")相
当于 SelectNodes(".//price")。
            Console.Out.WriteLine("--- 此时修改这本书的价格 ----");
            Console.Out.WriteLine(theBook.OuterXml);
            //--- 另外还想加一个属性 id，值为 B01 ----
            theBook.SetAttribute("id", "B01");
            Console.Out.WriteLine("--- 另外还想加一个属性 id，值为 B01 ----");
            Console.Out.WriteLine(theBook.OuterXml);
            //--- 对《哈里波特》修改完成。 ----
            //--- 再将所有价格低于 10 的书删除 ----
            theBook = (XmlElement)root.SelectSingleNode("/books/book[@id='B02']");
            Console.Out.WriteLine("--- 要用 id 属性删除《三国演义》这本书 ----");
            Console.Out.WriteLine(theBook.OuterXml);
            theBook.ParentNode.RemoveChild(theBook);
            Console.Out.WriteLine("--- 删除后的XML ----");
            Console.Out.WriteLine(xmldoc.OuterXml);
            //--- 再将所有价格低于 10 的书删除 ----
            XmlNodeList someBooks = root.SelectNodes("/books/book[price<10]");
            Console.Out.WriteLine("--- 再将所有价格低于 10 的书删除 ---");
            Console.Out.WriteLine("--- 符合条件的书有 " + someBooks.Count + "本。
---");
```

```
            for (int i = 0; i < someBooks.Count; i++)
            {
               someBooks.Item(i).ParentNode.RemoveChild(someBooks.Item(i));
            }
            Console.Out.WriteLine("---  删除后的XML ----");
            Console.Out.WriteLine(xmldoc.OuterXml);
            xmldoc.Save("books.xml");//保存到 books.xml
            Console.In.Read();
         }
         catch (Exception e)
         {
            Console.Out.WriteLine(e.Message);
         }
      }
   }
}
```

实验二：XPath 查询 XML 内容

实验内容

使用 System.XML.XPath 命名空间的类进行 XML 内容的查询。

实验目的

System.XML.XPath 是.NET 框架中处理 XPath 的核心命名空间，它提供了一些类，用于优化对数据源的只读 XPath 查询，允许对 XPath 表达式进行编译，以提高性能。了解如何使用 System.XML.XPath 命名空间的类进行 XML 内容的查询。

实验思路

在本实验中，要使用 Visual Studio 集成开发环境。

（1）打开 Visual Studio，新建一个网站，命名为“XPathTest”。

（2）在网站根目录下，添加一个 XML 文件 books.xml，源代码如下：

```
<?xml version="1.0" encoding="utf-8" ?>
<books>
<book level="1">
<bookname enname="CSharp book one">C#图书一</bookname>
<booknumber>1111111</booknumber>
<price pricerange="120">56 元</price>
</book>
<book level="2">
<bookname enname="CSharp book two">C#图书二</bookname>
<booknumber>2222222</booknumber>
<price pricerange="100">78 元</price>
</book>
</books>
```

（3）新建一个 C#文件 program.cs，源代码如下：

```
using System;
using System.Collections.Generic;
using System.Text;
using System.XML;
using System.XML.XPath;
namespace XPathTest
{
```

```
    class Program
    {
        static void Main(string[] args)
        {
            QueryXmlFile();
            Console.Read();
        }
        static void QueryXmlFile()
        {
            //加载 Xml 文档到 XPathDocument 对象实例中
            XPathDocument xpdoc = new XPathDocument(@"books.xml");
            //构造一个查询 bookname 节点 enname 属性值为 CSharp book two 而且节点内容包含书
字的节点
            string   xPathQuery   =   "/books/book/bookname[@enname='CSharp   book
two'][contains(text(),'
            书')]";
            //创建一个 XPathNavigator 类的实例
            XPathNavigator xpathNav = xpdoc.CreateNavigator();
            //经过 XPathNavigator 类的实例编译 XPath 表达式，返回一个已编译的 XPath 表达式对
象实例
            XPathExpression xpathExpr = xpathNav.Compile(xPathQuery);
            //经由 XPathNavigator 类的查询方法查询 XPath 表达式
            XPathNodeIterator xpathIter = xpathNav.Select(xpathExpr);
            //获取结果
            while (xpathIter.MoveNext())
            {
                Console.WriteLine(xpathIter.Current.Value);
            }
        }
    }
}
```

实验三：LINQ to XML 操作 XML

实验内容

使用 System.XML.Linq 命名空间的类操作 XML 文件。

实验目的

.NET 中的 System.XML.Linq 命名空间提供了 linq to xml 的支持。这个命名空间中的 XDocument，XElement 以及 XText，XAttribute 提供了读写 XML 文件的关键方法。了解如何使用 System.XML.Linq 命名空间的类来操作 XML 文件。

实验思路

在本实验中，要使用 Visual Studio 集成开发环境。

（1）打开 Visual Studio，新建一个网站“LinqToXml”。

（2）使用 linq to xml 写 XML 文件。使用 XDocument 的构造函数可以构造一个 XML 文档对象；使用 XElement 对象可以构造一个 XML 节点元素；使用 XAttribute 构造函数可以构造元素的属性；使用 XText 构造函数可以构造节点内的文本。新建一个 C#文件 program.cs，源代码如下：

```
class Program
{
    static void Main(string[] args)
```

```
    {
        var xDoc = new XDocument(new XElement( "root",
            new XElement("dog",
                new XText("dog said black is a beautify color"),
                new XAttribute("color", "black")),
            new XElement("cat"),
            new XElement("pig", "pig is great")));

        //xDoc 输出 xml 的 encoding 是系统默认编码，对于简体中文操作系统是 gb2312
        //默认是缩进格式化的 xml，而无须格式化设置
        xDoc.Save(Console.Out);
        Console.Read();
    }
}
```

（3）上述代码将输出如下 XML 文件：

```
<?xml version="1.0" encoding="gb2312"?>
<root>
  <dog color="black">dog said black is a beautify color</dog>
  <cat />
  <pig>pig is great</pig>
</root>
```

（4）使用 linq to xml 读取 XML 文件。源代码如下：

```
class Program
{
    static void Main(string[] args)
    {

        var xDoc = new XDocument(new XElement( "root",
            new XElement("dog",
                new XText("dog said black is a beautify color"),
                new XAttribute("color", "black")),
            new XElement("cat"),
            new XElement("pig", "pig is great")));
        //xDoc 输出 xml 的 encoding 是系统默认编码，对于简体中文操作系统是 gb2312
        //默认是缩进格式化的 xml，而无须格式化设置
        xDoc.Save(Console.Out);
        Console.WriteLine();
        var query = from item in xDoc.Element( "root").Elements()
                    select new
                    {
                        TypeName    = item.Name,
                        Saying      = item.Value,
                        Color       = item.Attribute("color") == null?(string)null:item.
Attribute("color").Value
                    };
        foreach (var item in query)
        {
            Console.WriteLine("{0} 's color is {1},{0} said {2}",item.TypeName,item.
Color??"Unknown",item.Saying??"nothing");
        }

        Console.Read();}}
```

第 11 章 综合案例——XML 在线成绩管理系统

本章将会为大家介绍一个基于 XML 的在线成绩管理系统的实例。此实例将会结合 Java Web 的相关知识，采用典型的 MVC 分层软件架构。MVC 模式是软件工程中的一种软件架构模式，把软件系统分为三个基本的部分：模型、视图和控制器。

11.1 系统功能简介和架构设计

本章介绍的应用属于具备实战意义的整合应用。系统的服务端由良好的 Java EE 架构实现，由控制器层（Servlet）+视图层（JSP）+数据访问层（DAO）实现了扩展性比较良好的分层架构。

11.1.1 系统功能简介

本系统主要分为两个模块，学生信息管理模块以及学生成绩管理模块，分别实现对学生信息的管理功能以及对学生成绩的管理功能。

（1）学生信息管理模块

① 添加子模块：实现学生信息的添加功能

② 删除子模块：实现学生信息的删除功能

③ 修改子模块：实现学生信息的修改功能

④ 查询子模块：实现学生信息的查询功能

（2）学生成绩管理模块

① 添加子模块：实现学生成绩的添加功能

② 删除子模块：实现学生成绩的删除功能

③ 修改子模块：实现学生成绩的修改功能

④ 查询子模块：实现学生成绩的查询功能

11.1.2 系统架构

系统采用的是 B/S 架构，即浏览器和服务器架构。浏览器端提供用户操作界面，接收用户输入的各种操作信息，向服务器发出各种操作命令或数据请求，并接收执行操作命令后返回的数据结果，根据业务逻辑执行相关的运算，向用户显示相应的信息。服务器端接收浏览器端的数据或命令请求，并操作 XML 文件得到相应的数据集，对数据集执行相应的处理，然后将数据集或处理后的数据集返回给浏览器端，如图 11.1 所示。

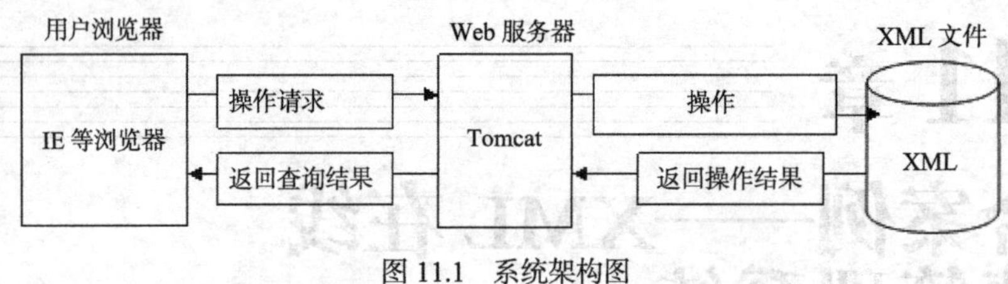

图 11.1　系统架构图

11.2　学生信息管理模块

此模块主要实现学生信息的增加、删除、修改和查询功能。

11.2.1　XML 结构

student.xml 文件是学生管理模块所操作的 XML 文件。其中<students>节点为 XML 文件的根节点，根节点下面有四个<student>子节点。每一个<student>子节点下面又有<name>、<age>、<sex>、<tel>和<home>这五个子节点。<student>节点除了含有子节点之外，还有一个 studentId 的属性，用来唯一标识每一位学生信息，相当于数据表的主键字段。

学生信息管理模块的 XML（student.xml）结构如下：

```
<?xml version="1.0" encoding="UTF-8" standalone="no"?>
<students>
    <student studentId="12344">
        <name>张三</name>
        <age>20</age>
        <sex>男</sex>
        <tel>13724215867</tel>
        <home>深圳</home>
    </student>
    <student studentId="12345">
        <name>李四</name>
        <age>21</age>
        <sex>男</sex>
        <tel>13924215867</tel>
        <home>北京</home>
    </student>
    <student studentId="12346">
        <name>王五</name>
        <age>22</age>
        <sex>男</sex>
        <tel>13824215867</tel>
        <home>西安</home>
    </student>
    <student studentId="12347">
```

```
        <name>小花</name>
        <age>19</age>
        <sex>女</sex>
        <tel>13868586888</tel>
        <home>深圳</home>
    </student>
</students>
```

11.2.2　学生信息模型

MVC 模式当中的 M 指的是模型的意思，在 Java Web 开发当中，一般会采用 JavaBean 的方式来实现 MVC 模式当中的 M。学生模型包含学生 ID、学生姓名、学生年龄、学生性别、学生手机号码以及学生家庭属性。

Student 类源码如下：

```
package domain;
/**
 * 学生信息模型类
 * @author Freedie.Qin
 */
public class Student {
    private String id;          //学生 ID
    private String name;        //学生姓名
    private int age;            //学生年龄
    private char sex;           //学生性别
    private String tel;         //学生手机号码
    private String home;        //学生家庭
    public Student(){

    }
    public Student(String id, String name, int age, char sex, String tel, String home) {
        super();
        this.id = id;
        this.name = name;
        this.age = age;
        this.sex = sex;
        this.tel = tel;
        this.home = home;
    }
    public String getId() {
        return id;
    }
    public void setId(String id) {
        this.id = id;
    }
    public String getName() {
        return name;
    }
    public void setName(String name) {
        this.name = name;
    }
    public int getAge() {
```

```
            return age;
        }
        public void setAge(int age) {
            this.age = age;
        }
        public char getSex() {
            return sex;
        }
        public void setSex(char sex) {
            this.sex = sex;
        }
        public String getTel() {
            return tel;
        }
        public void setTel(String tel) {
            this.tel = tel;
        }
        public String getHome() {
            return home;
        }
        public void setHome(String home) {
            this.home = home;
        }
}
```

11.2.3 访问学生信息 DAO

服务器端接收浏览器端的数据或命令请求，需要对 student.xml 文件进行相应的操作。Java EE 架构当中，由于软件扩展性的需求，一般会对数据访问操作封装一层 DAO（Data Access Object）的接口，StudentDAO 接口源代码如下：

```
package dao;
import domain.Student;
/**
 * 操作 student.xml 文件的 DAO 接口
 * @author Freedie.Qin
 *
 */
public interface StudentDAO {
    /**
     * 添加学生信息
     * @param student
     */
    public void addStudent(Student student);
    /**
     * 根据 ID 删除学生信息
     * @param studentId
     */
    public void delStudentById(String studentId);
    /**
     * 更改学生信息
     * @param student
     */
    public void modStudent(Student student);
```

```
    /**
     * 根据studentId查询学生信息
     * @param studentId
     */
    public Student findStudentById(String studentId);
}
```

11.2.4　访问学生信息 DAO 实现类

上述 StudentDAO 只是定义了操作 student.xml 文件的增删改查的 4 个接口，还需要这 4 个接口的具体实现才能真正地对 student.xml 文件进行具体的操作。StudentDAOImpl 源代码如下：

```
package dao;
import org.w3c.dom.Document;
import org.w3c.dom.Element;
import org.w3c.dom.Node;
import org.w3c.dom.NodeList;
import util.XmlUtils;
import domain.Student;
/**
 * 操作student.xml文件的StudentDAO实现类
 * @author Freedie.Qin
 */
public class StudentDAOImpl implements StudentDAO {
    private static final String STUDENT_FILE = "src/student.xml";
    //添加学生信息
    @Override
    public void addStudent(Student student) {
        try{
            Document document=XmlUtils.getDocument(STUDENT_FILE);
            //创建新节点
            Element eleStu=document.createElement("student");
            eleStu.setAttribute("studentId", student.getId());
            //创建student标签下的<name>子节点
            Element name=document.createElement("name");
            name.setTextContent(student.getName());
            //创建Student标签下的age子节点
            Element age =document.createElement("age");
            age.setTextContent(String.valueOf(student.getAge()));
            //创建Student标签下的sex子节点
            Element sex=document.createElement("sex");
            sex.setTextContent(0 == student.getSex() ? "男" : "女");
            //创建Student标签下的tel子节点
            Element tel = document.createElement("tel");
            tel.setTextContent(student.getTel());
            //创建Student标签下的home子节点
            Element home = document.createElement("home");
            home.setTextContent(student.getHome());
            //开始挂
            eleStu.appendChild(name);
            eleStu.appendChild(age);
            eleStu.appendChild(sex);
            eleStu.appendChild(tel);
```

```
            eleStu.appendChild(home);
document.getElementsByTagName("students").item(0).appendChild(eleStu);
            //刷新
            XmlUtils.write2Xml(document, STUDENT_FILE);
        }catch(Exception e){
            throw new RuntimeException(e);
        }
    }
    //根据ID删除学生信息
    @Override
    public void delStudentById(String studentId) {
        try{
            Document document=XmlUtils.getDocument(STUDENT_FILE);
            //获取所有<student>的子节点
            NodeList list=document.getElementsByTagName("student");
            for(int i=0;i<list.getLength();i++){
                Element eleName=(Element) list.item(i);
                //对<student>的studentId属性进行比较
                if(studentId.equals(eleName.getAttribute("studentId"))){
                    Node parNode=eleName.getParentNode();
                    parNode.removeChild(eleName);//删除相应<student>节点
                    //刷新
                    XmlUtils.write2Xml(document, STUDENT_FILE);
                    return ;
                }
            }
        }catch(Exception e){
            throw new RuntimeException(e);
        }
    }
    //修改学生信息
    @Override
    public void modStudent(Student student) {
        try{
            Document document=XmlUtils.getDocument(STUDENT_FILE);
            //获取所有<student>的子节点
            NodeList list=document.getElementsByTagName("student");
            for(int i=0;i<list.getLength();i++){
                Element eleName=(Element) list.item(i);
                //对<student>的studentId属性进行比较
                if(student.getId().equals(eleName.getAttribute("studentId"))){
                    //<name>节点
                    Node nameNode = eleName.getElementsByTagName("name").item(0);
                    nameNode.setTextContent(student.getName());
                    //<age>节点
                    Node ageNode = eleName.getElementsByTagName("age").item(0);
                    ageNode.setTextContent(String.valueOf(student.getAge()));
                    //<sex>节点
                    Node sexNode = eleName.getElementsByTagName("sex").item(0);
                    sexNode.setTextContent(0 == student.getSex() ? "男" : "女");
                    //<tel>节点
                    Node telNode = eleName.getElementsByTagName("tel").item(0);
```

```
                    telNode.setTextContent(student.getTel());
                    //<home>节点
                    Node homeNode = eleName.getElementsByTagName("home").item(0);
                    homeNode.setTextContent(student.getHome());
                    //刷新
                    XmlUtils.write2Xml(document, STUDENT_FILE);
                }
            }
        }catch(Exception e){
            throw new RuntimeException(e);
        }
    }
    //根据 studentId 查找相应 Student 信息
    @Override
    public Student findStudentById(String studentId) {
        try{
            Document document=XmlUtils.getDocument(STUDENT_FILE);
            //获取所有<student>的子节点
            NodeList list=document.getElementsByTagName("student");
            for(int i=0;i<list.getLength();i++){
                Element eleName=(Element) list.item(i);
                //对<student>的 studentId 属性进行比较
                if(studentId.equals(eleName.getAttribute("studentId"))){
                    Student student = new Student();
                    student.setId(studentId);
                    student.setName(eleName.getElementsByTagName("name").item(0).
getTextContent());
                    student.setAge(Integer.parseInt(eleName.getElementsByTagName
("age").item(0).getTextContent()));
                    student.setSex((char)(" 男 ".equals(eleName.getElementsByTag
Name("sex").item(0).getTextContent()) ? 0 : 1));
                    student.setTel(eleName.getElementsByTagName("tel").item(0).
getTextContent());
                    student.setHome(eleName.getElementsByTagName("home").item(0).
getTextContent());
                    return student ;
                }
            }
        }catch(Exception e){
            throw new RuntimeException(e);
        }
        return null;
    }
}
```

11.2.5　StudentDAOImpl 单元测试类

为了保证代码的健壮性，在开发过程中一般会对相关的类进行单元测试，使用的工具就是著名的单元测试框架 JUnit。为了对 StudentDAOImpl 类进行单元测试，在工程当中新建了一个使用 JUnit 单元测试框架的 StudentDAOImplTest 类。

StudentDAOImplTest 类源代码如下：

```
package dao;
import java.text.SimpleDateFormat;
```

```
t java.util.Date;
mport domain.Student;
import junit.framework.Assert;
import junit.framework.TestCase;
/**
 * StudentDAOImpl 的单元测试类
 * @author Freedie.Qin
 */
public class StudentDAOImplTest extends TestCase {
    private StudentDAO studentDAO;
    @Override
    protected void setUp() throws Exception {
        super.setUp();
        studentDAO = new StudentDAOImpl();
    }
    /**
     * 添加学生信息的单元测试方法
     */
    public void testAddStudent(){
        Student student = new Student();
        student.setId(new SimpleDateFormat("yyyy-MM-dd HH:mm:ss").format(new Date()));
        student.setName("freedie");
        student.setAge(20);
        student.setSex((char)0);
        student.setTel("13724216994");
        student.setHome("深圳");
        studentDAO.addStudent(student);//调用 DAO 实现类添加学生信息
    }
    /**
     * 删除学生信息的单元测试方法
     */
    public void testDelStudentByID(){
        studentDAO.delStudentById("2013-04-14 00:49:48");//调用 DAO 实现类删除学生信息
    }
    /**
     * 修改学生信息的单元测试方法
     */
    public void testModStudent(){
        Student student = new Student();
        student.setId("12345");
        student.setName("Freedie.qin");
        student.setAge(23);
        student.setSex((char)1);
        student.setTel("13724216994");
        student.setHome("AnHui");
        studentDAO.modStudent(student);//调用 DAO 实现类更改学生信息
    }
    /**
     * 查找学生信息的单元测试方法
     */
    public void testFindStudent(){
        Student student = studentDAO.findStudentById("12345");
        Assert.assertEquals("李四", student.getName());//断言
```

```
        Assert.assertEquals(21, student.getAge());
        Assert.assertEquals(0, student.getSex());
        Assert.assertEquals("13924215867", student.getTel());
        Assert.assertEquals("北京", student.getHome());
    }
}
```

11.2.6　XML 工具类

XmlUtils 提供了两个重要的方法，第一个方法就是根据相应的 XML 文件的路径来获取此 XML 文件所对应的 Document 对象；第二个方法就是根据相应的 Document 对象以及相应的 XML 文件的路径，对其 XML 文件进行更新。XmlUtils 源代码如下：

```
package util;
import javax.xml.parsers.DocumentBuilder;
import javax.xml.parsers.DocumentBuilderFactory;
import javax.xml.transform.Transformer;
import javax.xml.transform.TransformerFactory;
import javax.xml.transform.dom.DOMSource;
import javax.xml.transform.stream.StreamResult;
import org.w3c.dom.Document;
public class XmlUtils {
    /**
     * 根据相应的 XML 文件路径，获取 XML 文件对应的 Document 对象
     * @param filePath
     * @return
     * @throws Exception
     */
    public static Document getDocument(String filePath) throws Exception{
        DocumentBuilderFactory factory=DocumentBuilderFactory.newInstance();
        DocumentBuilder builder=factory.newDocumentBuilder();
        return builder.parse(filePath);
    }
    /**
     * 对相应的 document 对象以及 XML 文件路径进行写入操作
     * @param document
     * @param filePath
     * @throws Exception
     */
    public static void write2Xml(Document document,String filePath) throws Exception{
        TransformerFactory factory=TransformerFactory.newInstance();
        Transformer tf=factory.newTransformer();
        tf.transform(new DOMSource(document), new StreamResult(filePath));
    }
}
```

11.3　学生成绩管理模块

此模块主要实现学生成绩的增加、删除、修改和查询功能。

11.3.1　XML 结构

grade.xml 文件是学生成绩管理模块所要操作的 XML 文件。其中<grades>节点为 XML 文件的

根节点下面有 6 个<grade>子节点。每一个<grade>子节点下面又有<subjectName>、ore>、<teacher>以及<examTime>这四个子节点。<grade>节点除了含有子节点之外，还含有 gradeId（用来唯一标示每一条成绩信息）属性以及 studentId（相当于数据表的外键）属性。

学生成绩管理模块的 XML（grade.xml）结构如下：

```
<?xml version="1.0" encoding="UTF-8" standalone="no"?>
<grades>
    <grade gradeId="778899" studentId="12344">
        <subjectName>物理</subjectName>
        <score>78</score>
        <teacher>Li.Hao</teacher>
        <examTime>2013-03-01</examTime>
    </grade>
    <grade gradeId="779966" studentId="12344">
        <subjectName>高等数学</subjectName>
        <score>78</score>
        <teacher>Wu.Bo</teacher>
        <examTime>2013-03-02</examTime>
    </grade>
    <grade gradeId="778877" studentId="12345">
        <subjectName>英语</subjectName>
        <score>90</score>
        <teacher>Qin.Li</teacher>
        <examTime>2013-03-03</examTime>
    </grade>
    <grade gradeId="778866" studentId="12345">
        <subjectName>物理</subjectName>
        <score>80</score>
        <teacher>Li.Hao</teacher>
        <examTime>2013-03-01</examTime>
    </grade>
    <grade gradeId="778800" studentId="12346">
        <subjectName>物理</subjectName>
        <score>83</score>
        <teacher>Li.Hao</teacher>
        <examTime>2013-03-01</examTime>
    </grade>
    <grade gradeId="778811" studentId="12346">
        <subjectName>英语</subjectName>
        <score>93</score>
        <teacher>Qin.Li</teacher>
        <examTime>2013-03-03</examTime>
    </grade>
</grades>
```

11.3.2 学生成绩模型

学生成绩模型包含成绩记录 ID、学生信息 ID、学科名称、成绩、授课老师以及考试时间属性。其中通过学生信息 ID 可以找到关于这个学生的详细信息，此属性相当于数据表当中的外键字段。

Grade 类源代码如下：

```
package domain;
```

```
/**
 * 学生成绩模型
 * @author Freedie.Qin
 */
public class Grade {
    private String gradeId; //成绩记录 ID
    private String studentId;//学生信息 ID
    private String subjectName;//学科名称
    private int score;          //成绩
    private String teacherName;//授课老师
    private String examTime;    //考试时间
    public Grade(){

    }
    public Grade(String gradeId, String studentId, String subjectName, int score,
String teacherName, String examTime) {
        super();
        this.gradeId = gradeId;
        this.studentId = studentId;
        this.subjectName = subjectName;
        this.score = score;
        this.teacherName = teacherName;
        this.examTime = examTime;
    }
    public String getGradeId() {
        return gradeId;
    }
    public void setGradeId(String gradeId) {
        this.gradeId = gradeId;
    }
    public String getStudentId() {
        return studentId;
    }
    public void setStudentId(String studentId) {
        this.studentId = studentId;
    }
    public String getSubjectName() {
        return subjectName;
    }
    public void setSubjectName(String subjectName) {
        this.subjectName = subjectName;
    }
    public int getScore() {
        return score;
    }
    public void setScore(int score) {
        this.score = score;
    }
    public String getTeacherName() {
        return teacherName;
    }
    public void setTeacherName(String teacherName) {
        this.teacherName = teacherName;
    }
```

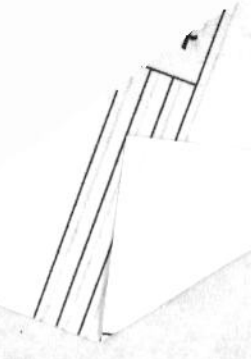


```
public String getExamTime() {
        return examTime;
    }
    public void setExamTime(String examTime) {
        this.examTime = examTime;
    }
}
```

11.3.3 访问学生成绩 DAO

GradeDAO 封装了对 grade.xml 文件进行增删改查等业务逻辑操作所需要的抽象接口。GradeDAO 源代码如下：

```
package dao;
import domain.Grade;

/**
 * 操作 grade.xml 文件的 DAO 接口
 * @author Freedie.Qin
 */
public interface GradeDAO {
    /**
     * 增加学生成绩信息
     * @param grade
     */
    public void addGrade(Grade grade);
    /**
     * 根据记录成绩 ID 删除成绩信息
     * @param gradeId
     */
    public void delGradeById(String gradeId);
    /**
     * 修改成绩信息
     * @param grade
     */
    public void modGrade(Grade grade);
    /**
     * 根据成绩 ID 查询成绩信息
     * @param gradeId
     * @return
     */
    public Grade findGradeById(String gradeId);
}
```

11.3.4 访问学生成绩 DAO 实现类

上述 GradeDAO 接口当中只定义了操作 grade.xml 文件所需要的增删改查四个抽象接口，除了接口的定义以外，还需要接口方法的具体实现。

GradeDAOImpl 源代码如下：

```
package dao;
import org.w3c.dom.Document;
import org.w3c.dom.Element;
import org.w3c.dom.Node;
import org.w3c.dom.NodeList;
```

```
import util.XmlUtils;
import domain.Grade;
import domain.Student;
/**
 * 操作 grade.xml 文件的 GradeDAO 实现类
 * @author Freedie.Qin
 */
public class GradeDAOImpl implements GradeDAO {
    private static final String GRADE_FILE = "src/grade.xml";
    //添加成绩信息
    @Override
    public void addGrade(Grade grade) {
        try{
            Document document=XmlUtils.getDocument(GRADE_FILE);
            //创建新节点
            Element eleStu=document.createElement("grade");
            eleStu.setAttribute("gradeId", grade.getGradeId());
            eleStu.setAttribute("studentId", grade.getStudentId());
            //创建 grade 标签下的<subjectName>子节点
            Element subjectName =document.createElement("subjectName");
            subjectName.setTextContent(grade.getSubjectName());
            //创建 grade 标签下的<score>子节点
            Element score =document.createElement("score");
            score.setTextContent(String.valueOf(grade.getScore()));
            //创建 grade 标签下的<teacher>子节点
            Element teacher =document.createElement("teacher");
            teacher.setTextContent(grade.getTeacherName());
            //创建 grade 标签下的<examTime>子节点
            Element examTime = document.createElement("examTime");
            examTime.setTextContent(grade.getExamTime());
            //开始挂
            eleStu.appendChild(subjectName);
            eleStu.appendChild(score);
            eleStu.appendChild(teacher);
            eleStu.appendChild(examTime);
            document.getElementsByTagName("grades").item(0).appendChild(eleStu);
            //刷新
            XmlUtils.write2Xml(document, GRADE_FILE);
        }catch(Exception e){
            throw new RuntimeException(e);
        }
    }
    //根据成绩 ID 删除成绩信息
    @Override
    public void delGradeById(String gradeId) {
        try{
            Document document=XmlUtils.getDocument(GRADE_FILE);
            //获取所有<grade>的子节点
            NodeList list=document.getElementsByTagName("grade");
            for(int i=0;i<list.getLength();i++){
                Element eleName=(Element) list.item(i);
```

```
                //对<grade>的 gradeId 属性进行比较
                if(gradeId.equals(eleName.getAttribute("gradeId"))){
                    Node parNode=eleName.getParentNode();
                    parNode.removeChild(eleName);//删除相应<grade>节点
                    //刷新
                    XmlUtils.write2Xml(document, GRADE_FILE);
                    return ;
                }
            }
        }catch(Exception e){
            throw new RuntimeException(e);
        }
    }
    //修改成绩信息
    @Override
    public void modGrade(Grade grade) {
        try{
            Document document=XmlUtils.getDocument(GRADE_FILE);
            //获取所有<grade>的子节点
            NodeList list=document.getElementsByTagName("grade");
            for(int i=0;i<list.getLength();i++){
                Element eleName=(Element) list.item(i);
                //对<grade>的 gradeId 属性进行比较
                if(grade.getGradeId().equals(eleName.getAttribute("gradeId"))){
                    //<subjectName>节点
                    Node subjectNameNode = eleName.getElementsByTagName
("subjectName").item(0);
                    subjectNameNode.setTextContent(grade.getSubjectName());
                    //<score>节点
                    Node scoreNode = eleName.getElementsByTagName("score").item(0);
                    scoreNode.setTextContent(String.valueOf(grade.getScore()));
                    //<teacher>节点
                    Node teacherNode = eleName.getElementsByTagName("teacher").
item(0);
                    teacherNode.setTextContent(grade.getTeacherName());
                    //<examTime>节点
                    Node examTimeNode = eleName.getElementsByTagName("examTime").
item(0);
                    examTimeNode.setTextContent(grade.getExamTime());
                    //刷新
                    XmlUtils.write2Xml(document, GRADE_FILE);
                }
            }
        }catch(Exception e){
            throw new RuntimeException(e);
        }
    }
    //根据 gradeId 查找成绩信息
    @Override
    public Grade findGradeById(String gradeId) {
        try{
            Document document=XmlUtils.getDocument(GRADE_FILE);
            //获取所有<grade>的子节点
```

```
            NodeList list=document.getElementsByTagName("grade");
            for(int i=0;i<list.getLength();i++){
                Element eleName=(Element) list.item(i);
                //对<grade>的 gradeId 属性进行比较
                if(gradeId.equals(eleName.getAttribute("gradeId"))){
                    Grade grade = new Grade();
                    grade.setGradeId(gradeId);
                    grade.setStudentId(eleName.getAttribute("studentId"));

                    grade.setScore(Integer.parseInt(eleName.getElementsByTagName
("score").item(0).getTextContent()));

                    grade.setSubjectName(eleName.getElementsByTagName
("subjectName").item(0).getTextContent());

                    grade.setTeacherName(eleName.getElementsByTagName("teacher").
item(0).getTextContent());

                    grade.setExamTime(eleName.getElementsByTagName("examTime").
item(0).getTextContent());
                    return grade;
                }
            }
        }catch(Exception e){
            throw new RuntimeException(e);
        }
        return null;
    }
}
```

11.3.5 GradeDAOImpl 单元测试类

为了对 GradeDAOImpl 的代码健壮性进行一个测试，在工程当中新建了一个使用 JUnit 单元测试框架的 GradeDAOImplTest 类。

GradeDAOImplTest 源代码如下：

```
package dao;
import java.text.SimpleDateFormat;
import java.util.Date;
import junit.framework.Assert;
import junit.framework.TestCase;
import domain.Grade;
/**
 * GradeDAOImpl 的单元测试类
 * @author Freedie.Qin
 */
public class GradeDAOImplTest extends TestCase {
    private GradeDAO gradeDAO;
    @Override
    protected void setUp() throws Exception {
        super.setUp();
        gradeDAO = new GradeDAOImpl();
    }
    /**
     * 添加成绩的测试方法
```

```
    public void testAddGrade(){
        Grade grade = new Grade();
        grade.setGradeId(new  SimpleDateFormat("yyyy-MM-dd  HH:mm:ss").format(new
Date()));
        grade.setStudentId("12347");
        grade.setSubjectName("english");
        grade.setScore(80);
        grade.setTeacherName("xiaohong");
        grade.setExamTime("2013-01-08");
        gradeDAO.addGrade(grade);
    }
    /**
     * 根据 ID 删除成绩测试方法
     */
    public void testDelGradeById(){
        gradeDAO.delGradeById("2013-04-14 02:40:32"); // 调用 DAO 实现类删除成绩信息
    }
    /**
     * 修改成绩的测试方法
     */
    public void testModGrade(){
        Grade grade = new Grade();
        grade.setGradeId("779966");
        grade.setSubjectName("英语");
        grade.setScore(80);
        grade.setTeacherName("xiaowu");
        grade.setExamTime("2013-01-08");
        gradeDAO.modGrade(grade);
    }
    /**
     * 查询成绩的测试方法
     */
    public void testFindGrade(){
        Grade grade = gradeDAO.findGradeById("779966");
        Assert.assertEquals("779966", grade.getGradeId());
        Assert.assertEquals("12344", grade.getStudentId());
        Assert.assertEquals("英语", grade.getSubjectName());
        Assert.assertEquals(80, grade.getScore());
        Assert.assertEquals("xiaowu", grade.getTeacherName());
        Assert.assertEquals("2013-01-08", grade.getExamTime());
    }
}
```

小　结

本章介绍的在线管理系统主要分为两个模块，分别是学生信息管理模块以及学生成绩管理模块。系统的服务器端由扩展性良好的 Java EE 架构实现，操作的数据由 XML 文件来存放。这两个模块主要对 XML 文件做了相应节点的增删改查的操作，这也是绝大多数 Web 应用程序最基本的操作，最终实现了对学生信息进行增删改查以及对学生成绩信息进行增删改查的功能。